반도체 전공정 실습

김주현 · 양주란 공저

B.C.Info

반도체는 현대 산업의 심장이라 불릴 만큼 다양한 분야에 핵심적으로 사용되는 기술입니다. 우리가 사용하는 스마트폰, 자율주행차, 인공지능 시스템 등 모든 첨단 기술의 근간에는 고도의 정밀 공정을 통해 제작된 반도체가 존재합니다.

이 책은 이러한 반도체의 핵심 공정 중 하나인 산화 공정(Oxidation Process)을 시작으로, 전(Front-end)공정 반에 대한 흐름 이해, 실습 기반 교육, 안전관리 지침을 통합적으로 구성하여, 실무와 교육 현장에서 동시에 활용될 수 있도록 기획되었습니다.

본 교재는 특히 대학 및 공정 실습 교육 현장에서 직접 반도체 공정을 경험하고자 하는 학습자들을 대상으로 하며, 다음과 같은 구성 원칙을 따릅니다.

- **이론과 실습의 유기적 연결:** 공정의 물리적 · 화학적 원리를 충분히 설명하고, 실제 실습에서 만나는 장비와 공정 조건에 적용할 수 있도록 구성했습니다.
- **공정 중심의 직관적 흐름:** 전공정의 전체 흐름 속에서 각 단위 공정이 차지하는 위치와 역할을 명확히 이해할 수 있도록 공정 맵, 플로우차트, 비교 도표 등을 시각화했습니다.
- **안전과 윤리의 강조:** 반도체 FAB 환경은 고위험 화학물질과 가스를 다루는 만큼, MSDS 교육, 사고사례 분석, ESD 예방, Buddy System 등 안전 중심 교육 요소를 포함했습니다.
- **실용성과 확장성:** 실습 후 작성할 수 있는 공정일지, 전력효율 분석, 장비 체크리스트 등 학습자의 실무 활용 능력을 높이기 위한 연계성이 가능합니다.

이 책이 반도체를 처음 접하는 학생들에게는 전공정에 대한 기초 이해의 다리가 되고, 현업에 가까운 실습과 사고 예방 교육을 통해 기술자적 사고력과 안전의식을 기르는 데 도움이 되기를 바랍니다.

끝으로, 이 교재가 현장의 실습 교육에 조금이나마 이바지할 수 있기를 희망하며, 끊임없는 피드백과 개선을 통해 더 나은 교육 콘텐츠로 발전시켜 나가고자 합니다.

차례

차례

1. 반도체란 무엇인가?

1-1. 반도체란?

1-2. 반도체 역사

1-3. 반도체 종류

1-4. 반도체 어플리케이션

1-5. 반도체 산업

1-6. 반도체 시장

1-7. 반도체 용어

3

1-1. 반도체란?

비저항[Ω·m]

도체		반도체		부도체	
은	1.62×10^{-8}	탄소	3.50×10^{-5}	나무	$10^{8} \sim 10^{11}$
구리	1.69×10^{-8}	실리콘	2.30×10^{3}	고무	$10^{13} \sim 10^{16}$
철	9.68×10^{-8}	게르마늄	0.50	유리	$10^{10} \sim 10^{14}$

저항이 크면 전기가 통하기 어렵게 되고 저항이 작으면 전기가 쉽게 통함
여러 물질을 저항의 크기에 따라 도체, 부도체, 반도체로 나누어짐
물질에 따라 저항률의 차이가 10조 배나 되는 폭넓은 범위에 걸쳐 있음

자료출처-삼성반도체이야기

4

1-1. 반도체란?

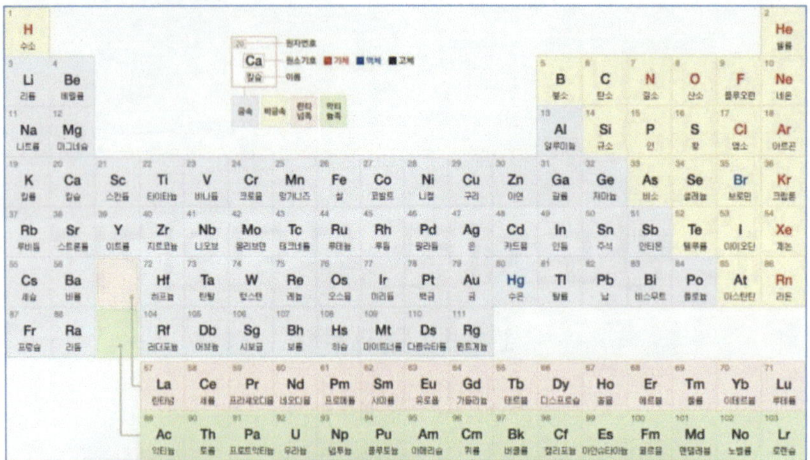

원소 반도체	화합물 반도체	산화물 반도체
실리콘(Si) 게르마늄(Ge) 석(Sn) 텔루르(Te)	GaAs, GaP, GaSb, AlN, AlP, AlAs, AsSb, InP, InAs, InSb, ZnSe, ZnTe, CdSe, CdTe, AlGaAs, GaInAs, AlLnAs, AlGaInAs	SnO_2, ZnO, Fe_2O_3, TiO_2, NiO, Cr_2O_3, Cu_2O, MnO_2, MnO

III족 원소를 첨가하여 생긴 전자의 빈 공간인 정공(hole)으로 인해 전류가 흐를 수 있음
V족 원소를 참가하여 전자들의 공유결합 후 남은 자유전자들로 전류가 흐를 수 있음
두 종류 이상이 화합한 화합물 반도체와 금속이 산화하여 이루어진 산화물 반도체가 있음

자료출처-반도체 산업과 기술의 이해_김주현

1-1. 반도체란?

Si(Silicon) 원자의 구조

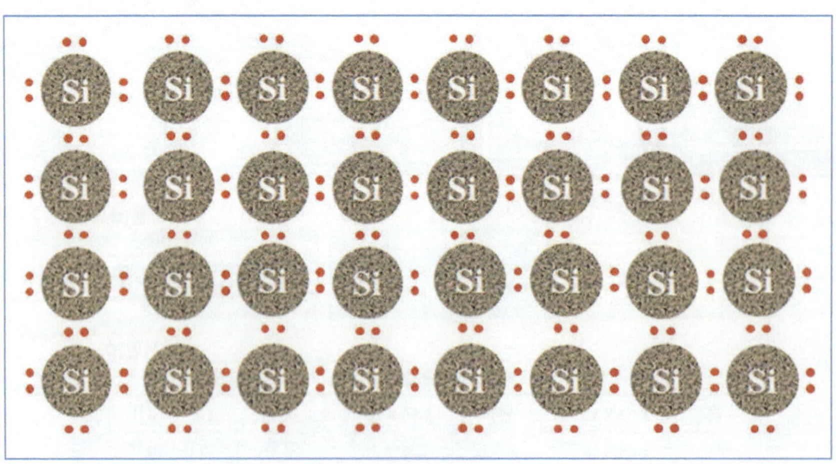

자료출처-NINT

1-1. 반도체란?

Si(Silicon) 원자의 구조 - 불순물이 주입된 Si

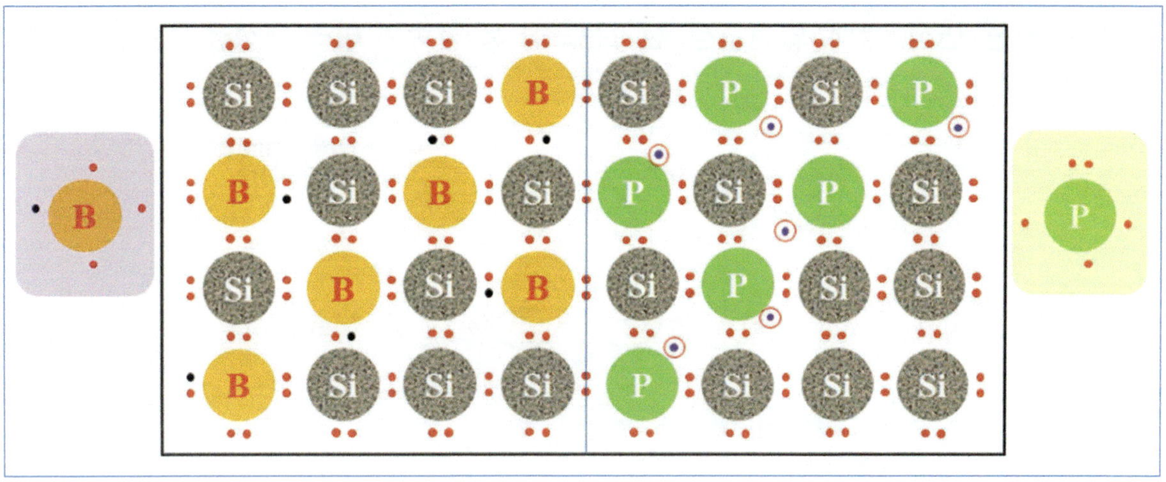

자료출처-NINT

7

1-1. 반도체란?

이온 결합 : 전자를 잃기 쉬운 원자와 전자를 얻기 쉬운 원자들 사이의 정전기력에 의한 결합

금속원소 vs 비금속 원소의 결합이 대부분임

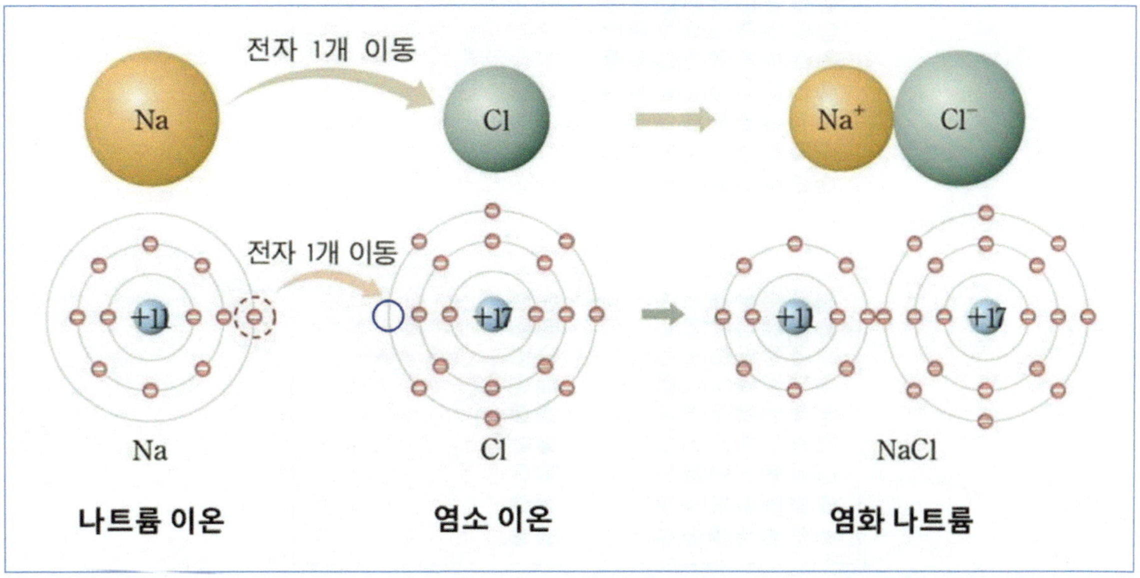

자료출처-NINT

8

1-1. 반도체란?

금속 결합 : 금속과 금속 간의 결합으로 자유전자들의 음전하와 금속이 양이온들 간의 정전기적 인력(서로 당기는 힘)에 의한 결합

전성, 연성, 광택, 열전도성, 전기전도성 등 금속의 여러 특성을 가짐

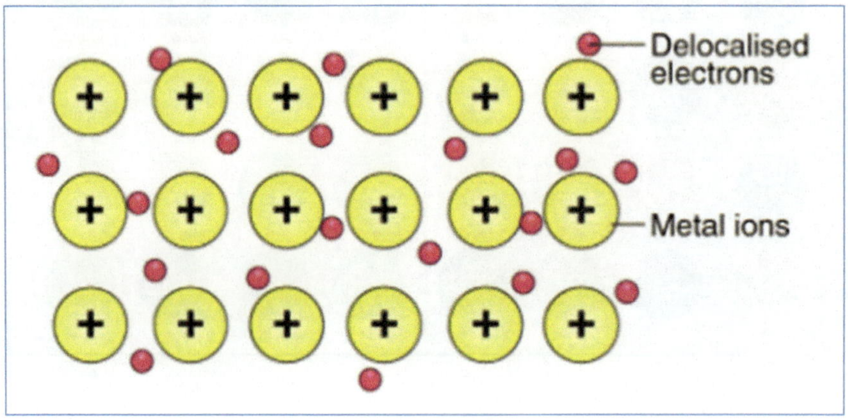

자료출처-NINT

1-1. 반도체란?

PN 접합 다이오드의 동작 원리 - 다수 캐리어와 소수 캐리어

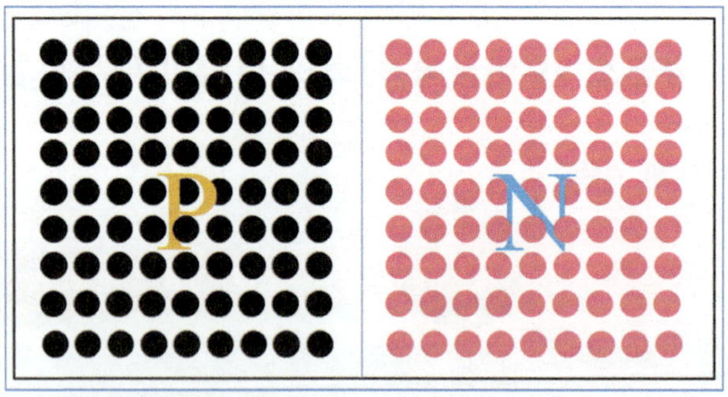

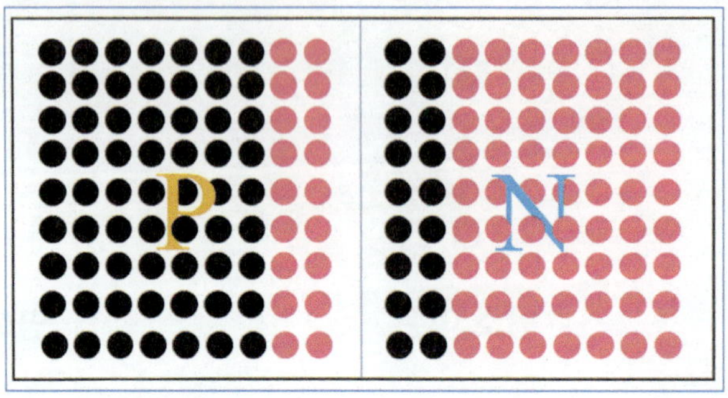

자료출처-NINT

1-1. 반도체란?

PN 접합 다이오드의 동작 원리 – 순방향 전압과 역방향 전압

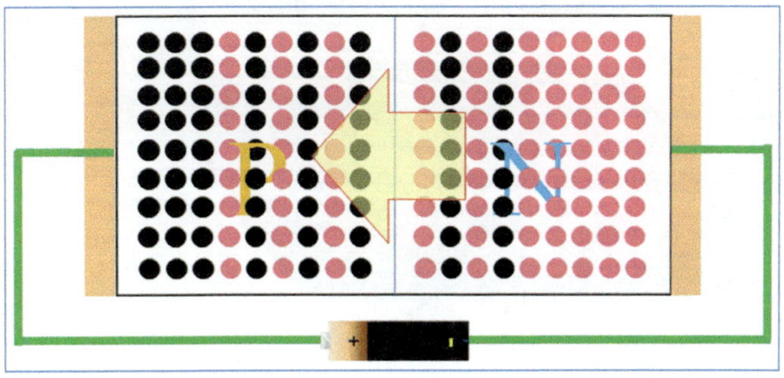

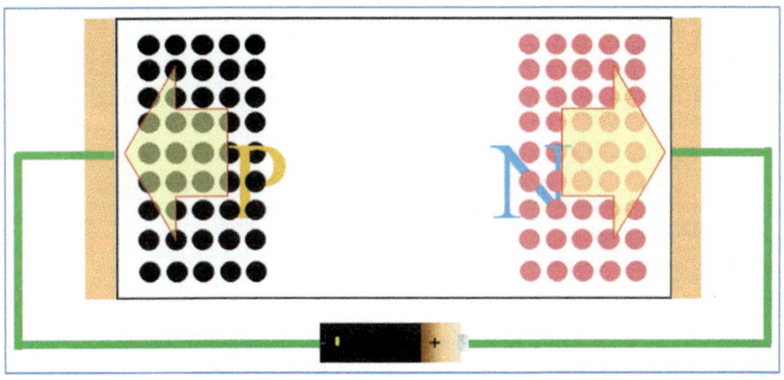

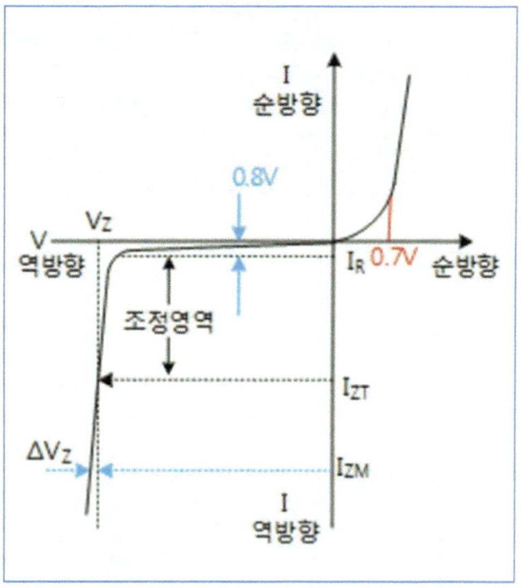

자료출처-NINT

1-1. 반도체란?

BJT(Bipolar Junction Transistor)의 동작 원리

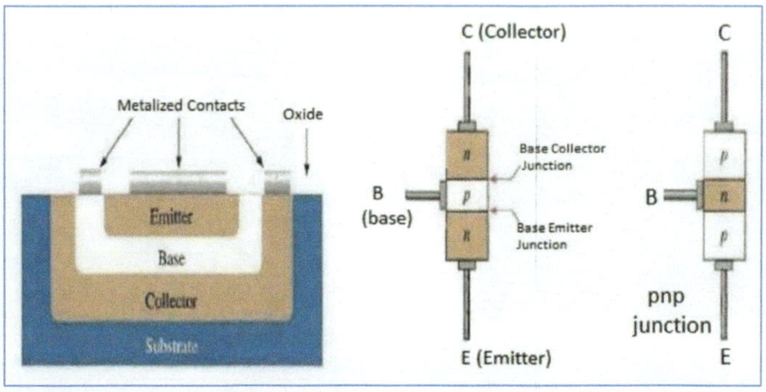

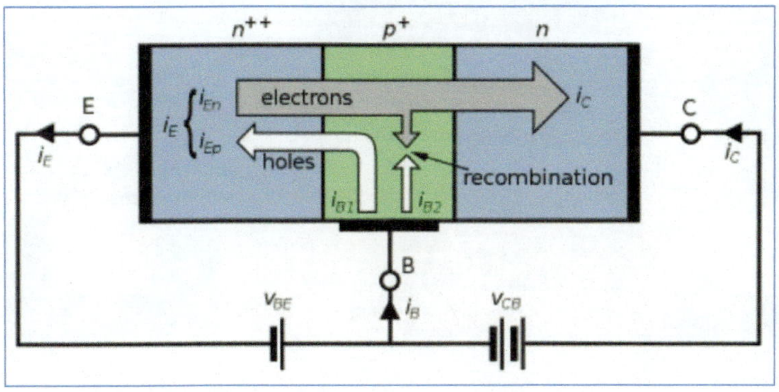

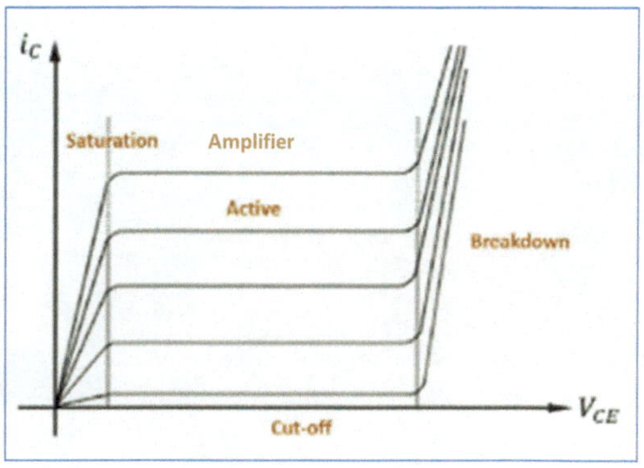

자료출처-Electromechanical Technician

1-1. 반도체란?

MOSFET(Metal Oxide Semiconductor Field Effect Transistor)의 동작 원리

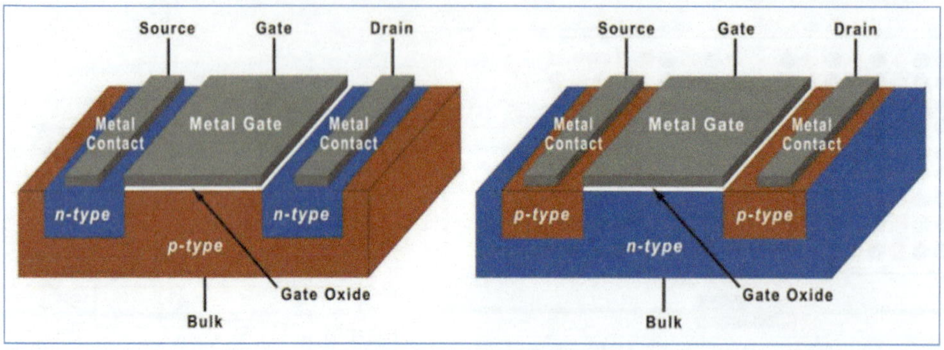

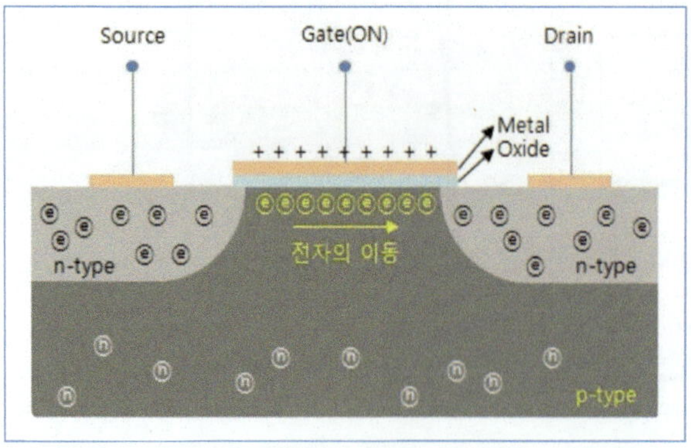

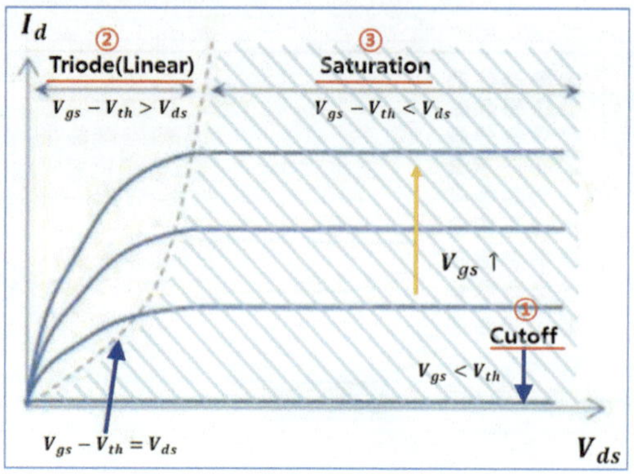

자료출처-MKS Instruments, 생생한 반도체 이야기

13

1-1. 반도체란?

트랜지스터_MOSFET

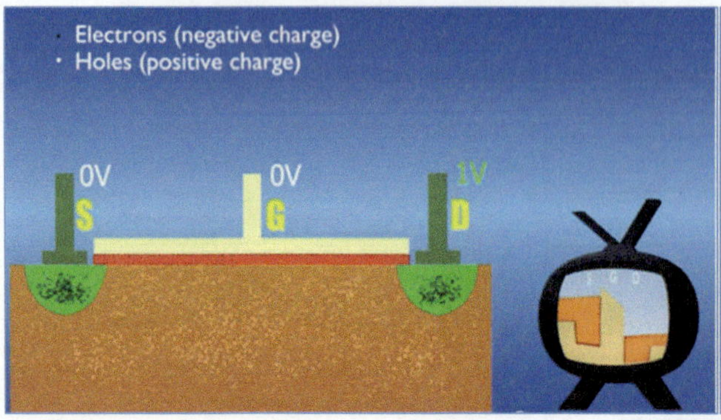

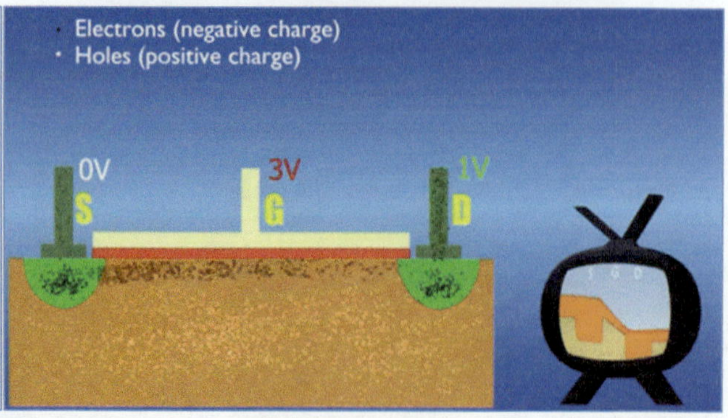

자료출처-삼성디스플레이 뉴스룸

14

1-1. 반도체란?

IC(Integrated Circuit) 또는 chip 이라 부르는 집적회로를 의미하는 용어

트랜지스터, 다이오드, 저항, 캐패시터 등 많은 소자를 초소형 전자회로로 구성하여 하나의 칩 안에 집적 한 것

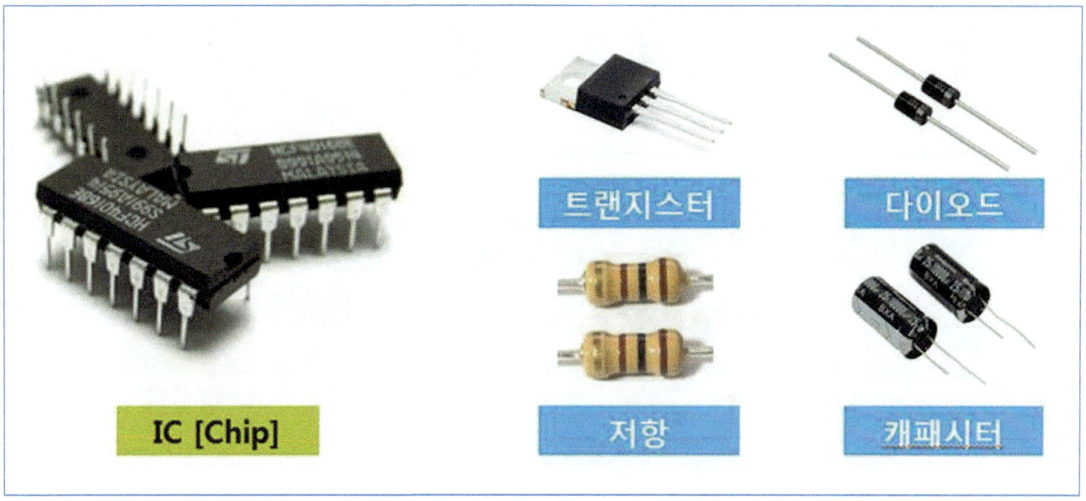

자료출처-NINT

1-1. 반도체란?

반도체 미세공정 단위

m	meter	미터	1m
cm	centi	센티미터	10^{-2}m
mm	milli	밀리미터	10^{-3}m
μm	micro	마이크로미터	10^{-6}m
nm	nano	나노미터	10^{-9}m
pm	pico	피코미터	10^{-12}m
fm	femto	펨토미터	10^{-15}m
am	atto	아토미터	10^{-18}m

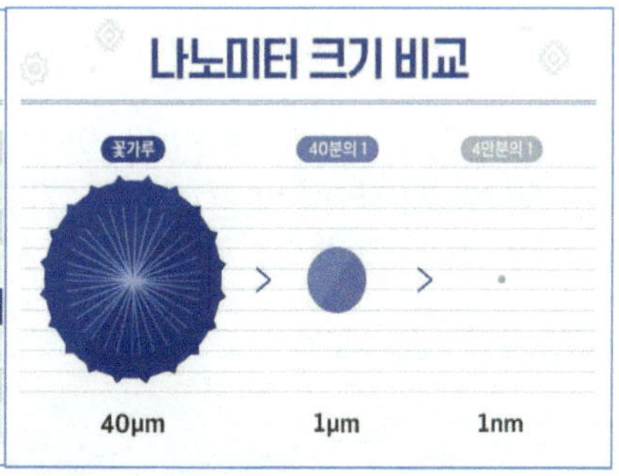

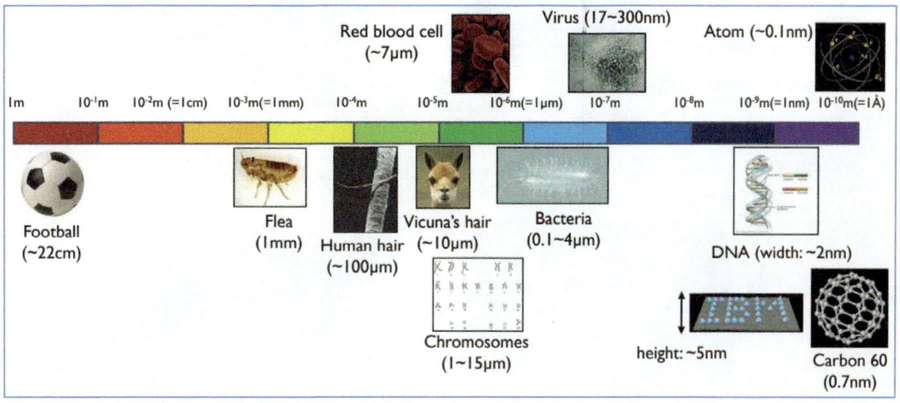

자료출처-삼성반도체이야기, 충남대학교, 홍순구교수, 나노과학개론

1-1. 반도체란?

5.25인치 플로피 디스켓 (1.2MB) ▶ 3.5인치 플로피 디스켓 (1.244MB) ▶ CD (700MB) ▶ SD 카드 (2GB ~ 256GB) ▶ USB 메모리 (2GB ~ 256GB)

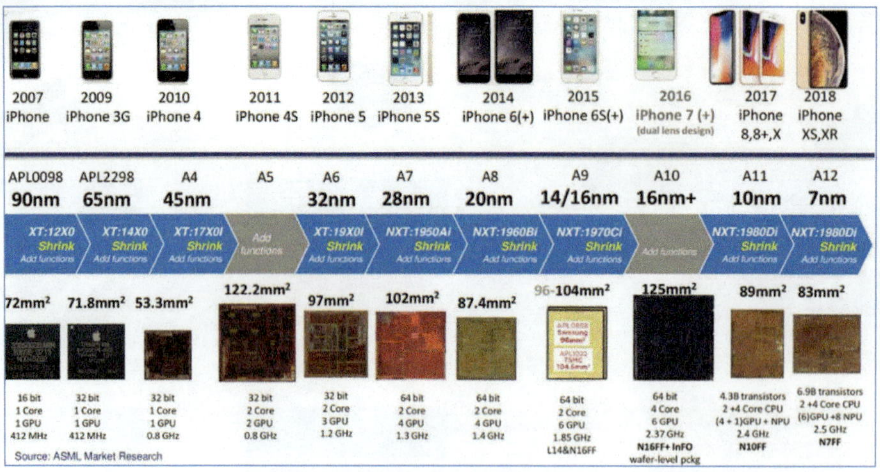

최초 iPhone 2007년 부터 2018년 까지 사용한 Processor,
선 폭은 90nm → 7nm 약 10배 ↓, 트랜지스터는 7천만 개 → 69.8억 개로 약 100배 ↑

자료출처-ASML, Market Research

1-1. 반도체란?

Memory 반도체 : IC chip 가운데 정보(data)를 저장하는 기능을 가진 반도체

말 그대로 기억장치 이므로, 얼마나 많은 양을 기억하고(대용량) 얼마나 빨리 동작(고성능)할 수 있는 지가 중요함. 또한 최근 모바일 기기의 사용과 그 중요도가 높아지면서 메모리의 초박형과 저 전력성 역시 중요해지고 있음.

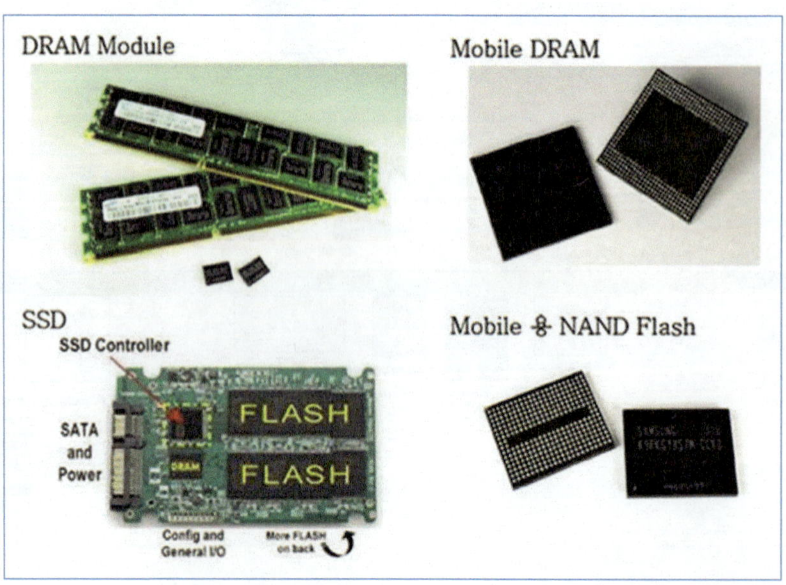

자료출처-NINT

1-1. 반도체란?

Non-Memory 반도체 : IC chip 가운데 연산, 논리 등 정보처리가 목적인 반도체

이중 system 반도체는 디지털화된 전기적 정보를 연산하거나 처리(제어, 변환, 가공 등)하는 반도체

자료출처-NINT

1-1. 반도체란?

Memory	RAM (휘발성)	DRAM	EDORAM, BEDORAM, SDRAM
		SRAM	Async SRAM, Sync SRAM, PB SRAM
		VRAM	
		WRAM	
		SGRAM	
		Fusion Memory	PRAM, One NAND, One DRAM, Movi NAND
	ROM (非휘발성)	Mask ROM	
		PROM	EPROM, EEPROM, Flash Memory
非Memory	System LSI	Micro Component	MPU, MCU, MSP(Core Logic, Graphic/Imaging, Audio 등), DSP
		Logic IC	Full Custom IC(ASIC)
			Semi Custom IC(PLD/FPGA, Gate Array, CBIL 등)
			Standard Logic(DTL, TTL, CMOS, MOS Logic, ECL 등)
		Analog IC	LDI, Driver IC(LED, Motor, Digital Audio 등), Linear Regulator, Vref, DC/DC Converter, RFID, RF Tuner, ADC, Filter, Sensor Interface, Real Time IC, ASSP, Analog Basic Block, Protection IC, Crystal Oscillator, 통신용, 광 송수신용 등
		Digital IC	MMP, CIS, Digital Tuner, DTCXO, TCON, CSP, CCP 등
		SoC	3D SoC, Mobile, Media, Storage, Smart Chip 등
	Discrete	Diode	Switching, Vari-cap, Rectifier, Schottky, Tunnel, Zener, Varator 등
		Transistor	BJT, MOSFET, IGBT, Thyristor 등
		Opto	LED

자료출처-반도체 산업과 기술의 이해_김주현

1-2. 반도체 역사

전화기를 발명한
'알렉산더 벨'에 의해
1885년 설립된
미국의 세계 최대
통신 기업

1947년 벨 연구소 출신
'존 바딘, 월터 브래튼'과 함께
트랜지스터를 발명한 '윌리엄 쇼클리'가
1955년 설립한 쇼클리 반도체 연구소

설립일 : 1925년
주요 업무 : 첨단 전자 기술 연구
규모 : 2만여명의 기술자 및 과학자
주요 활동 : 14명의 노벨과학상 수상자 배출

1959년 '강대원'은
'마틴 아탈라'와 함께
CPU, D램 등의
기초소자로 활용되는
MOSFET 개발함

자료출처-The Science Times, 기술과혁신, Vol.460

1-2. 반도체 역사

8인의 배신자 사건

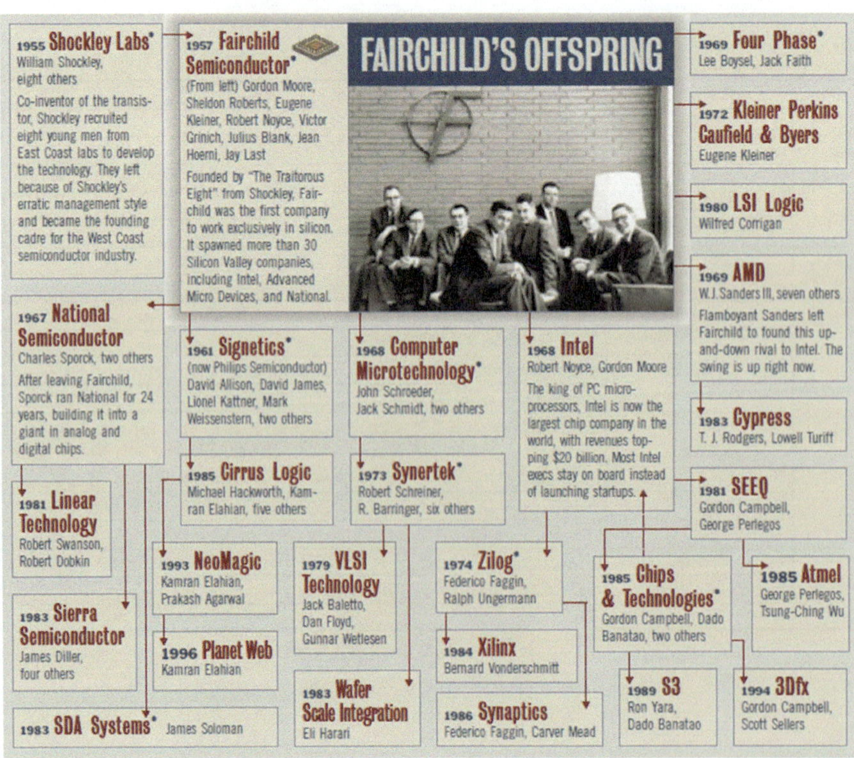

자료출처-Businessweek

1-2. 반도체 역사

인류 최초의 트랜지스터

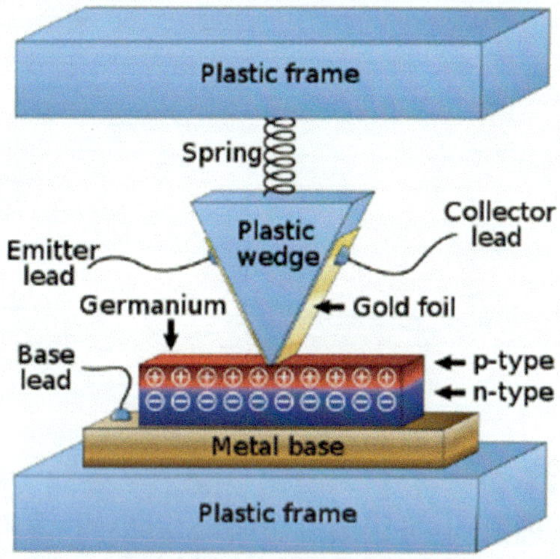

자료출처-나무위키, hmn.wiki

1-2. 반도체 역사

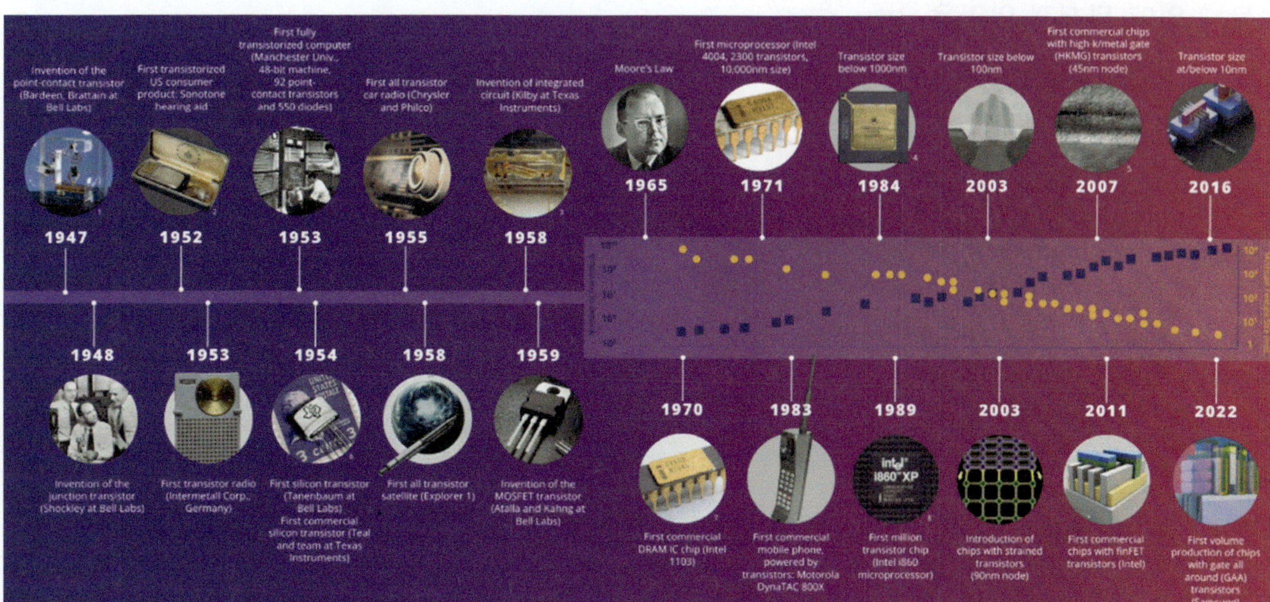

자료출처-Keep Looking Ahead

1-2. 반도체 역사

인텔의 공동 설립자 고든 무어 박사가 1965년에 제안한 무어의 법칙(Moore's Law)
반도체 칩에 집적할 수 있는 트랜지스터의 숫자가 2년 마다 2배 씩 증가

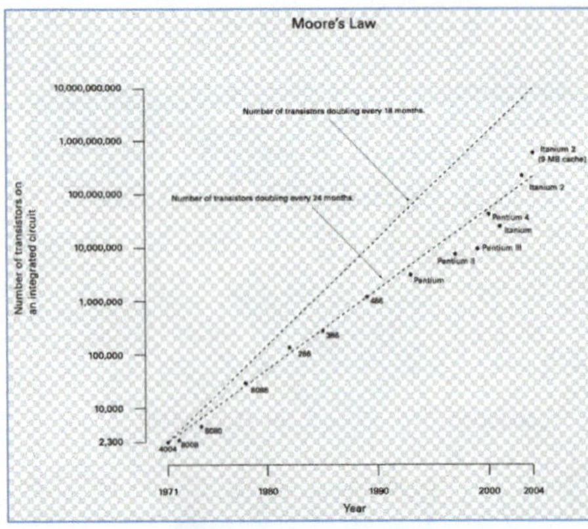

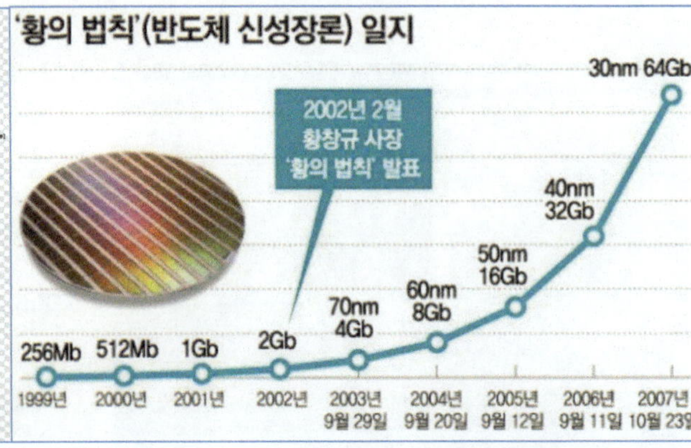

삼성전자 황창규 전사장이 2002년 국제 반도체 회로 학술회의에서 제시한 황의 법칙
반도체 메모리 용량이 1년마다 2배 씩 증가.
삼성전자는 1999년 256Mb NAND 플래시 이후 매년 두 배 용량을 갖는 메모리들 개발
2008년 128Gb 메모리를 발표하지 않음에 따라 이 법칙은 깨짐.

자료출처-동아일보 2007.10.24.

25

1-2. 반도체 역사

1990년 초반 기초기술, 첨단기술, 공정기술 모두 도시바, 히타치, 인텔, IBM, TI, 모토로라 등 기업에 뒤처져 있었음.

1991년 8월 29일 256메가 D램 개발 발표, (한일병합일에 맞춰) 반도체에서 한국이 일본을 앞서겠다는 다짐, 1994년 세계 최초 개발 완료.
2007년 30나노 기술이 적용된 64Gb 낸드플래시가 개발되면서 당시 최첨단 제품 MP3인 아이팟에 적용되면서 이후 아이폰의 초석이 되었음.

자료출처-조선일보 2023.07.18.

26

1-2. 반도체 역사

- 세계 반도체 -

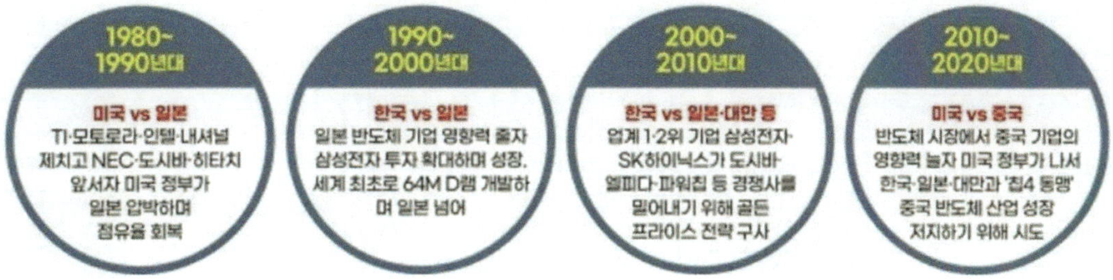

- 1950년대 '8인의 배신자'가 산업을 만들다
- 8인의 배신자와 후예들을 넘어선 '6인방'
- 세계 10대 반도체 기업 중 6개 기업을 갖게 된 일본
- 잘 만든 것을 판 일본 vs 팔릴 제품을 만든 한국
- 메모리에서 삼성·SK 체제 굳힌 '골든 프라이스' 전략
- 커지는 중국... 미국, '칩4 동맹' 대응

자료출처-한경비즈니스 2023.01.14.

27

1-2. 반도체 역사

- 한국 반도체 -

자료출처-반도체 산업과 기술의 이해_김주현

28

1-3. 반도체 종류

MEMS(Micro Electro Mechanical System) : 기계부품과 전자회로가 같은 칩 위에서 물리적인 현상을 전기적 신호로 출력

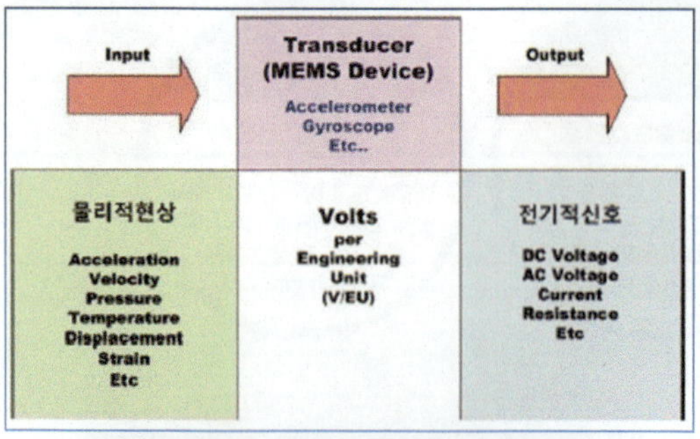

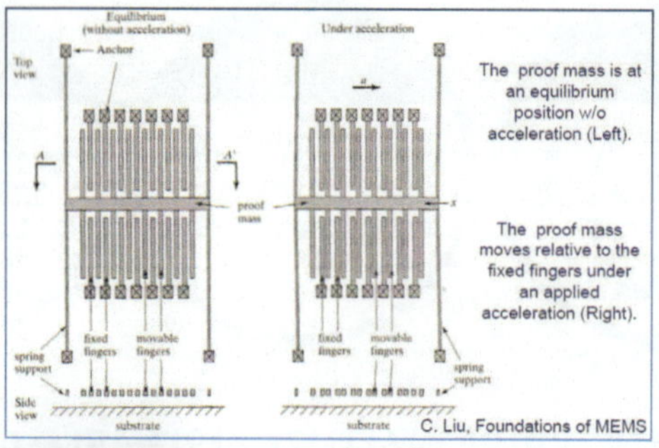

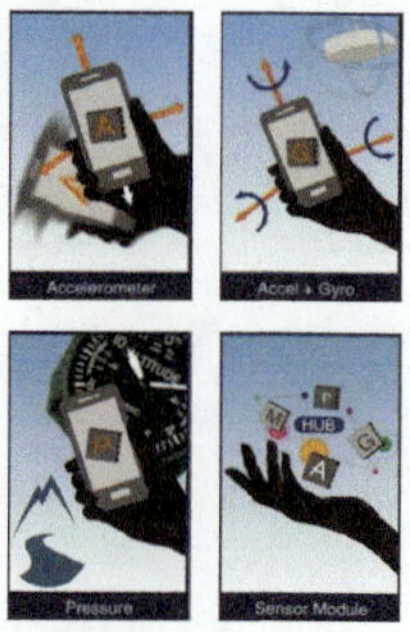

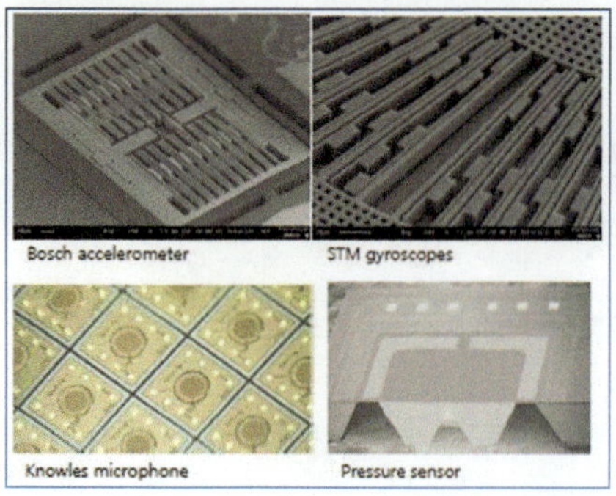

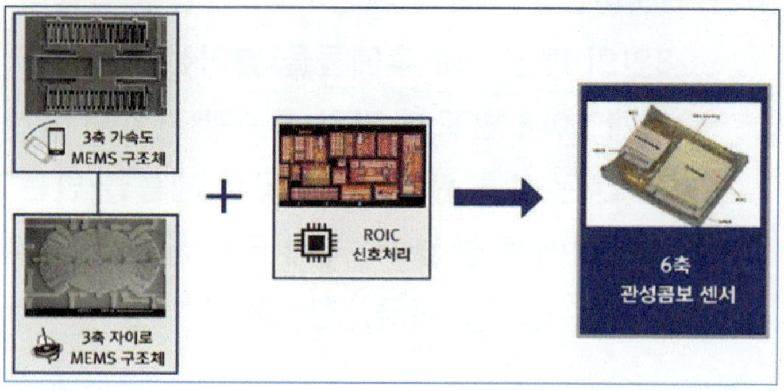

1-3. 반도체 종류

우주·항공용 반도체

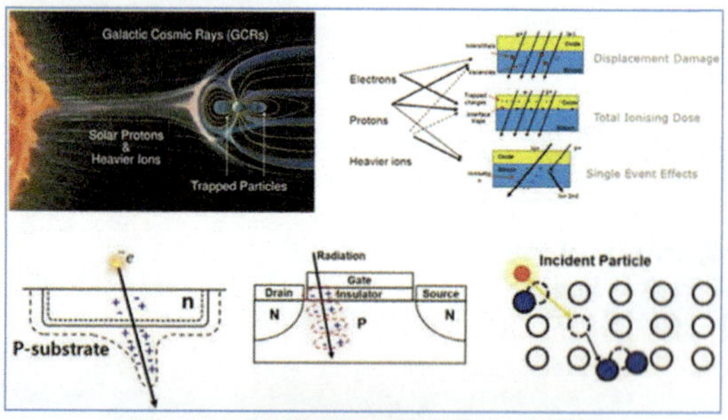

Increasing Component Quality, Reliability, and Cost

	COTS / COTS+		Enhanced Intermediate Grades			Space Grade	
	Commercial	AEC-Q100	EP	QMLQ	Space EP	QML-V	QMLV-RHA
Packaging	PLASTIC	PLASTIC	PLASTIC	CERAMIC	PLASTIC	CERAMIC	CERAMIC
Single Controlled Baseline	NO	NO	YES	YES	YES	YES	YES
Bond wires	Au or Cu	Au or Cu	Au	Al	Au	Al	Al
Pure Sn Used	YES	YES	NO	NO	NO	NO	NO
Burn-in Performed	NO	NO	NO	NO	NO	YES	YES
Radiation Tested	NO	NO	NO	NO	YES	YES	YES
Radiation Assured	NO	NO	NO	NO	YES	NO	YES
Temperature Range	-40 to 85°C	-40 to 125°C (only grade 1)	-55 to 125°C (majority)	-55 to 125°C	-55 to 125°C (majority)	-55 to 125°C	-55 to 125°C
100% 3 Temp Test	NO	NO	NO	YES	25, 125°C	YES	YES
Extra Qual/Process Monitors	NO	YES	YES	YES	YES	YES	YES
Life Test per lot	NO	NO	NO	NO	NO	YES	YES

상용으로 판매되는 512MB SD램 메모리는 대략 3,000~25,000원, 동일사양 우주항공용 반도체는 300만~1,000만원.
혹독한 환경에서도 제대로 구동하는 신뢰성 검증을 위해 10년간 각종 검사와 설계 보완 → 10년 전 성능, 1000배 비쌈.
COTS(일반 상용 반도체), AEC-Q100(인증을 받은 차량용 반도체), QMLQ(군용 반도체), Space EP(인증을 받지 못한 우주용 반도체), QML-V(우주용 반도체), QMLV-RHA(인증도 받고 방사선 신뢰도 통과한 우주용 반도체).
태양 및 심우주에서 오는 우주방사선(양성자, 중성자, 중이온, 알파입자)은 이상 현상을 유발하여 시스템 오동작 발생.
반도체 소자의 고장 원인 중 30%가 방사선으로 인함 → 내부 보호회로 추가 및 금속상자를 이용한 밀폐형 패키징.

1-3. 반도체 종류

AI 반도체

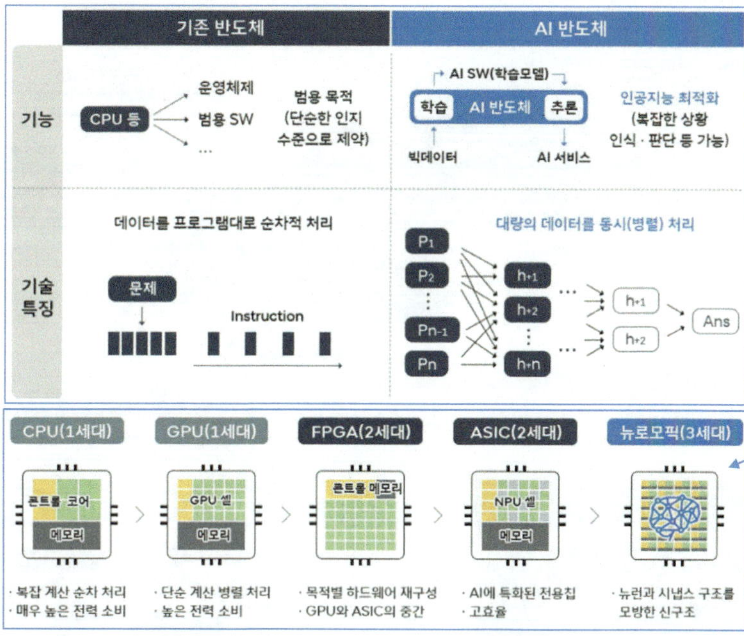

기존 CPU와 같은 반도체는 데이터를 순차적으로 직렬 처리.
AI 반도체(image, sound, text) 중 GPU는 데이터를 동시에 병렬 처리.
이후 단순 병렬 처리 뿐 아니라 머신러닝과 뉴런/시냅스 구조를 모방한 딥러닝의 고속처리.

자료출처-과학기술정보통신부

1-3. 반도체 종류

AI 반도체

- **GPU**

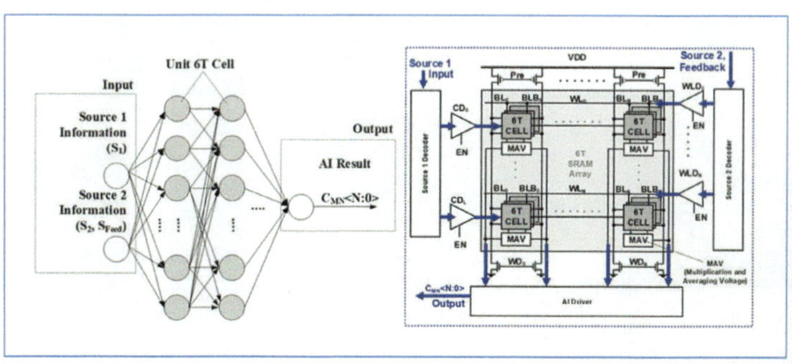

- **HBM(고대역폭메모리)**

여러 개 DRAM 적층
▼
기반 면적당 → 높은 용량

No wire > TSV
▼
빠른 처리 속도, 파워 절감

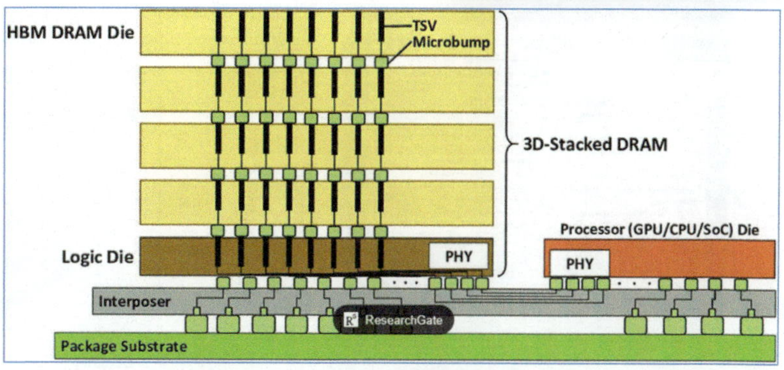

자료출처-Leading edge Die Stacking and Wire Bonding Technology for Advanced 3D Memory Packages_2017, RearchGate

1-4. 반도체 어플리케이션

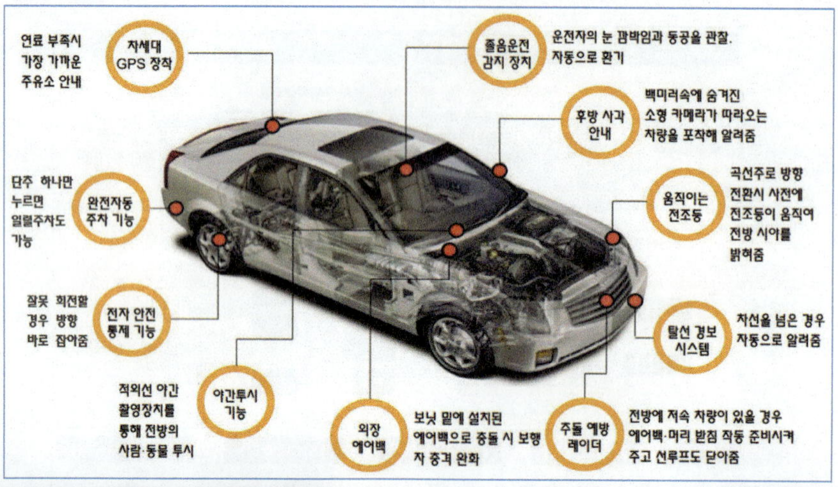

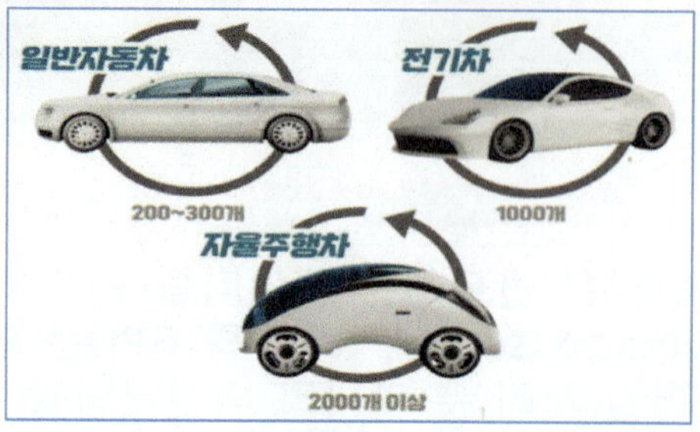

자료출처-자동차부품연구원_자동차용반도체, auto.ecomonictimes.indiatimes.com, 산업통상자원부 2022.03.29.

33

1-4. 반도체 어플리케이션

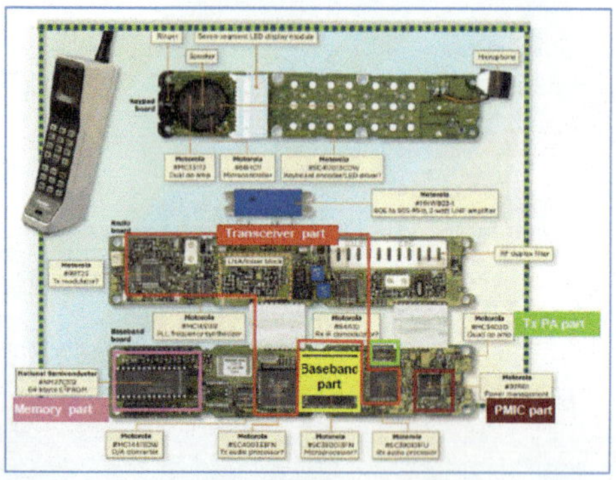

[1G Phone Teardown]

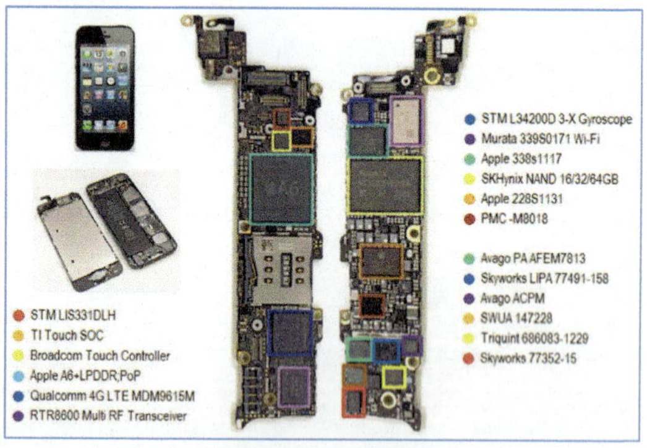

[4G Phone Teardown – iPhone 5]

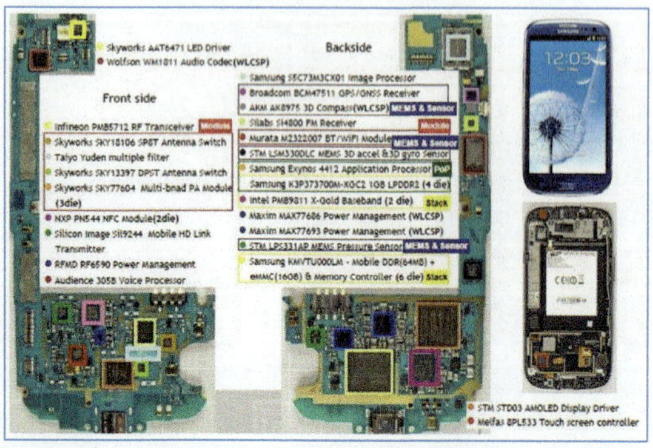

[4G Phone Teardown – Galaxy S3]

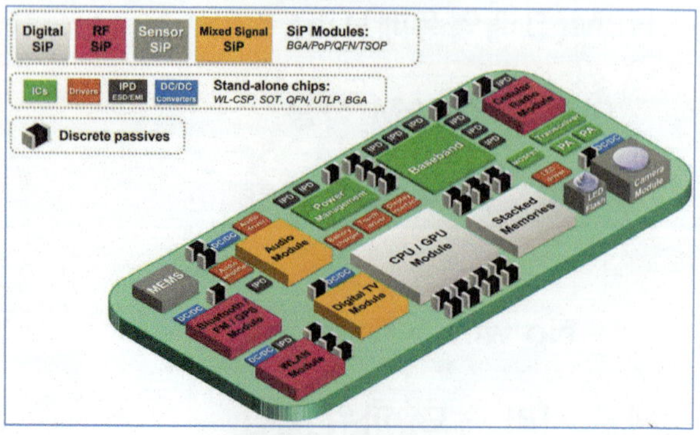

[일반적인 스마트폰 보드]

자료출처-Mobile, today tomorrow, Yole, FOWLP & Embedded Die

34

1-4. 반도체 어플리케이션

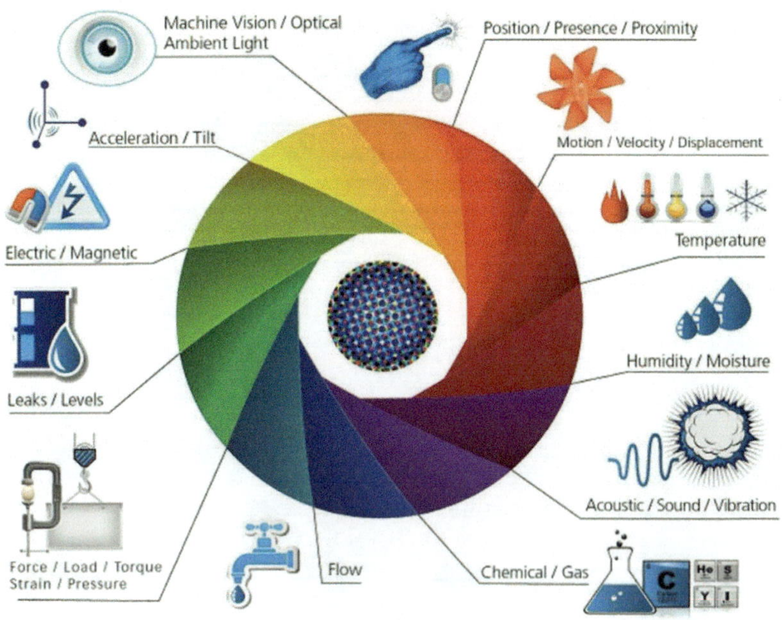

[다양한 센싱 대상물]

[스마트폰의 센서]

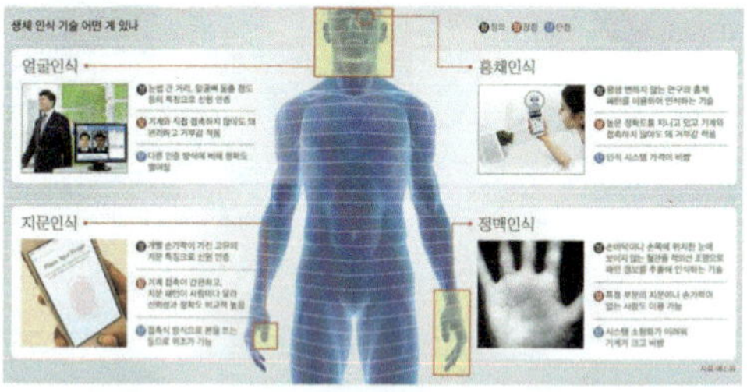

[센서의 생체인식 분야]

자료출처-Postscapes, 에듀넷, 유니온커뮤니티

1-4. 반도체 어플리케이션

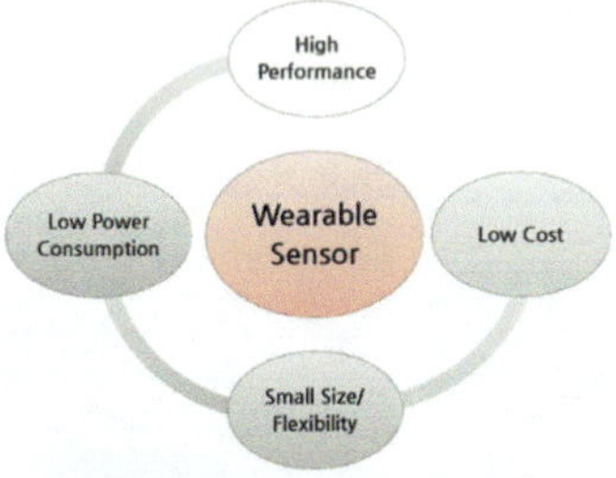

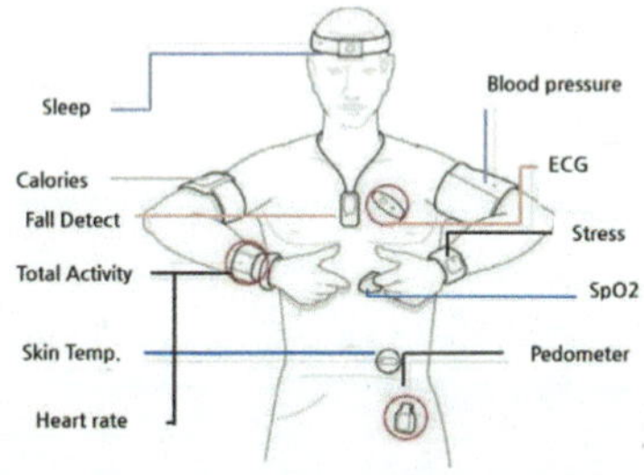

[다양한 센싱 대상물]

[Flexible Circuit]

[Samsung Galaxy Flex 2020 Future Smartphone]

자료출처-전자부품연구원_김건년, itnews, 2008.05.30., Pinterest

1-4. 반도체 어플리케이션

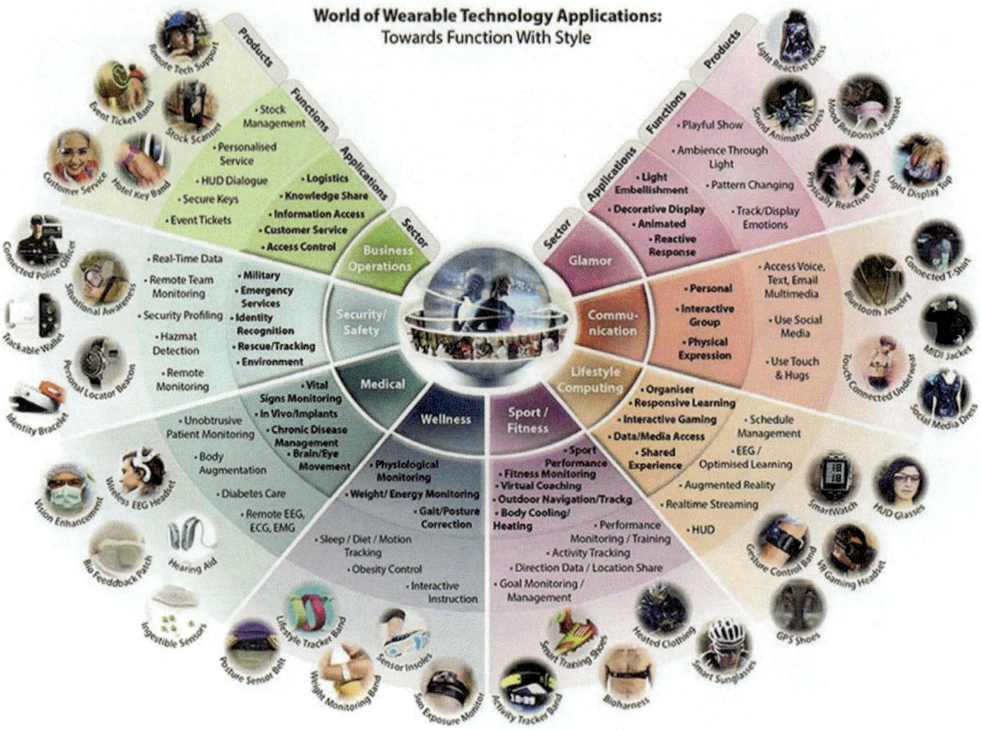

자료출처-www.beechamresearch.com/article.aspx?id=20

1-5. 반도체 산업

자료출처-반도체 산업과 기술의 이해_김주현

1-5. 반도체 산업

➢ **IDM(Integrated Device Manufacturer) : 종합 반도체 업체/회사**

	메모리	Foundry
고객에게 전달하는 것	완성 제품 (DRAM & Flash chip, SSD)	설계에 필요한 tool : **PDK/DK** 가공된 Wafer, Chip
제품 설계	내부	**고객**
WAFER 소유권	메모리 회사	**고객** (예: Lot 투입, hold, fabout 물량 의사결정 주체)
전기적 TEST (EDS)	내부	일부 내부, **주로 외주(대만)** (* EDS PGM 고객이 제공)
불량 분석 (FA)	내부 FA팀	**고객 & 파운드리** (* EDS 후 불량분석 약 2~4주)
패키징 (PKG)	내부	고객 외주 파트너 (예: SPIL)
공정 순서도 (Process flow)	외부 기밀	**고객에게 PA* 형태로 제공** (* Photo step, DR, Vertical Dimension, Process flow (RCP 제외))

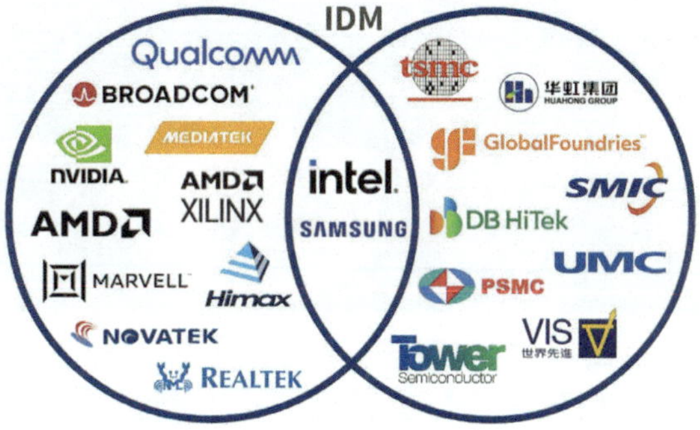

자료출처-https://semi-journal.jp/market/fabless-foundry.html

1-5. 반도체 산업_파운더리

삼성전자 파운드리

2022년 전체 반도체 매출 : 약 98.5조 원
2022년 파운드리 매출 : 약 26조 원

자료출처-https://semi-journal.jp/market/fabless-foundry.html

1-5. 반도체 산업_파운더리

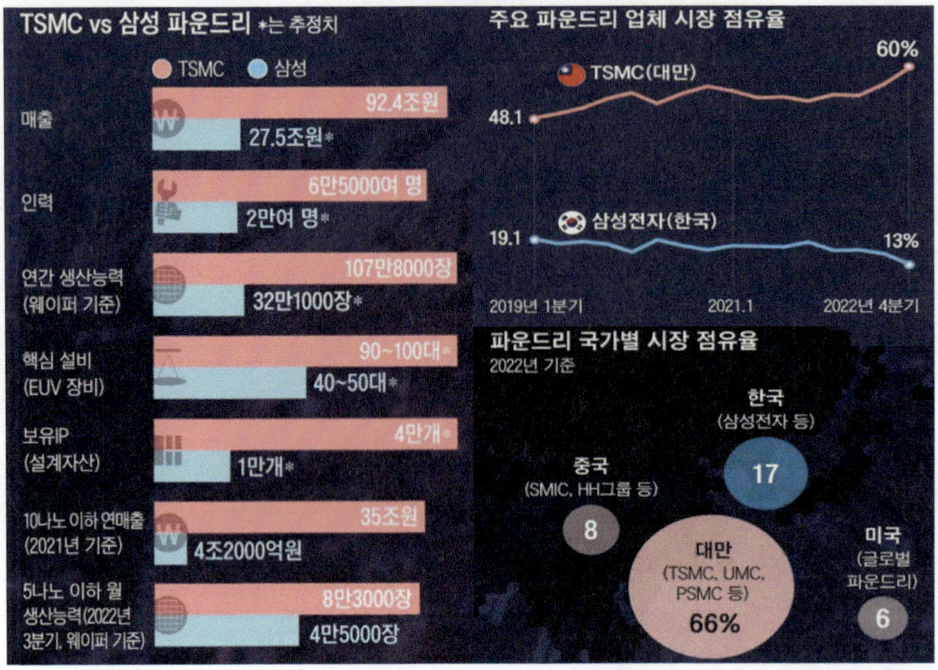

1987년 설립된 TSMC는 36년 동안 파운드리 한 우물만 팠음

TSMC는 레거시(낡은) 공정 ~ 선단(미래 주력) 공정 등 모든 제품 및 소량 제품도 생산 제공

삼성전자는 2005년부터 파운드리사업 시작 → 2017년 본격적인 투자 진행 → 2023년 5년 안에 1위 목표, 삼성 파운더리는 선단 공정 및 대량 제품 위주 생산 제공

자료출처-트렌스포드, 카운터포인트, 스태디스타, 조선일보(2023.02.26.)

41

1-5. 반도체 산업_파운더리

자동차 공정 스텝수 약 200~400개

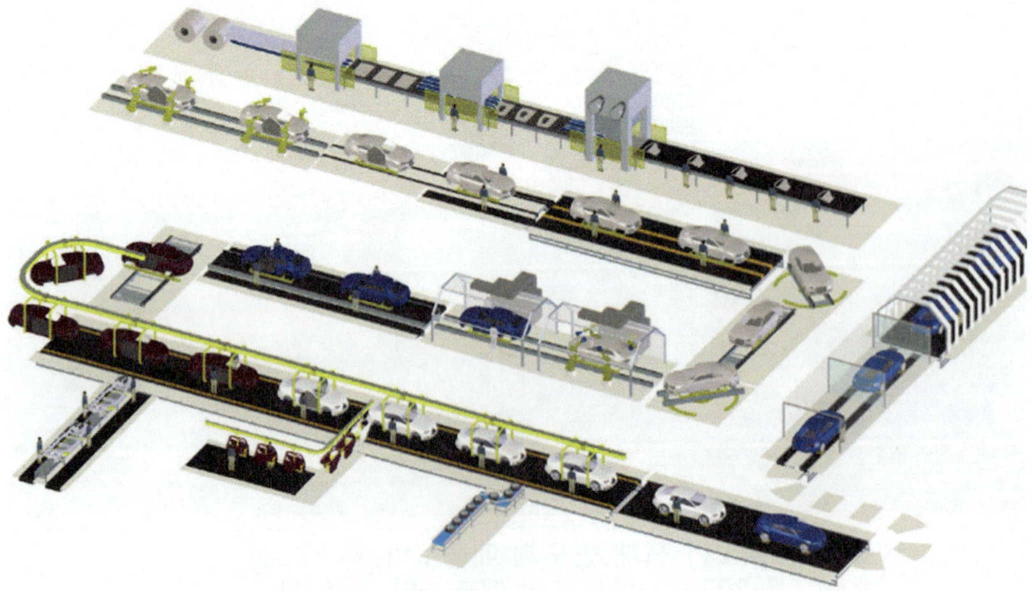

자료출처-Ammerall Beltech

42

1-5. 반도체 산업_파운더리

반도체 전공정

- 반도체 공정 스텝수 ➔ 약 1,000개
- 설비수 ➔ 수만대
- 장비 하나당 1,000개가 넘는 파라미터 발생

자료출처-SK증권 리포트

1-5. 반도체 산업_파운더리

글로벌 파운드리 10대 기업

기업명	매출(백만달러)		시장 점유율	
	2021년 2분기	2021년 3분기	2021년 2분기	2021년 3분기
TSMC	13,300	14,884	52.9%	53.1%
삼성전자	4334	4810	17.3%	17.1%
UMC	1819	2042	7.2%	7.3%
글로벌파운드리	1522	1705	6.1%	6.1%
SMIC	1344	1415	5.3%	5.0%
화홍그룹	658	799	2.6%	2.8%
PSMC	459	525	1.8%	1.9%
VIS	363	426	1.4%	1.5%
타워	362	387	1.4%	1.4%
DB하이텍	245	283	1.0%	1.0%
합계	24,407	27,277	97.0%	97.0%

삼성반도체는 초미세공정 서비스를 타겟으로 세계 최초 3나노 공정을 필두로 2025년 2나노 공정 서비스 할 예정

인텔도 2025년 2나노 공정 서비스를 계획으로 뒤늦게 파운더리 사업에 뛰어 듦

국내 최초이자 유일의 순수 파운더리 업체 DB하이텍은 삼성 파운더리 매출액의 6%정도 수준이지만, 2020, 2021, 2022년 9천, 1조2천, 1조5천억 원으로 계속해서 성장 중

SK하이닉스는 키파운더리(구. 매그나칩 반도체 파운더리 사업부)를 2022년 8월 인수하면서 사업에 뛰어 듦

자료출처-머니투데이(2021.12.18.)

1-6. 반도체 시장_국가별

World Semiconductor Trade Statistics에 따르면, 매출액 기준 세계 반도체 시장은 2001년 1,390억 달러 ➔ 2022년 5,740억 달러(CAGR 6.67%)

시장 전체를 이끈 건 인텔, TI, 엔비디아, AMD, 퀄컴 등 미국 기업들임.

- 세계 반도체산업 매출 및 국가별 비중(2021) -

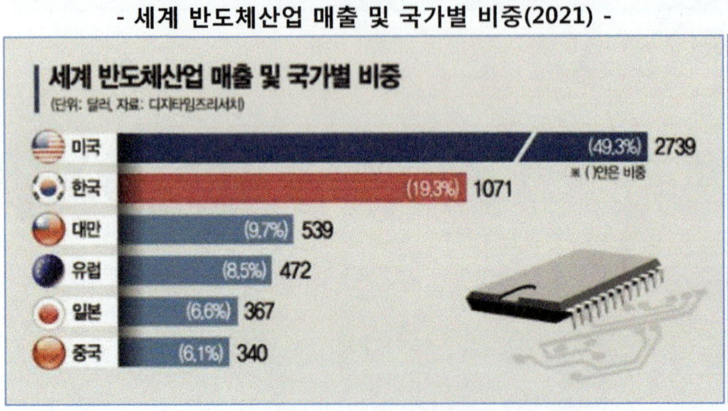

- 지역별 글로벌 반도체 시장 현황 -

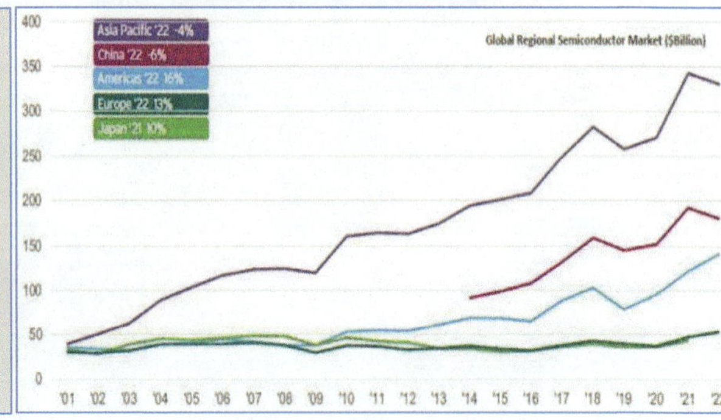

전자·장비 생산은 아시아·태평양 지역으로 옮겨지며 타지역 시장 규모를 능가하여 2001년 398억 달러 ➔ 2022년 3,309억 달러

중국은 아·태 시장의 55%(글로벌 시장 31%)를 차지해 최대 단일 국가 시장을 형성함.

자료출처-아시아경제(디지털타임즈리서치) 2022.04.21., World Semiconductor Trade Statistics

1-6. 반도체 시장_국가별

❖ 미국

2021년 미국 기업들은 지난해 글로벌 IDM(Integrated Device Manufacturer, 종합 반도체 업체) 매출의 47%, 팹리스 매출의 68% 등 세계 반도체 시장의 절반이 넘는 54%를 장악함.

반면 메모리 산업의 대부분을 장악하고 있는 한국은 22%, 대만 9%, 일본 6% 순임.

- 글로벌 반도체 회사 위치별 시장 점유율

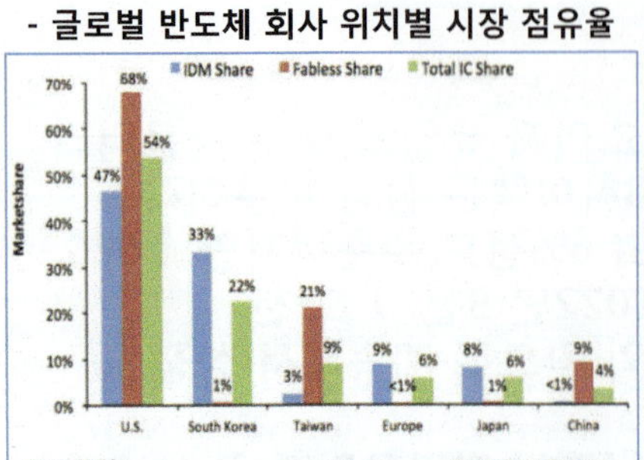

- 미국 수출 현황 -

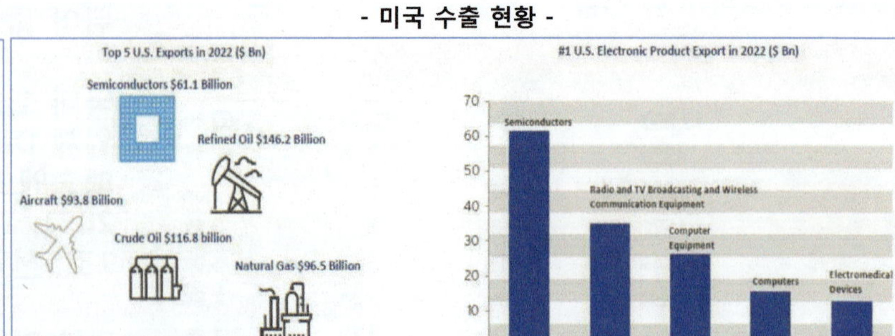

반도체는 미국 주요 수출품목 중 하나이며 2022년 반도체 수출액 611억 달러로 정유, 원유, 천연가스, 항공기에 이어 미국 수출액 중 5위를 기록함.

반도체는 미국 전체 전자제품 수출 중 가장 높은 비중을 차지하고 있음.

자료출처-IC인사이츠, U.S. International Trade Commission

1-6. 반도체 시장_국가별

❖ 한국

한국 반도체는 2013년부터 세계 반도체 시장 점유율 2위를 유지하고 있으며, 메모리 반도체 분야는 압도적인 기술 경쟁력을 바탕으로 일본(2001년), 미국(2002년) 추월 후 1위 등극, 현재까지 유지하고 있음.

- 한국의 글로벌 시장 점유율 추이 -

구분	13년	14년	15년	16년	17년	18년	19년	20년
반도체 전체	15.5%	16.2%	17.0%	16.5%	21.4%	23.6%	18.4%	18.4%
메모리반도체	48.7%	53.0%	57.7%	57.4%	60.7%	61.7%	58.4%	56.9%
시스템반도체	5.5%	3.9%	3.6%	3.1%	3.0%	3.0%	3.2%	2.9%

반면 시스템 반도체 분야에서는 국내기업의 경쟁력은 미약하여 3% 내외의 시장 점유율.

❖ EU

유럽연합은 차량용 반도체 및 전문제품 중심으로 약 10%의 글로벌 시장 점유율 유지함.
차량용 반도체 시장 점유율은 EU(40.9%), 미국(31.8%), 일본(21.6%), 대만(2.4%) 순임.
상위 기업으로는 인피니언(1위, 독일), NXP(2위, 네덜란드), ST마이크로(5위, 스위스) 등.

자료출처-한국반도체산업협회

1-6. 반도체 시장_국가별

❖ 대만

대만은 파운더리 세계 1위를 중심으로 팹리스도 세계적인 수준으로, 파운더리와 팹리스간 유기적 협력체계 구축으로 글로벌 팹리스로 성장하고 있음.
파운더리 점유율은 TSMC(53.4%, 대만), 삼성(14.3%, 한국), UMC(7.0%, 대만), GF(6.7%, 미국), SMIC(4.6%, 중국) 등이 있고, 대만의 주요 팹리스는 MediaTek(3위), Novatek(9위), Realtek(10위) 등을 보유하고 있음.

- 대만 반도체 산업 분야별 생산 추이와 클러스터 구축 현황 -

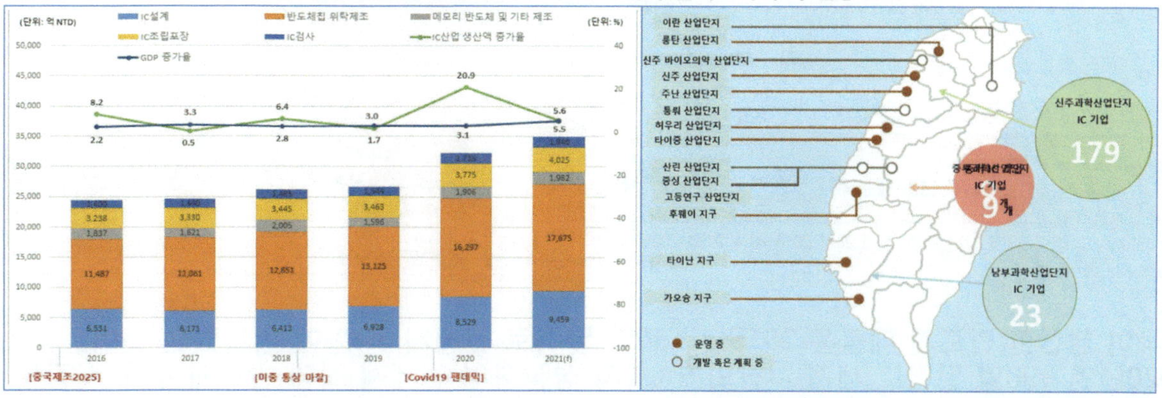

OSAT(Outsourced Semiconductor Assembly and Test)는 향후 대만과 중국 주도를 전망.

자료출처-대만반도체협회

1-6. 반도체 시장_국가별

❖ 일본

미 공정경쟁당국의 독점규제로 인해 1951년 AT&T의 자회사인 웨스턴일렉트릭이 일본 기업들에게 반도체 특허를 공개한 이후 1980년대까지 일본 기업의 급격한 성장으로 첨단 전자 제품인 미니카세트, 전자계산기 등의 길을 열면서 신시장을 만들어 냈음.
1908년대엔 전체 메모리 반도체 시장에서 일본이 80%를 차지하면서 미국을 위협했음.

- 30년간 글로벌 반도체 매출 톱 10 기업 변화 -

순위	1990년			2020년		
	기업명	매출	국적	기업명	매출	국적
1	NEC	48억달러	일본	인텔	738억달러	미국
2	도시바	48억달러	일본	삼성전자	604억달러	대한민국
3	히타치	39억달러	일본	TSMC	454억달러	대만
4	인텔	37억달러	미국	SK하이닉스	264억달러	대한민국
5	모토로라	30억달러	미국	마이크론	216억달러	미국
6	후지쯔	28억달러	일본	퀄컴	193억달러	미국
7	미쓰비시	26억달러	일본	브로드컴	170억달러	미국
8	TI	25억달러	미국	Nvidia	158억달러	미국
9	필립스	19억달러	네덜란드	TI	130억달러	미국
10	마쓰시타 (파나소닉)	18억달러	일본	인피니언	110억달러	유럽

- 일본의 주요 반도체 공장 현황 -

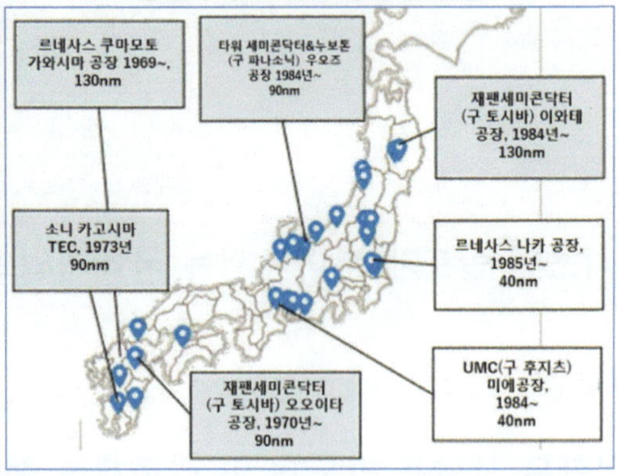

1986~1996년까지 10년간 미국은 환율 정책과 무역보복 등으로 일본 반도체는 결국 무릎을 꿇고 맘. 이후 반도체 장비에 집중하면서 글로벌 탑 15위 안에 7개 기업 보유.

자료출처-IC인사이츠, 경제산업성

1-6. 반도체 시장_국가별

❖ 중국

거대한 내수시장과 정부의 적극적인 지원으로 급속히 성장, 세계 핵심인력 대거 영입.
중국 팹리스 기업의 수는 2014년 681개에서 2018년 1,698개로 성장.
중국의 반도체 시장 규모는 2010년 570억 달러에서 2020년 1,434억 달러로 150% 성장.

- 중국 반도체 시장 규모 vs 반도체 생산 역량 -

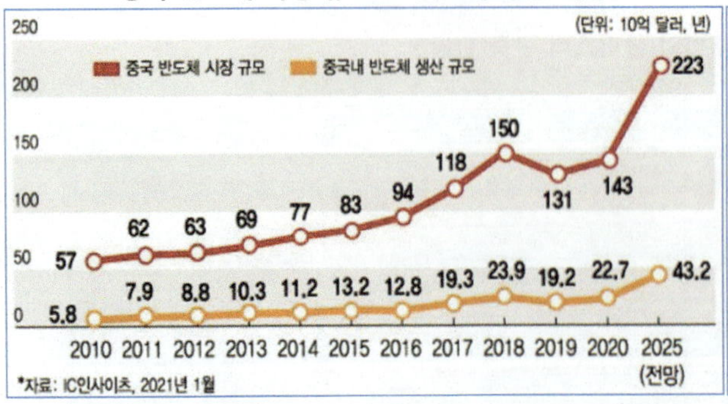

- 2020년 반도체 매출 10대 기업 -

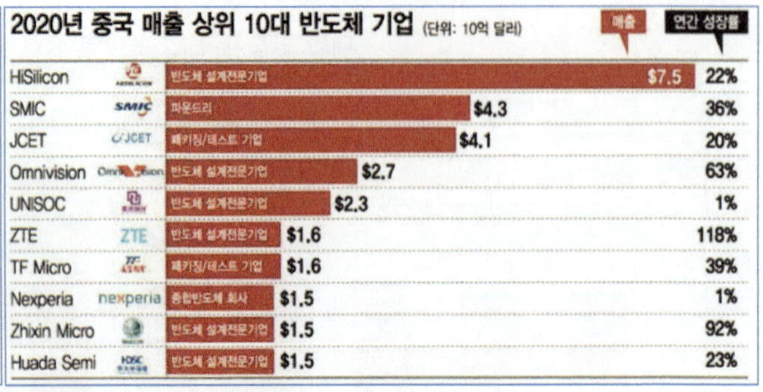

중국이 생산한 반도체 매출은 2015년 130억 달러로 전세계 3.8%에 머물렀던 것이 2020년엔 398억 달러로 세계 시장의 9%까지 성장하여 전세계 최대 반도체 수요 시장인 중국을 무시할 수 없는 상황임.

자료출처-IC인사이츠, 미국반도체협회

1-6. 반도체 시장_기업별

❖ 반도체 전체 매출 순위

삼성전자는 2021년 한 해 동안 전년 대비 34% 높은 매출액 830억 달러를 기록해, 760억 달러를 기록한 인텔을 제치고 업계 1위를 차지함.

이들 17개 기업의 본사 소재지는 미국(9), 유럽(3), 한국(2), 대만(1), 일본(1)임.

사업 유형별로는 팹리스(6), 파운드리(1)이고 나머지는 종합반도체회사임.

- 2021년 글로벌 반도체 기업 실적 (단위: 백만 달러) -

	본사소재지	2021년		2020년		증감률
		매출액	순위	매출액	순위	
삼성전자	대한민국	83,085	1	61,853	2	34%
인텔	미국	75,550	2	76,328	1	-1%
TSMC	대만	56,633	3	45,572	3	24%
SK하이닉스	대한민국	37,267	4	27,075	4	38%
마이크론	미국	30,087	5	22,542	5	33%
퀄컴	미국	29,136	6	19,357	6	51%
엔비디아	미국	23,026	7	14,659	8	57%
브로드컴	미국	20,963	8	17,744	7	18%
미디어텍	대만	17,551	9	10,985	12	60%
TI	미국	16,904	10	13,574	9	25%
AMD	미국	16,108	11	9,763	15	65%
인피니언	유럽	13,616	12	11,225	11	21%
애플	미국	13,430	13	11,440	10	17%
ST마이크로	유럽	12,574	14	10,178	14	24%
키오시아	일본	12,132	15	10,553	13	15%
NXP	유럽	10,715	16	8,391	17	28%
ADI	미국	10,079	17	8,127	19	24%

자료출처-IC인사이츠

1-6. 반도체 시장_기업별

❖ 반도체 공급 순위

2021년 상성전자가 세계 반도체 시장에서 732억 달러 12.3% 점유율로 인텔을 누르고 세계 반도체 공급 점유율 1위 기업으로 올라섰고, 인텔은 725%억 달러 12.2% 점유율로 2위, SK하이닉스는 364억 달러 6.1% 점유율로 3위에 자리했음.

- 2021년 글로벌 반도체 공급 상위 10개 기업 -

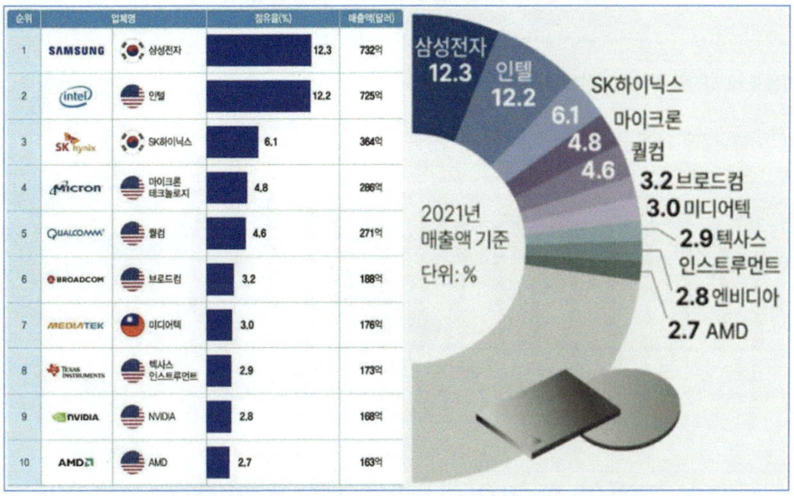

자료출처-가트너

1-6. 반도체 시장_반도체별

❖ 산업별·제품별 반도체

반도체 매출은 노트북, 스마트폰 등 소비자 수요가 높은 제품에 의해 주도되며 라틴 아메리카, 동유럽, 아프리카 등을 포함한 신흥 시장에서 수요가 증가하고 있음.

- 산업별 반도체 매출 점유율 -

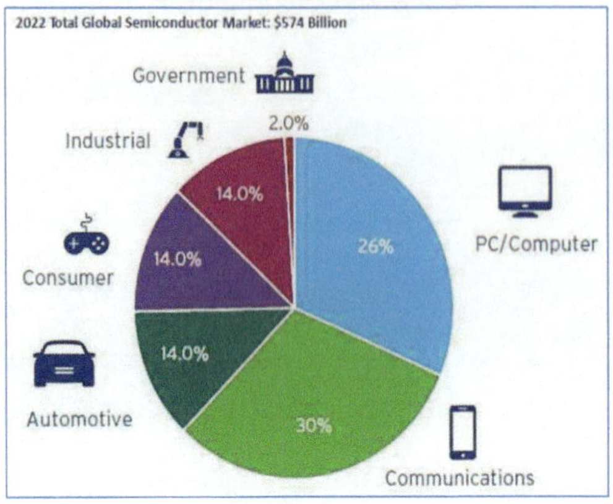

- 제품별 반도체 매출 현황 -

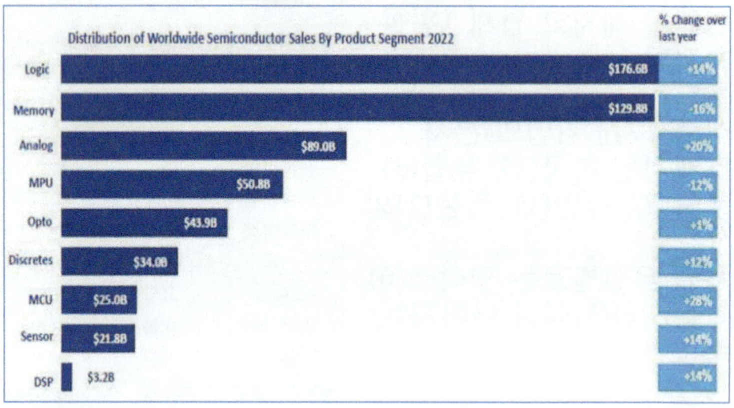

반도체 매출은 제품별로 다양하며 최근 몇 년간 전세계 반도체 산업의 가장 큰 부분은 로직, 메모리, 아날로그, MPU가 차지했으며 이들이 2022년 78%를 차지하였음.

자료출처-World Semiconductor Trade Statistics

1-6. 반도체 시장_반도체별

❖ 메모리·비메모리 반도체

2019년 전 세계 반도체 시장(매출 기준)은 4,183억 달러임.
메모리 반도체가 1,116억 달러로 26.7%, 비메모리 반도체가 3,067억 달러로 73.3% 차지.
대략 메모리 30%, 비메모리 70%의 비중임.

- 메모리 반도체 시장 vs. 비메모리 반도체 시장 -

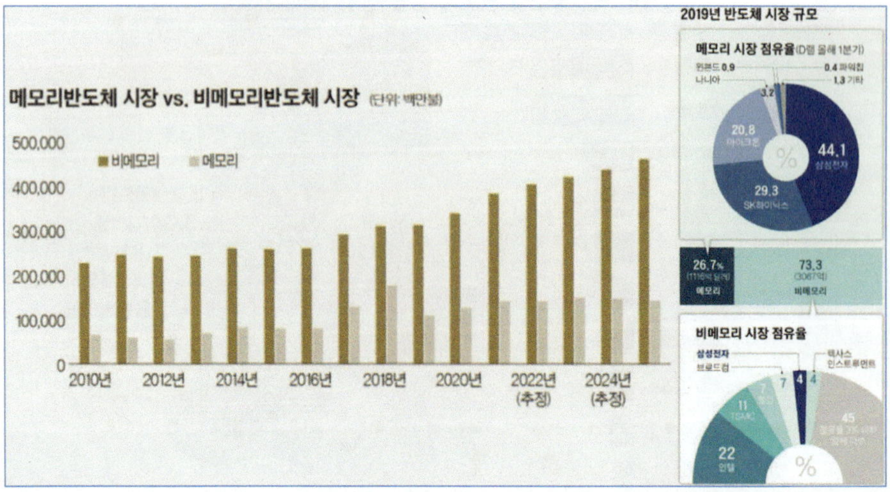

한국은 이중 30% 시장의 강자일 뿐 70% 시장의 점유율은 4%에 불과한 도전자임.

자료출처-유안타증권 리서치센터, 블룸버그, 가트너, 트렌스포스

1-6. 반도체 시장_반도체별

❖ 비메모리 반도체

비메모리 반도체는 AI, 자율주행차 등의 발전으로 빠르게 커지고 있음. 미국의 인텔, 퀄컴 등 반도체 기업은 물론이고, 페이스북, 구글, 아마존, 알리바바 등 IT 기업들은 자율주행차·AI 반도체 등 차세대 비메모리 기술개발에 총력을 다하고 있음.

- 글로벌 비메모리 반도체 시장 및 업체별 점유율(2019) -

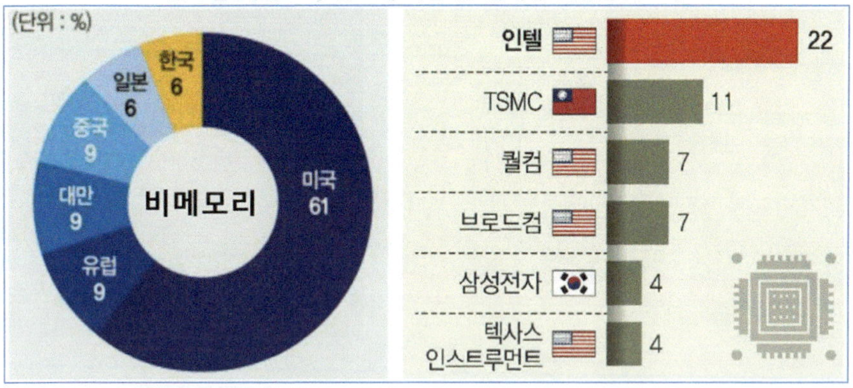

현재 세계 시스템 반도체 산업의 최강자는 미국임. 세계 시스템 반도체 탑 20 기업 중 미국 13개, 유럽 3개, 한국·일본·중국·대만이 각각 1개 기업을 순위에 올리고 있음.

자료출처-유안타증권 리서치센터, 블룸버그, 가트너, 트렌스포스

55

1-6. 반도체 시장_반도체별

❖ 메모리 반도체

2020년 기준 한국은 전세계 메모리 반도체 시장의 56.9%를 차지하였으며, DRAM 70.7%, NAND 46.3%를 점유하였음. 한국 메모리 반도체는 세계 최고 수준의 기술력을 보유하고 있으며 경쟁우위를 지키기 위해 지속적인 연구개발과 투자하고 있음.

- 글로벌 메모리 반도체 시장 점유율(2020) -

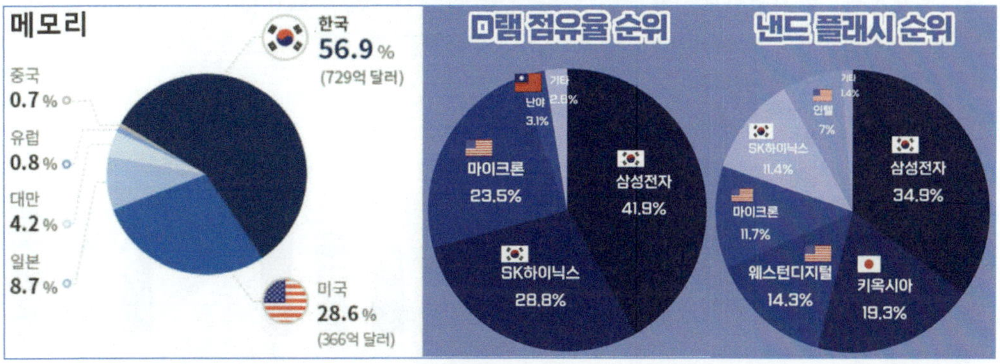

삼성전자와 SK하이닉스가 가장 심혈을 기울이고 있는 부분은 EUV 노광 기술임. EUV 노광 기술은 반도체 미세공정의 핵심으로 극자외선 광원을 사용해 웨이퍼에 반도체 회로를 새기는 기술로 고성능·초소형 반도체를 만드는 데 필수적임.

자료출처-OMDIA 2021

56

1-6. 반도체 시장_반도체별

❖ AI 반도체

구글, 테슬라 까지 개발 경쟁에 뛰어들어, 오는 2030년이면 인공지능 반도체 세계 시장 규모가 1,179억 달러(약 135조4천억 원)에 이를 전망임. 전체 시스템 반도체 시장 규모 3,769억 달러(432조8천억 원)에서 30%의 비중을 웃돌 것으로 예상함.

- AI 반도체 시장 규모 전망 -

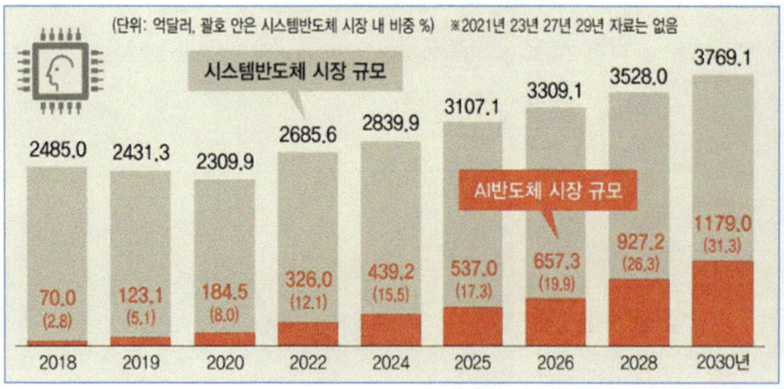

- AI 반도체 시장 규모 전망 -

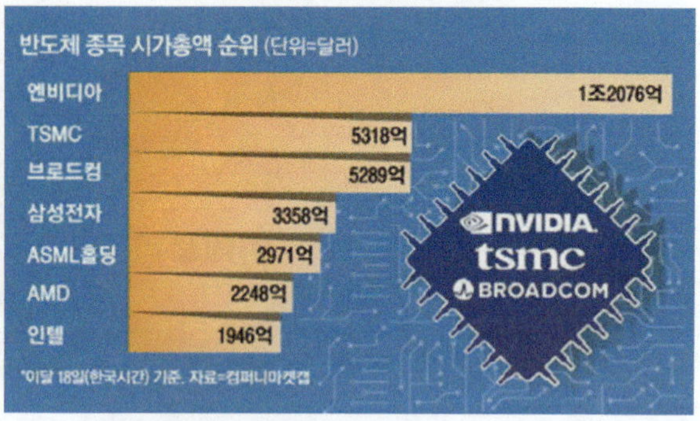

2023년 글로벌 반도체 시가총액 1~3위는 엔비디아(1조2천억 달러), TSMC(5천3백억 달러), 브로드컴(5천2백억 달러)이 차지하고 있음. 삼성전자는 2018년만 해도 글로벌 반도체 시가총액 1위에 올랐지만, 5년 만에 3계단 내려왔음.

자료출처-가트너, 정보통신정책연구원, 매일경제 2023-12-18

1-6. 반도체 시장_반도체별

❖ 차량용 반도체

차량용 반도체는 연평균 10.3%로 반도체 시장에서 가장 높은 시장 성장률을 보이며 2025년 800억 달러를 기록하는 등 고속 성장할 것으로 전망하고 있음. 인피니언 11%, NXP 10.4%, 르네사스 7.8%, TI 7.2%, STM 6.7%, 보쉬 4.3%의 비중을 차지해 EU가 강세.

- 세계 반도체 시장 규모 전망 -

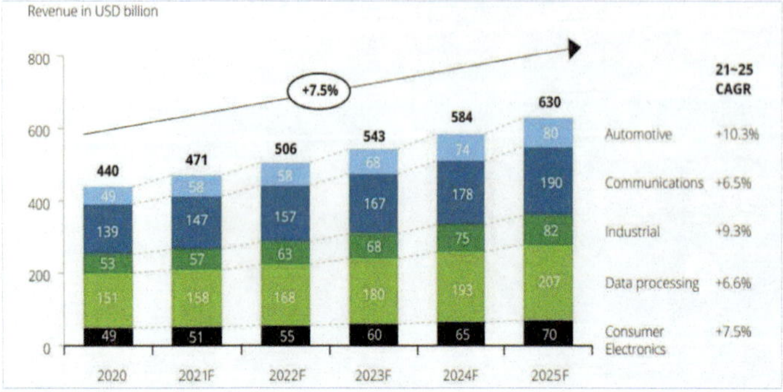

- ECU 및 DCU의 세계 시장 전망 -

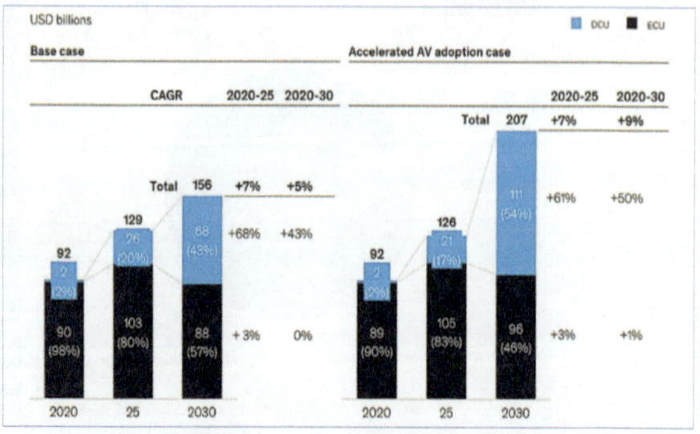

기존 모듈별 제어를 위한 ECU(Electronic Control Unit)에서 도메인별 제어를 위한 DCU(Domain Control Unit)로 시장의 흐름이 급변해 DCU의 사용이 보편화 될 전망임. 기존 테슬라와 같은 전기차 업체를 넘어 애플·샤오미·화웨이 등의 완성차 업체 출현 예상.

자료출처-Mordor Intelligence, Mckindey

1-6. 반도체 시장_반도체별

❖ 웨이퍼 순위

첨단 기술이 집약된 분야인 만큼 기술 경쟁력을 갖추기 어려워 전 세계적으로 소수 기업만 살아남음. 현재 글로벌 웨이퍼 시장은 일본(신예츠, 섬코), 한국(SK실트론), 독일(실트로닉스), 대만(글로벌웨이퍼스)가 전체 시장의 94%를 과점하고 있음.

- 2021년 기준 실리콘 웨이퍼(300mm) 출하량 시장 점유율 -

글로벌 300mm 실리콘 웨이퍼 출하량 기준 점유율

구분	2018	2019	2020	2021
신에츠	32.50%	32.90%	31.10%	29.80%
섬코	25.10%	25.30%	25.30%	24.80%
SK실트론	14.70%	17.00%	18.60%	18.10%
실트로닉	13.70%	13.00%	13.20%	14.10%
글로벌웨이퍼스	13.40%	11.30%	11.00%	11.60%

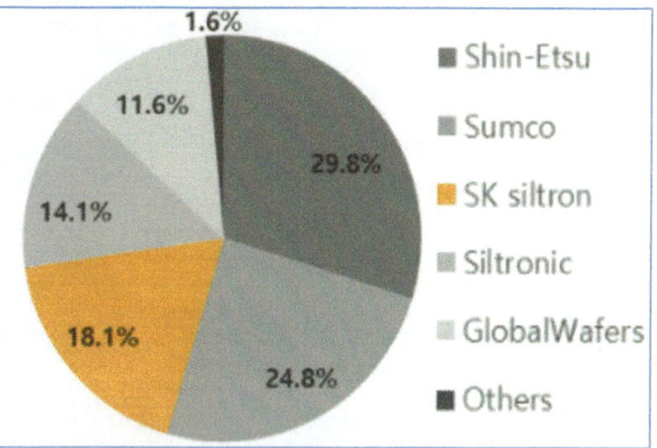

대부분 점유율 하락인데 반해 SK실트론은 일본과의 기술·품질 경쟁력을 좁혔기에 상승함. 현재 웨이퍼의 주류는 200mm(8인치)에서 300mm(12인치)로 넘어간 상태로, 시장 규모가 129억 달러에 달하며 이중 300mm 비중이 71.7%이고 계속 확대될 것으로 전망했음.

자료출처-SK실트론

59

1-6. 반도체 시장_산업별

❖ 팹리스 순위

전 세계 상위 10개 팹리스 기업의 매출액은 총 1,274억 달러(약 156조 원)로 2020년 대비 48% 증가했다. 반도체 공급 부족이 계속되면서 팹리스 수요도 크게 늘어난 데 따른 것임.

1위 퀄컴은 지난해 반도체 설계 매출은 293억3,300만 달러로 전년대비 51% 증가했음. 스마트폰 시스템온칩 매출이 51%, 사물인터넷칩 매출이 63% 증가했음.

2위인 엔비디아는 248억8,500만 달러로 61% 증가했음. 그래픽카드와 데이터센터 매출이 각각 64%, 59% 성장.

3위인 브로드컴은 210억2,600만 달러로 18% 증가했음. 6위인 노바텍은 43억3,600만 달러로 79%나 뛰어 10대 기업 중 가장 높은 증가율을 기록했음.

- 2021년 팹리스 시장 매출 순위 -

순위	기업명	매출(달러)	전년대비 성장률
1	퀄컴	293억3300만	51%
2	엔비디아	248억8500만	61%
3	브로드컴	210억2600만	18%
4	미디어텍	176억1900만	61%
5	AMD	164억3400만	68%
6	노바텍	48억3600만	79%
13	LX세미콘	약 15억5000만 (1조8988억원)	63%

10대 팹리스 기업 중 퀄컴·엠비디아·브로드컴·AMD·마벨·자일링스 등 6곳은 미국 기업이며, 미디어텍·노바텍·리얼텍·하이맥스 등 4곳은 대만 기업임. 전 세계 팹리스 시장에서 한국 기업이 차지하는 비중은 1.5%로 미국(56.8%), 대만(20.7%0, 중국(16.7%)과도 격차가 크다. 국내는 LX세미콘이 1조8,988억 원으로 세계 13위 수준임.

자료출처-트렌트포스, 옴디아

60

1-6. 반도체 시장_산업별

❖ 파운드리 순위

2021년 파운드리 매출에 따른 시장 점유율에서 대만이 64%를 차지해 1위를 기록했음. 한국은 전체에서 2위를 기록했지만, 18%의 점유율로 대만과 3배가 넘는 격차를 보였음.

- 글로벌 파운드리 시장 점유율 -

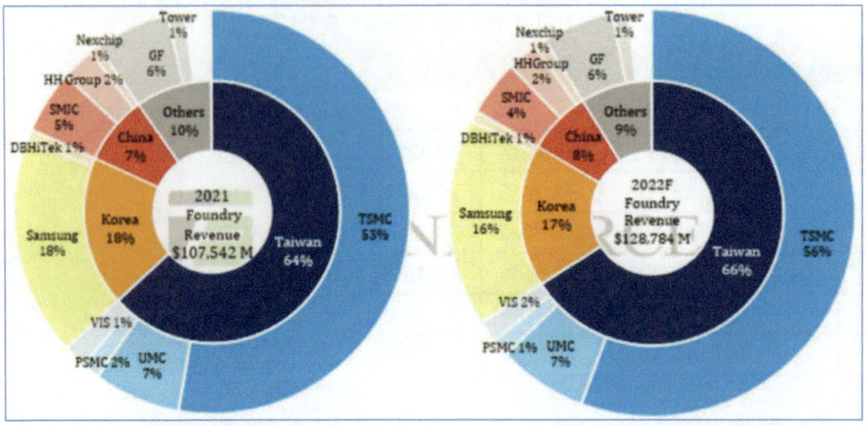

대만은 TSMC를 앞세워 글로벌 파운더리 시장을 압도했음. 8인치와 12인치 파운더리에서 대만의 24개 팹이 지배적임. TSMC는 2021년 53%와 2022년 전망치 56%를 기록해 사실상 대만 파운더리 점유율의 대부분을 차지하고 있음.

자료출처-World Semiconductor Trade Statistics

61

1-6. 반도체 시장_산업별

❖ 반도체 장비 순위

1위는 미국 Applide Materials가 견지했음. 과거에 단 한번 2002년 ASML에 1위를 내줬지만 수년간 최고의 자리에 있음.

1대에 2천억 원 규모의 EUV 노광 장치를 주력으로 하는 ASML은 인텔, TSMC, 삼성전기, SK하이닉스에 대규모 납품이 예상되어 1위를 할 가능성도 있음.

3위 램리서치와 4위 도쿄일렉트론 이 4개 업체가 차지하는 비중이 59.6%에 달함.

5~10위까지는 변화가 없고 13위 한국의 세메스가 전년 대비 116% 증가하여 단숨에 순위권을 진입했음.

- 반도체 장비 기업 및 시장 규모 -

2020 Rank	AOW	COMPANY	2019	2020	Growth	2020 Share
1	USA	Applied Materials	13,468	16,365	21.5%	17.7%
2	Europe	ASML	12,770	15,396	20.6%	16.7%
3	USA	Lam Research	9,549	11,929	24.9%	12.9%
4	Japan	Tokyo Electron	9,552	11,321	18.5%	12.3%
5	USA	KLA	4,704	5,443	15.7%	5.9%
6	Japan	Advantest	2,470	2,531	2.5%	2.7%
7	Japan	SCREEN	2,200	2,331	6.0%	2.5%
8	USA	Teradyne	1,553	2,259	45.5%	2.4%
9	Japan	Hitachi High-Tech	1,490	1,717	15.2%	1.9%
10	Europe	ASM International	1,261	1,516	20.2%	1.6%
11	Japan	Kokusai Electric	1,127	1,455	29.1%	1.6%
12	Japan	Nikon	1,104	1,085	-1.7%	1.2%
13	Korea	SEMES	489	1,056	116.0%	1.1%
14	ROW	ASM Pacific Technology	894	1,027	14.9%	1.1%
15	Japan	Daifuku	1,107	940	-15.1%	1.0%
		Others	14,294	16,034	12.2%	17.4%
		Total	78,032	92,405	18.4%	100%

자료출처-트렌드포스, KISTEP

62

1-6. 반도체 시장_산업별

❖ 반도체 대한민국 주력 산업

반도체 부동의 1위…바이오·배터리·화장품도 '수출주력'으로 부상-한국경제 2021.12.13

2024년 한국 수출이 6,838억 달러에 이르러 사상 최대를 기록하였음.
이중 반도체는 1,419억 달러로 21%를 차지하여 한국 수출 1위 산업으로 경제 성장을 주도하고 있음.
반도체, 자동차, 석유화학 등 전통 산업과 바이오, 화장품, 전기차 배터리 등이 뒤를 밀고 있음.

자료출처-한국경제, 2021.12.13.

1-7. 반도체 용어

- Fabless(팹리스) : 제조설비를 뜻하는 Fabrication(fab)과 없다는 의미의 ~less의 합성어로 설계만 하는 회사를 뜻함
- 설계 Tool(툴) : 반도체 설계 및 해석을 용이하게 하기위한 소프트웨어
- EDA(Electronic Design Automation) : 반도체 설계 시간을 줄이기 위해 사용하는, 미리 설계된 블록/회로들
- PDK(Process Design Kits) : 파운드리에서 고객(설계자)들에게 제공되는 제조 공정 정보

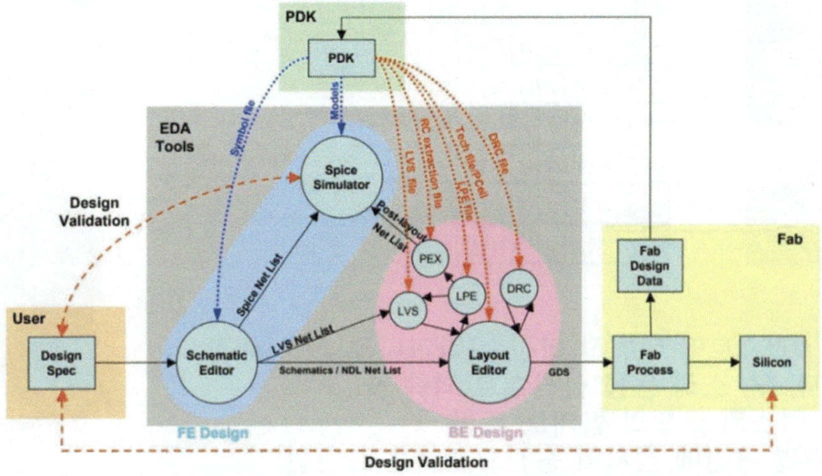

자료출처-https://semi-journal.jp/market/fabless-foundry.html

1-7. 반도체 용어

➢ Schematic(구조도) : 정보/데이터를 연결한 시각적 표현

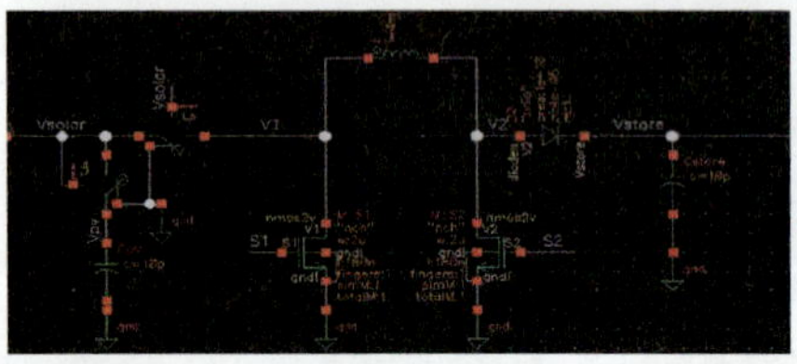

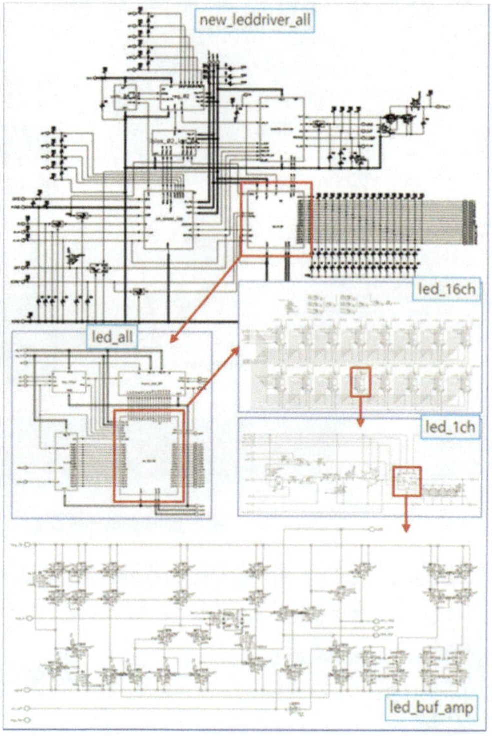

➢ Simulation(해석) : 모의실험을 통한 기능수행/정보탐색

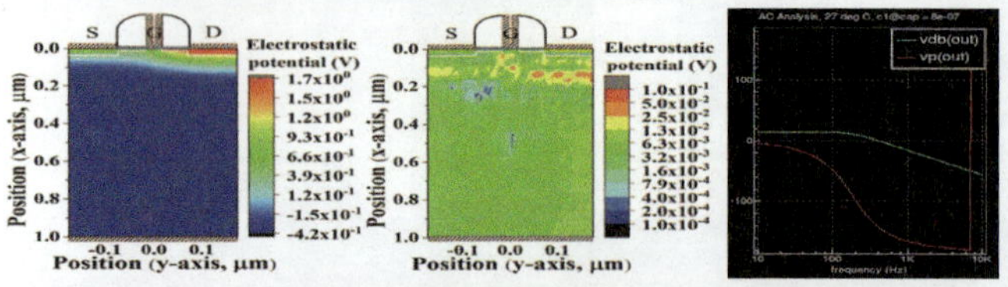

➢ Layout(배치) : 구성요소들을 제한된 공간에 배열/배치

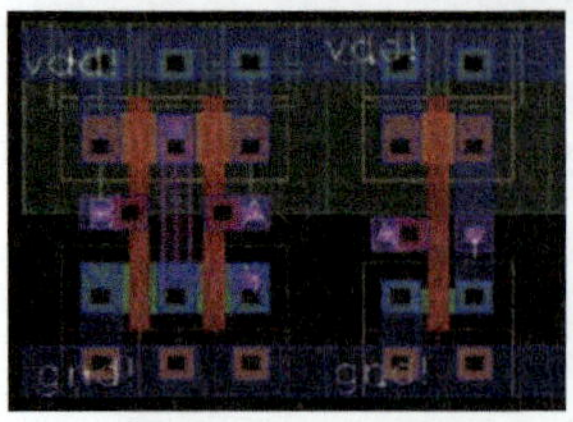

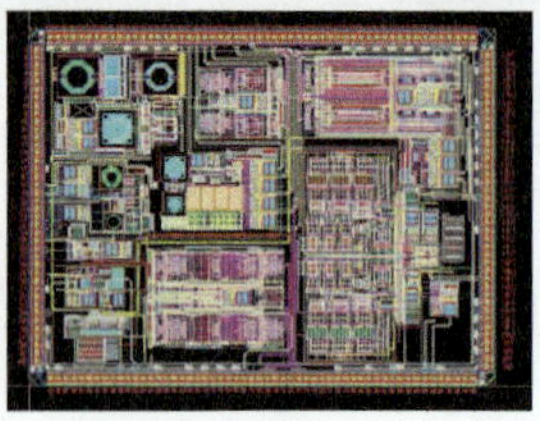

자료출처-https://semi-journal.jp/market/fabless-foundry.html, 반도체 경영 실무_김주현, Digicomm Semiconductor

1-7. 반도체 용어

➢ Analog(아날로그) : 온도, 기압, 밝기, 소리, 영상 등 시간과 함께 연속적으로 변화하는 것
➢ Digital(디지털) : '0'과 '1'로만 인식(중간 값이 없음)되고 불연속적으로 변화하는 것

Analog ➔ Digital 변환

[Analog]

88	82	84	88	85	83	80	93	102
88	80	78	80	80	78	73	94	100
85	79	80	78	77	74	65	91	99
38	35	40	35	39	74	77	70	65
20	25	23	28	37	69	64	60	57
22	26	22	28	40	65	64	59	34
24	28	24	30	37	60	58	56	66
21	22	23	27	38	60	67	65	67
23	22	22	25	38	59	64	67	66

이진법	팔진법	십진법
000 0000	000	0
000 0001	001	1
000 0010	002	2
000 0011	003	3
000 0100	004	4
000 0101	005	5
000 0110	006	6
000 0111	007	7
000 1000	010	8
000 1001	011	9
000 1010	012	10

[Binary, ASCII]

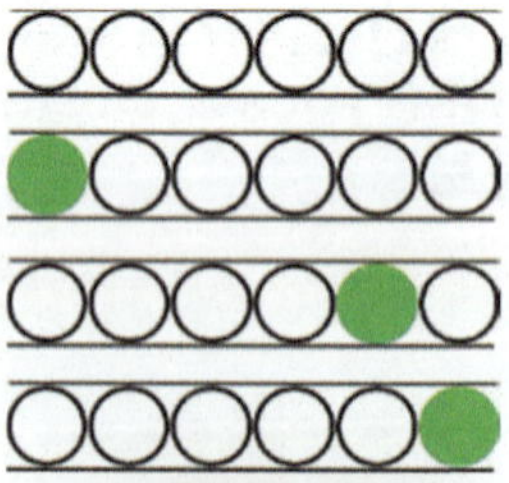

[DRAM의 저장 Capacitor]

컴퓨터는 오직 0과 1로만 이뤄진 이진수(바이너리)만 이해함
문자, 색, 소리 등을 십진수로 약속 →
아스키 코드의 형태로 표현 →
수많은 개별 공간에 전자의 충진으로 1을 표현함

자료출처-EETimes, BeSang

1-7. 반도체 용어

- **Foundry(파운더리)** : 반도체 제조를 전담하는 생산 전문 기업/공장
- **Ingot(잉곳/규소봉)** : 금속 또는 합금을 한번 녹여서 목적에 맞게 적당한 크기와 형상으로 만든 덩어리

19세기 주물 공장을 의미

칩 주문자로부터 받은 칩 설계도를 통해 반도체 집적 회로를 위탁 생산함

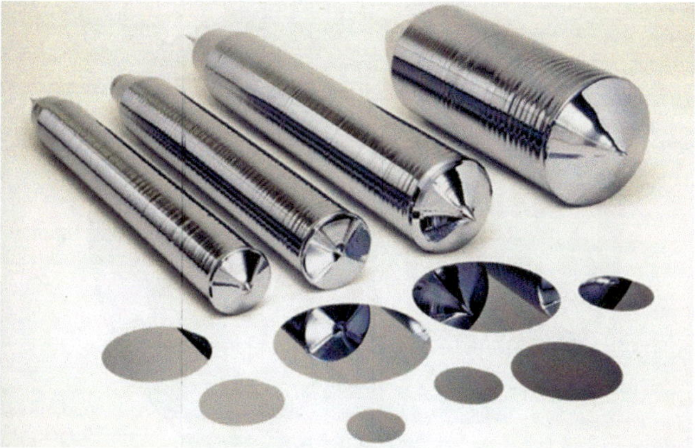

고온에서 녹인 실리콘으로 만든 실리콘 기둥

대부분의 웨이퍼는 모래에서 추출한 규소,즉 실리콘으로 만듦

자료출처-PAM-XIAMEN

67

1-7. 반도체 용어

- **반도체 8대 공정** : 반도체를 만드는데 있어 필요한 핵심 공정, 회사마다 차이가 있음

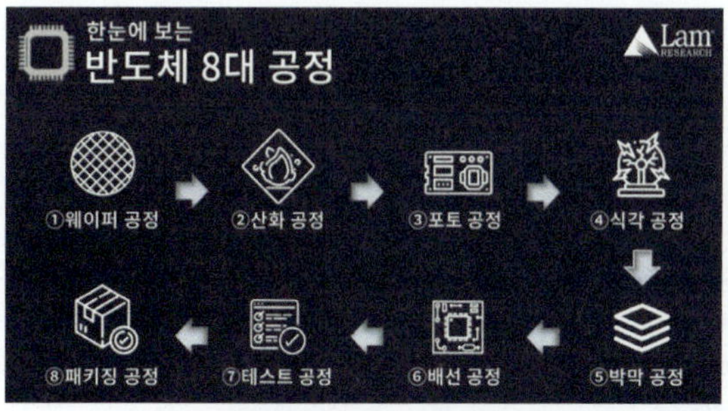

SK하이닉스의 5대공정

1. Photo 공정
2. Etch 공정
3. Diffusion 공정
4. Thinfilm 공정
5. C&C(CMP & Cleaning 공정)

자료출처-램 리서치, 삼성반도체이야기

68

1-7. 반도체 용어

➢ **Wafer(웨이퍼)** : 얇은 원형의 모양으로 구워낸 빵이나 쿠키를 뜻하는 단어로, 반도체를 만드는 데 있어 기본이 되는 재료를 말함

크기 : 4, 6, 8, 12, 18인치

자료출처-Jiaozuo Commercial FineWin Co., Ltd, 나무위키

1-7. 반도체 용어

➢ **Oxidation(산화 공정)** : 웨이퍼에 산화막(SiO_2)을 형성하여 절연막(누설전류 방지)과 보호막(불순물로 부터 웨이퍼를 보호) 역할을 함

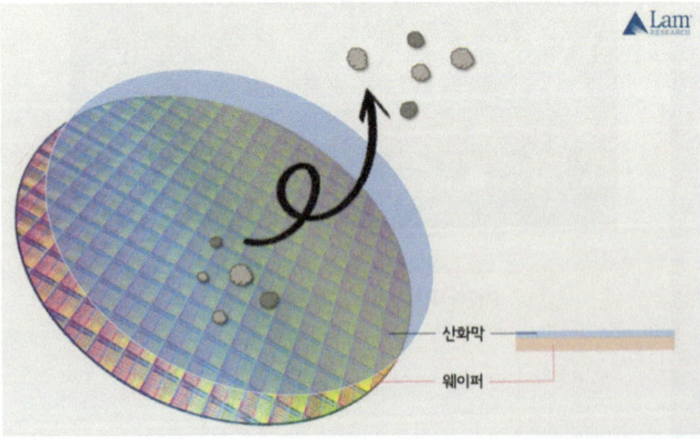

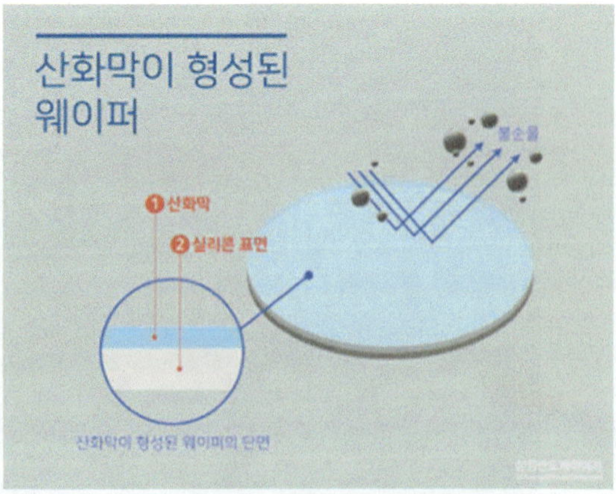

자료출처-램 리서치, 삼성반도체이야기

1-7. 반도체 용어

➢ **Photolithography(포토리소그라피/노광 공정)** : 웨이퍼 위에 회로를 그려 넣는 과정으로 감광액(PR: Photoresist) 도포(coating), 노광(expouser), 현상(development) 과정으로 이루어짐

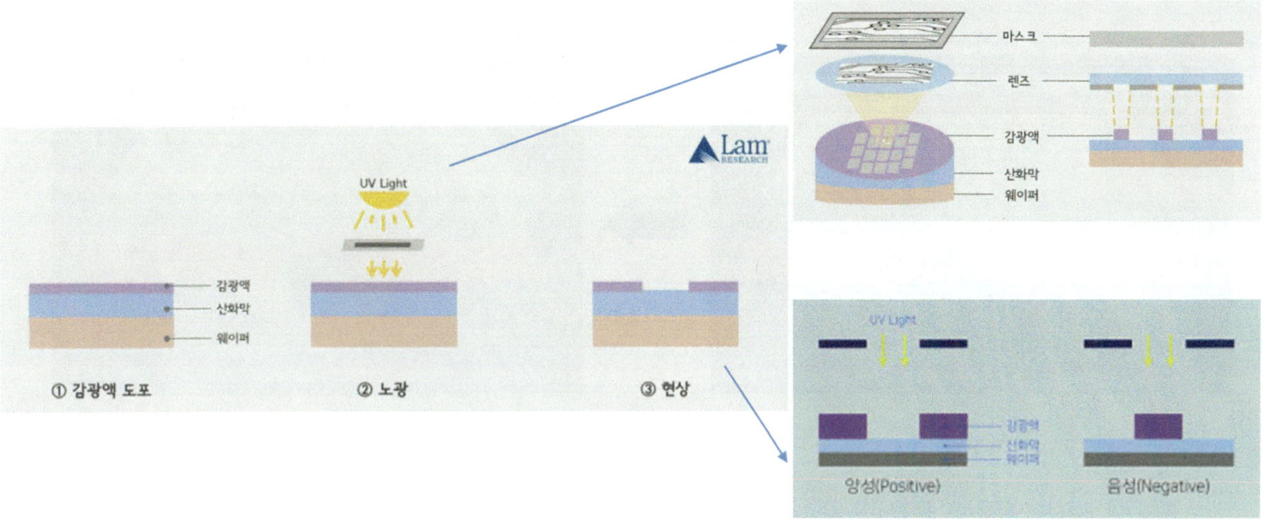

자료출처-램 리서치, 삼성반도체이야기

1-7. 반도체 용어

➢ **Etching(에칭/식각 공정)** : 필요한 회로 패턴(pattern)을 제외한 나머지 부분을 제거

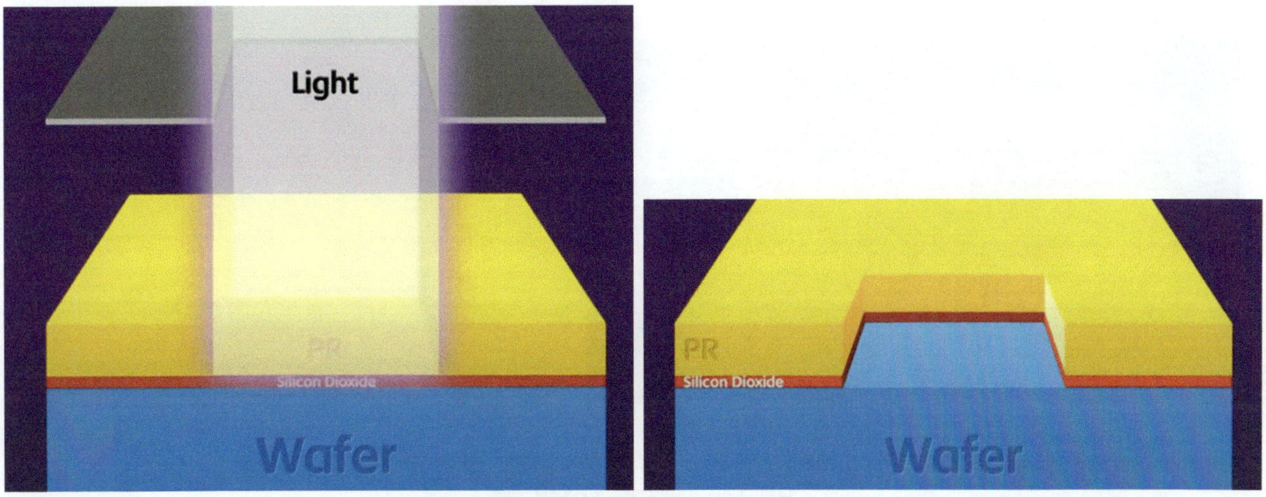

포토 공정에서 PR을 제거 ➔ 제거하고자 하는 특정 부분을 제거

자료출처-램 리서치

1-7. 반도체 용어

➢ **Ion Implantation(이온 임플란트/이온 주입 공정)** : 전기가 통하지 않는 순수한 웨이퍼에 이온을 주입하여 전기적인 특성을 갖도록 만드는 과정

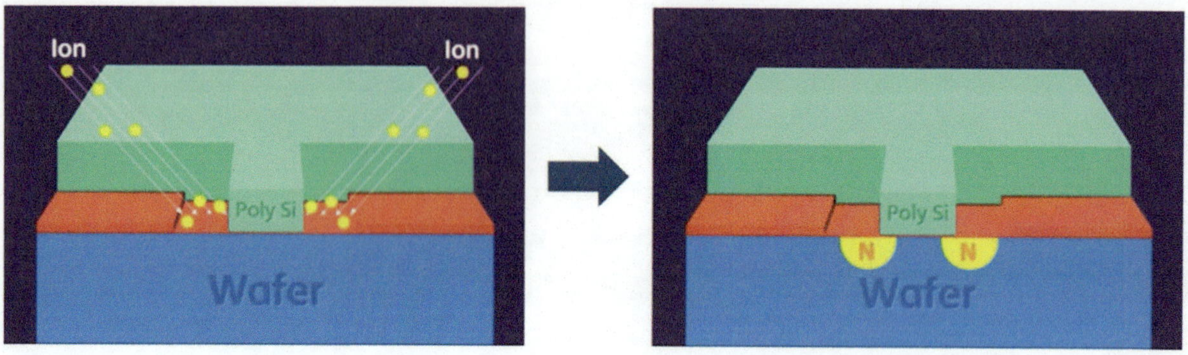

1-7. 반도체 용어

➢ **Deposition(데포지션/증착 공정)** : 포토공정과 식각공정을 여러 차례 반복하면서 층층이 층(layer)를 쌓아가는 공정, 회로 간의 구분과 연결 및 보호의 역할을 함

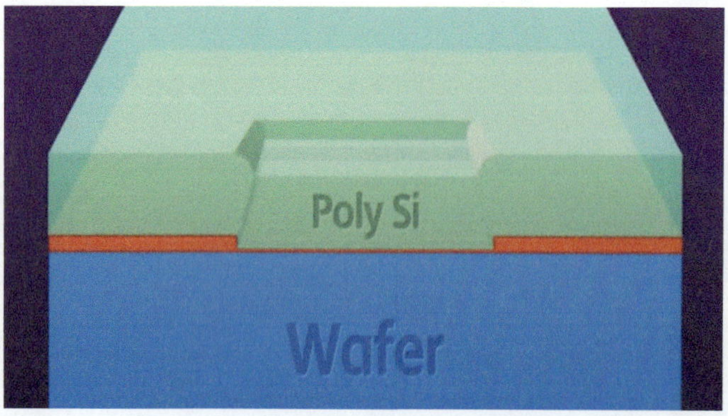

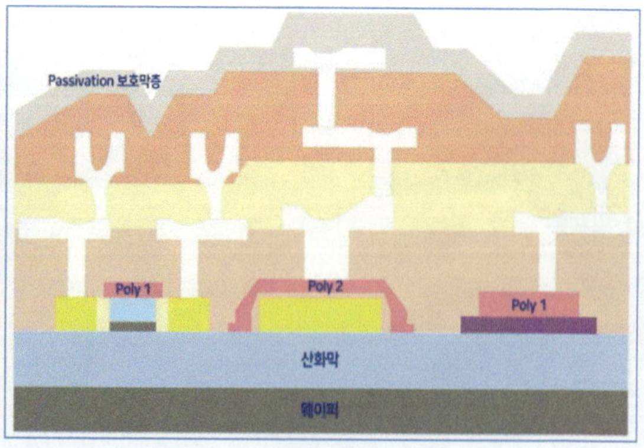

이때 층층이 쌓는 회로와 회로를 구분하기 위해 절연막이 필요한데 이것을 박막(thin film)이라 함

1-7. 반도체 용어

➢ CMP(Chemical Mechanical Polishing/연마 공정) : 웨이퍼 표면에 회로를 생성하는 과정에서 발생한 굴곡을 화학적/기계적 요소로 연마(polishing)해 평평하게 만드는 공정

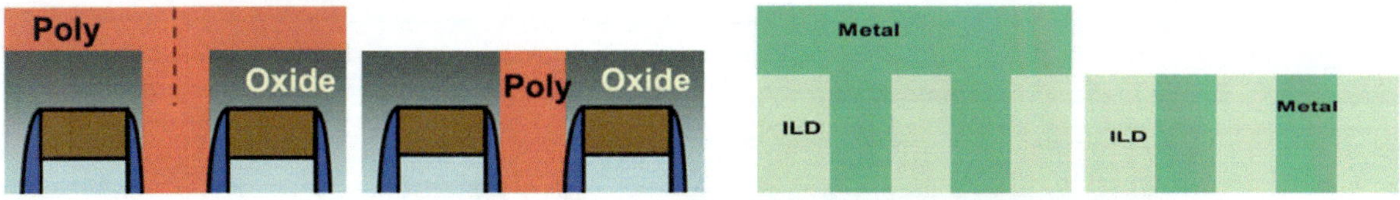

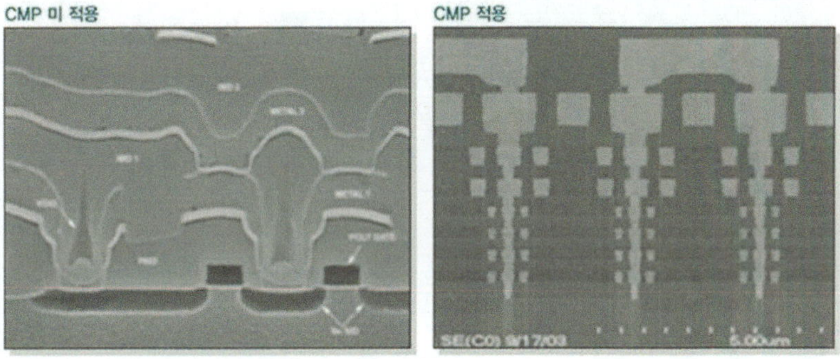

Ref) Specialty Abrasives For Chemical Mechanical Planarization, 2005 - 2010
(http://www.linx-consulting.com/Specialty-abrasives-CMP.html)

자료출처-skhynix

1-7. 반도체 용어

➢ Cleaning(클리닝/세정 공정) : 입자(particle), 금속(metal), 자연 산화막 등 불순물을 제거하는 공정, 다양한 해당 공정 진행 전과 후에 하는 전/후-세정(pre/post-cleaning)으로 나눔

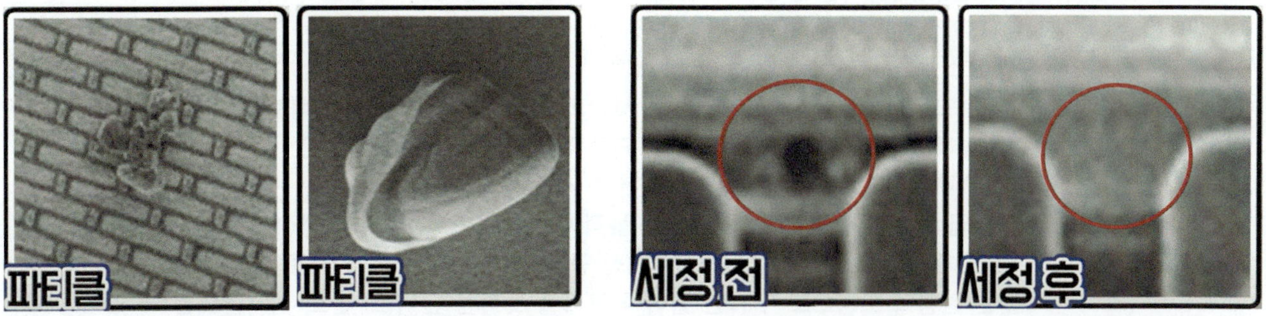

습식(wet), 건식(dry), 증기(vapor) 세정 등 용도에 맞는 세정 사용

자료출처-skhynix

1-7. 반도체 용어

➢ ESD(Electrical Die Sorting/ESD 공정) : 웨이퍼 완성 단계에 있는 개별 칩의 전기적 동작여부를 검사하는 공정

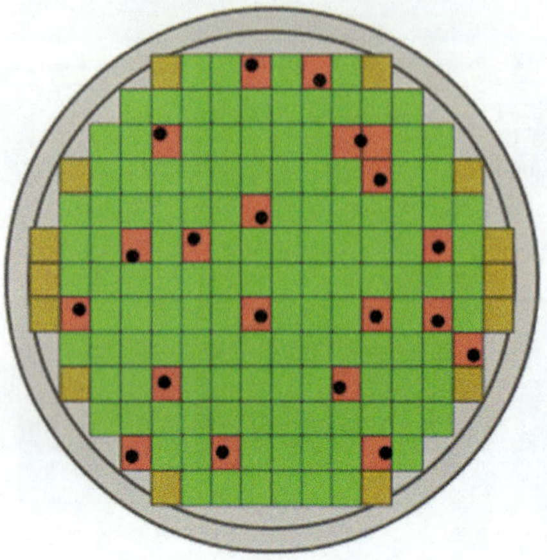

자료출처-www.yeonidoggi.tistory.com/93

77

1-7. 반도체 용어

➢ Fabless(팹리스) : 제조설비를 뜻하는 Fabrication(fab)과 없다는 의미의 ~less의 합성어로 설계만 하는 회사
➢ 설계 Tool(툴) : 반도체 설계 및 해석을 용이하게 하기위한 소프트웨어
➢ EDA(Electronic Design Automation) : 반도체 설계 시간을 줄이기 위해 사용하는, 미리 설계된 블록/회로들
➢ PDK(Process Design Kits) : 파운드리에서 고객(설계자)들에게 제공되는 제조 공정 정보
➢ Schematic(구조도) : 정보/데이터를 연결한 시각적 표현
➢ Simulation(해석) : 모의실험을 통한 기능수행/정보탐색
➢ Layout(배치) : 구성요소들을 제한된 공간에 배열/배치
➢ Analog(아날로그) : 온도, 기압, 밝기, 소리, 영상 등 시간과 함께 연속적으로 변화하는 것
➢ Digital(디지털) : '0'과 '1'로만 인식(중간 값이 없음)되고 불연속적으로 변화하는 것
➢ Foundry(파운더리) : 반도체 제조를 전담하는 생산 전문 기업/공장
➢ Ingot(잉곳/규소봉) : 금속 또는 합금을 한번 녹여서 목적에 맞게 적당한 크기와 형상으로 만든 덩어리
➢ 반도체 8대 공정 : 반도체를 만드는데 있어 필요한 핵심 공정, 회사마다 차이가 있음
➢ Wafer(웨이퍼) : 얇은 원형의 모양으로 구워낸 빵이나 쿠키를 뜻하는 단어로, 반도체를 만드는 데 있어 기본이 되는 재료를 말함
➢ Oxidation(산화 공정) : 웨이퍼에 산화막(SiO2)을 형성하여 절연막(누설전류 방지)과 보호막(불순물로 부터 웨이퍼를 보호) 역할을 함
➢ Photolithography(포토/노광 공정) : 웨이퍼 위에 회로를 그려 넣는 과정으로 감광액(PR: Photoresist) 도포(coating), 노광(expouser), 현상(development) 과정으로 이루어짐
➢ Etching(에칭/식각 공정) : 필요한 회로 패턴(pattern)을 제외한 나머지 부분을 제거

78

1-7. 반도체 용어

- **Doping(도핑 공정)** : 반도체 재료(실리콘)에 불순물 원자를 의도적으로 첨가하여 전기적 성질을 조절하는 공정
- **Dopant(도판트)** : 전기적 성질을 조절하기 위해 반도체에 주입하는 불순물 원소
- **Diffusion(디퓨전)** : 고온에서 불순물 원자가 반도체 기판 내부로 확산되어 들어가는 과정
- **Ion Implantation(이온 임플란트/이온 주입 공정)** : 전기가 통하지 않는 순수한 웨이퍼에 이온을 주입하여 전기적인 특성을 갖도록 만드는 과정
- **Deposition(데포지션/증착 공정)** : 포토공정과 식각공정을 여러 차례 반복하면서 층층이 층(layer)를 쌓아가는 공정, 회로 간의 구분과 연결 및 보호의 역할을 함
- **CMP(Chemical Mechanical Polishing/연마 공정)** : 웨이퍼 표면에 회로를 생성하는 과정에서 발생한 굴곡을 화학적/기계적 요소로 연마(polishing)해 평평하게 만드는 공정
- **Cleaning(클리닝/세정 공정)** : 입자(particle), 금속(metal), 유기물, 자연 산화막 등 불순물을 제거하는 공정, 다양한 해당 공정 진행 전과 후에 하는 전/후-세정(pre/post-cleaning)으로 나눔
- **ESD(Electrical Die Sorting/ESD 공정)** : 웨이퍼 완성 단계에 있는 개별 칩의 전기적 동작여부를 검사하는 공정

79

2. 반도체 안전교육

2-1. 공정실 일반 안전 수칙
2-2. 공정실 비상시 조치 요령
2-3. 공정 가스 및 약품
2-4. 공정실 사고 사례

2-1. 공정실 일반 안전 수칙

- **Cleanroom 기본 안전 수칙**

- 컨디션이 좋지 않을 경우(아픈 상태, 피로나 약물 복용 등) 클린룸 출입 금지
- 화장품, 보석류, 핸드폰, 음식류 등은 반입 금지
- 접촉렌즈 사용 금지 및 보호안경 또는 고글 착용 필수
- 신발은 앞뒤가 완전히 덮이는 클린룸 전용화 착용 (샌들 불가)
- 기본복장 준수: 반바지, 민소매, 노출된 복장 금지

금지 항목	이유
휴대폰, 이어폰, 노트북 등 개인 전자기기	외부 오염원 유입, 정전기 및 입자 생성
지갑, 열쇠, 반지, 팔찌, 시계 등 금속/장신구	금속 입자 탈락, 정전기 발생, 이물 유입 가능성
음식, 음료, 껌, 담배 등	입자, 미생물 및 오염원 발생, 위생 관리 불가
일반 종이, 골판지, 펜슬, 종이 테이프 등	미세먼지 및 섬유 입자 발생, 전용 클린룸 용품만 허용
화장품, 향수, 섬유계 복장	입자/화학물질 배출, 오염 유발 가능성

2-1. 공정실 일반 안전 수칙

● **Buddy System (동료 안전제도)**

- 2인 1조 이상이 항상 함께 공정/작업/출입을 수행하도록 하는 안전 시스템
- 응급 상황 발생 시 즉각 도움 요청, 구조, 비상조치 가능하도록 하기 위함
- 근무 중 동료가 반드시 옆에 있어야 함
- 비표준 시간(야간, 주말) 작업 시 필수

Buddy System 점검 체크리스트

[ ] 2인 1조 이상 동시 입실 여부

[ ] 동료가 위험 물질/장비 사용 중 주변에 있었는가?

[ ] 응급 키트/세척기 위치 인지하고 있는가?

[ ] 사고 발생 시 대피/보고 체계 알고 있는가?

[ ] 작업 종료 시까지 동료 상태 확인을 지속했는가?

82

2-1. 공정실 일반 안전 수칙

● **Gowning 절차 (클린복 착용 방법)**

- 복장 착용 순서:
  마스크 → 헤어넷 → 수트 → 부츠 → 장갑
- 글러브/부츠는 반드시 내부로 넣어 밀착되게 착용
- 에어샤워 후 클린룸 입실

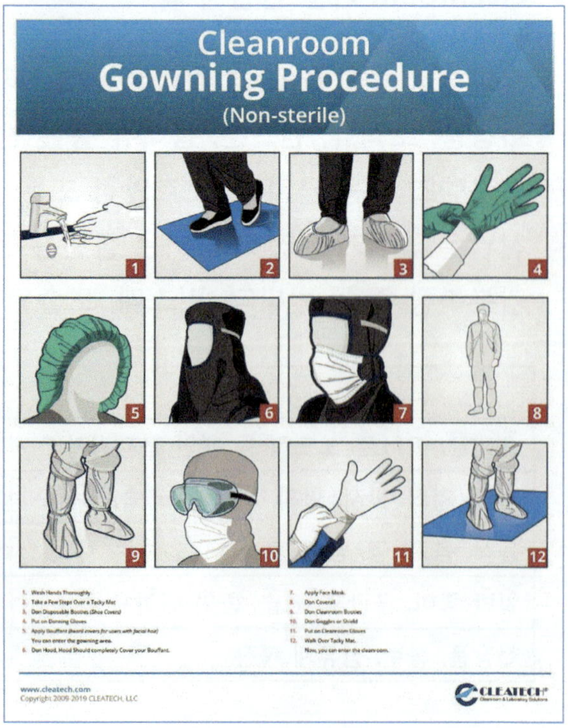

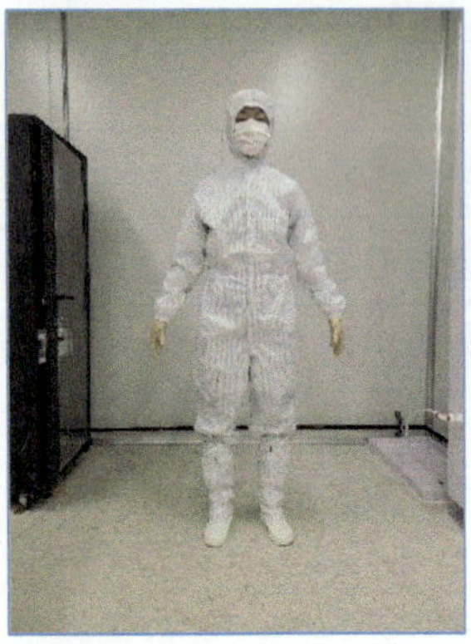

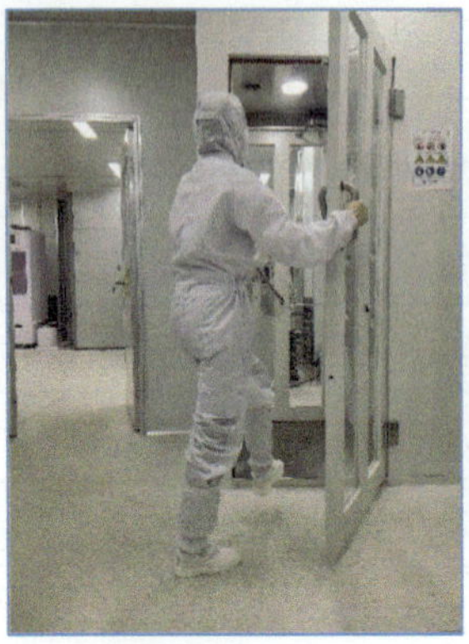

83

2-1. 공정실 일반 안전 수칙

● 화학약품 안전취급

- MSDS(Material Safety Data Sheet) 사전 숙지 필수
  (https://msds.kosha.or.kr/)
- 산/염기, 산화제/용제 혼합 등 금지
- Wet bench 또는 후드 내에서만 사용 가능
- 용기 라벨링, 폐액 태그 작성 및 지정 장소 폐기

항목	설명
화학약품명	아세톤, IPA, 불산, 황산, TMAH, SU-8, AZ 300 MIF, GXR-60 등
주요 사용 용도	세정, 식각, 포토공정 등
주요 유해성	인화성, 독성, 자극성, 부식성 등
안전 취급 방법	후드 작업, 보호구 착용, 폐액 처리 등

84

2-1. 공정실 일반 안전 수칙

● 장비 및 공정 운영 안전

- 교육 및 승인 없는 상태에서 장비 사용 금지
- 전원, 가스, 진공 등 위험 장비는 사전 점검 필수
- 경고음 발생 시 즉시 사용 중지 및 보고
- 볼트·배관·부품 해체 시 LOTO(잠금·표식 절차) 적용

● 장비 사용 전 사전 점검

항목	설명
장비 사용 전 점검표 확인	제조사 매뉴얼 및 일일 점검리스트 활용
전원, 냉각수, 가스 상태 확인	누설, 과전류, 역전류 차단기 동작 여부
이상 경고등, 알람 점검	디스플레이 및 센서 오류 확인

85

2-1. 공정실 일반 안전 수칙

● 장비 사용 중 주의사항

항목	설명
장비 조작은 교육 이수자만 가능	장비 로그 기록 의무화
동작 중 내부 접근 금지	식각기, 산화로 등 고온/고전압 주의
작업 중 이탈 금지	공정 중 외부 이탈 시 동료에게 인계

● 전기·가스·진공 등 위험 에너지 취급

항목	설명
가스 라인 체크	유해가스, 독성/인화성 가스는 매 사용 전 체크
전원 차단 절차 준수	고전압 장비는 LOTO (Lockout-Tagout) 절차 적용
진공 누설 확인	챔버 내 잔류가스, 압력 불안정성 사전 확인 필요

86

2-1. 공정실 일반 안전 수칙

● 비정상 작동 시 대처

항목	설명
경고음 발생 시 즉시 사용 중지	관리자 또는 담당 교원에게 보고
가스/냄새 이상 감지 시	즉시 후드 종료 및 전원 차단, 대피 가능성 고려
공정 파라미터 비정상	자동/수동 모드 오동작 시 수동 중단

● 작업 종료 후 정리

항목	설명
장비 상태 복원	온도, 압력, 진공 상태 초기화
로그 기록	사용자, 공정조건, 이상 유무 기록
주변 청소	폐시약, 웨이퍼 조각, 장갑 등 정리

87

2-1. 공정실 일반 안전 수칙

● ESD (정전기) 예방

- ESD 스트랩 착용 의무화
- 정전기 유발 소재 반입 금지 (면 옷, 플라스틱 샤시 등)
- ESD 매트 위에서만 웨이퍼 취급

구분	수칙
ESD 스트랩 착용	손목 스트랩을 접지(Ground) 에 연결하고 착용 상태 확인
ESD 매트 위에서 작업	기판/소자 취급은 반드시 접지된 매트 위에서 수행
정전기 유발 소재 금지	울, 나일론, 플라스틱 재질 복장/도구 사용 금지
전도성 신발 및 바닥재 사용	클린룸용 ESD 신발 착용 필수
장갑 착용	정전기 방지용 장갑 착용, PVC, 비닐장갑은 금지
ESD 보관 용기 사용	웨이퍼, 칩은 도전성 트레이/캐리어에 보관
ESD 테스터 사용	정기적으로 스트랩과 매트의 연결 상태 점검

88

2-1. 공정실 일반 안전 수칙

● 비상 상황 대응

- 비상벨, 아이워시 위치 숙지
- 화재, 감전, 약품 누출 발생 시 긴급차단 시스템 및 담당자 호출
- 밀폐된 가스 누출 시 대피
- Incident 발생 시 보고 체계 및 조치 프로토콜 운영

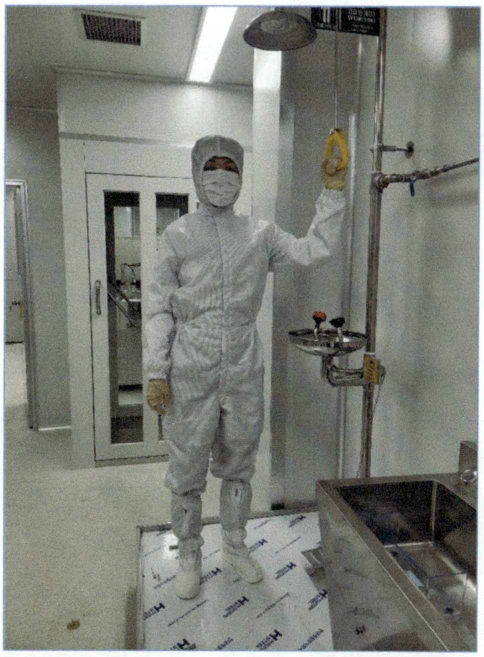

89

2-1. 공정실 일반 안전 수칙

● 작업 후 정리 및 폐기절차

- Wet bench 및 장비 상부 청소 유지
- 사용했던 유해 폐액은 반드시 라벨 부착 후 지정 용기에 폐기
- Glassware, PPE 등 반납 정리 및 로그 기록

90

2-2. 공정실 비상시 조치 요령

● 화재 발생 시

내용	대응 방법
경고음, 연기, 불꽃 발견	즉시 "비상버튼" 또는 경보벨 작동
인명 확인	주변 인원 대피 유도, 호명 확인
초동 진화	가능한 경우 CO_2 소화기 또는 분말 소화기 사용
보고	담당 교수 또는 관리실에 즉시 연락
대피	비상구, 피난경로 확인 후 질서 있게 이동

● 화학약품 누출 시 (산/염기, 유기용제 등)

내용	대응 방법
소량 누출	후드 내 흡수패드로 제거, MSDS에 따른 조치
다량 누출 또는 유증기 발생	즉시 후드 전원 차단, 공간 이탈, 안전 담당자 호출
피부 접촉	세안기(Eye Wash) 또는 안전 샤워기로 즉시 15분 이상 세척
호흡기 자극	즉시 해당 공간 탈출 후 신고, 필요 시 119 요청

91

2-2. 공정실 비상시 조치 요령

● 가스 누출 또는 질식 우려 상황

내용	대응 방법
무취/무색 질소, 아르곤 등 누출 감지	즉시 공기 호흡 곤란 여부 확인 후 탈출
독성/가연성 가스 누출 경보	모든 장비 전원 OFF, 대피, 가스 차단 밸브 차단은 관리자만 수행
구조 요청	절대 단독 재입장 금지, 구조대 또는 소방요청

● 감전 사고

내용	대응 방법
전기 쇼크 또는 쓰러짐 목격	즉시 전원 차단, 맨손 접촉 금지
의식 확인 후 119 신고	심폐소생술 훈련자일 경우 시행
고장 장비는 사용 중지 후 "고장" 표기 및 보고	

92

2-2. 공정실 비상시 조치 요령

● 쓰러짐·기절·출혈 등 인명 사고

내용	대응 방법
학생/동료 쓰러짐 발견	즉시 주변 작업 정지, 119 또는 보건실 연락
출혈·골절·의식 불명	응급처치 가능한 경우 시행, 신고와 기록 필수
상황 기록	사고 발생 경위, 대응 내용 즉시 로그 기록

93

2-3. 공정실 가스 및 약품

- 화학물질의 분류(GHS)

심볼	의미
불꽃 (Flammable)	인화성 물질
해골 (Toxic)	급성 독성
부식 (Corrosive)	피부·금속 부식
감탄부호 (Irritant)	자극성 / 알레르기
인체위해 (Health Hazard)	발암성 / 생식독성 / 기관독
환경유해 (Environmental Hazard)	수생환경 유해
산소병 (Oxidizer)	산화성 물질
폭발 (Explosive)	폭발성 물질
압력용기 (Gas under Pressure)	고압가스

94

2-3. 공정실 가스 및 약품

- 공정실에서 사용되는 대표적 화학 약품

화학약품명	주요 유해성	취급 시 주의사항
아세톤 (Acetone)	인화성, 눈/호흡기 자극	밀폐 보관, 국소배기 필수, 화기 엄금
IPA (Isopropyl Alcohol)	인화성, 피부/눈 자극	환기 필수, 정전기 주의, 보호장갑 착용
불산 (HF)	부식성, 신경계 손상 가능	후드 내 작업, 고무장갑+고글 착용
황산 (H_2SO_4)	강산, 피부/안구 손상	고무장갑/고글 필수, 금속 혼합 금지
TMAH(Tetramethylammonium Hydroxide)	신경 독성, 고농도 치명적	전용 후드, PPE 착용, 폐기물 분리
SU-8	피부 자극, 용제 휘발성	PEB 후 증기 주의, 폐액 폐기 철저
과산화수소 (H_2O_2)	산화제, 화재 위험	혼합 금지, 저온 보관, 밀폐 용기 사용
염산 (HCl)	부식성, 흡입 자극	기체 흡입 주의, 후드 내 작업
메탄올 (Methanol)	신경계 영향, 흡입 유해	환기 필수, 보호안경 착용, 밀폐 보관
포토레지스트 제거제 (Remover)	독성, 피부 자극, 인화성	후드 내 작업, 보호장비 착용, 폐기 분리

95

2-3. 공정실 가스 및 약품

- 공정실에서 사용되는 대표적 가스

가스명	주요 용도	주요 유해성	취급 시 주의사항
질소 (N_2)	퍼지, 챔버 세정, 분위기 가스	질식 위험 (무취, 무색)	환기 필수, 산소 센서 설치, 단독 작업 금지
산소 (O_2)	산화 공정, 연소 보조	고농도 흡입 시 산화 스트레스	산소 농도 모니터링, 점화원 주의
수소 (H_2)	환원 공정, 열처리 분위기	가연성, 폭발 위험	화기 엄금, 누출 감지 센서 필요
아르곤 (Ar)	퍼지, 스퍼터링용 캐리어 가스	고압, 질식 위험	고압가스 법규 준수, 밀폐공간 금지
불소 (F_2)	식각용 반응가스	극독성, 피부/눈 손상	후드 내 작업, 보호장비 착용 필수
탄소 사불화물 (CF_4)	드라이 식각, 플라즈마 공정, 챔버 클리닝	질식, 고압, 반응성 부산물 생성	배기장치, 보호장구 착용 필수
염소 (Cl_2)	플라즈마 식각	흡입 시 독성, 부식성	흡입 금지, 누출 시 즉시 대피
삼불화질소 (NF_3)	CVD 챔버 클리닝	산화성, 고농도 노출 시 유해	공정 후 잔류 가스 제거 철저
육불화황 (SF_6)	드라이 식각, 플라즈마 공정	고압, 플라즈마 시 유해 분해물 발생	플라즈마 발생 시 배기 강화 필요
이산화탄소 (CO_2)	세정, 분위기 제어	질식 위험, 고농도 노출 시 호흡 저하	밀폐공간 사용 금지, 이산화탄소 센서 필요
실란 (SiH_4)	CVD 전구체, 증착 가스	인화성, 폭발성, 독성	점화원 차단, 후드 내 사용, 누출 감지기 필수

96

2-4. 공정실 사고 사례

- 반도체 제조 공정실 및 클린룸에서 보고된 폭발, 화재, 가스 누출 관련 사고 사례

사고유형	지역 / 시기	주요 원인	결과	예방 조치 요약
CO_2 누출 질식 사고	한국, 2018년 수원	밀폐 공간, 산소 부족, 단독 작업	1명 사망, 2명 부상	산소 센서 설치, 단독 작업 금지, 비상 훈련
화학물질 폭발	미국 Intel, 2011년	저장실 내 인화성 솔벤트 조작 중 폭발	7명 부상, 건물 대피	저장실 구조 개선, SOP 및 자동 소화 시스템 구축
공급 가스 오염 사고	대만 TSMC, 2021년	외부 공급 가스의 불순물 포함	생산라인 일부 중단	입고 가스 품질 검사, 공급업체 모니터링 체계 마련

97

2-4. 공정실 사고 사례

- 반도체 제조 및 관련 공정과정에서 보도된 산업 안전 사고 사례

지역 / 시기	사고 유형	주요 원인	결과	예방 조치 요약
애리조나 공사 (2024)	탱크 폭발 사망	폐산 탱크 과압, 누출 밸브 실패	트럭 운전사 사망	압력 감지 시스템, 교육, 밸브 관리 강화
Chiayi Fab (2025)	크레인 전복·변압기 낙하	장비 부실, 현장 안전미비	2명 사망, 2명 중상	장비 점검 체계화, 안전교육, 비상 대응 체계 구축
애리조나 현장 (2025)	포크리프트 사고	작업 중 주변 인력 통제 미흡	건설 노동자 중상	중장비 안전거리 확보, 운영 승인 절차 도입
Intel Fab22 (2011)	솔벤트 폭발 사고	화학물질 환기 미흡, SOP 부재	7명 부상	화학물질 저장소 제도화, 자동 소화시스템 도입
애리조나 전체 공사	전반적 안전위반 지적	과압관리, 유해물질, 낙하물 등	벌금 부과, 개선 요구	체계적 안전관리 시스템 도입, 정기 감사 및 벌점제 도입

3. Oxidation

1. 이론
2. 장비
3. 실습

99

3-1. 이론

산화 공정은 반도체 공정에서 전기적 절연층을 형성하는 핵심 단계임

Ingot(규소봉)을 절단과 연마과정을 거친 wafer는 전기가 통하지 않는 부도체 상태
그래서 도체와 부도체의 성격을 모두 가진 반도체의 성질을 가질 수 있도록 하기 위해서는 wafer 위에 여러 가지 물질을 형성시킨 후 설계된 회로 모양대로 깎고, 다시 물질을 입혀 깎아내는 작업을 거침
이 과정에 앞서 wafer를 보호하기 위해 산화막을 만드는데, 산화막은 wafer를 불순물로부터 보호하고, 회로 사이에 누설전류가 흐르는 것을 차단함

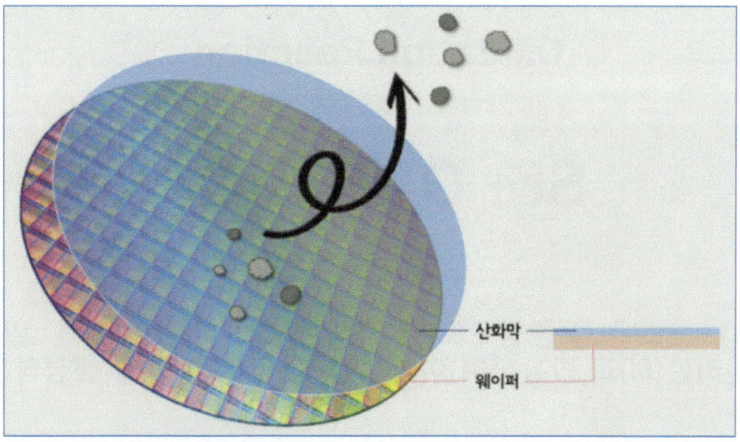

자료출처-blog.naver.com/lam-r-korea

100

3-1. 이론

Silicon wafer 표면에 이산화실리콘(SiO_2) 막이 생기며, 이는 이후 공정의 mask로도 활용

아래 그림은 산화 전과 후의 웨이퍼 단면을 비교한 것으로, 산화막이 얼마나 정밀하게 형성되는지를 보여줌

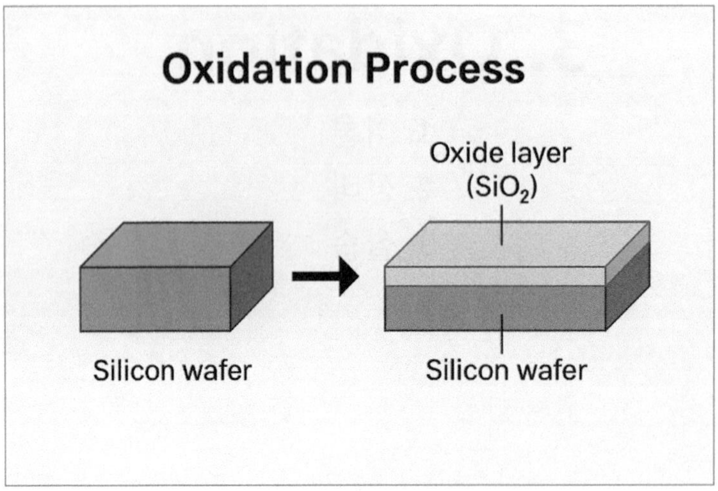

101

3-1. 이론

- **산화막 형성 원리**

산화막 형성은 열에너지를 기반으로 함
건식 산화는 산소(O_2), 습식 산화는 수증기(H_2O)를 이용

아래의 화학식은 산소 또는 수증기 분자가 실리콘과 반응해 SiO_2를 형성하는 모습을 단계별로 보여줌

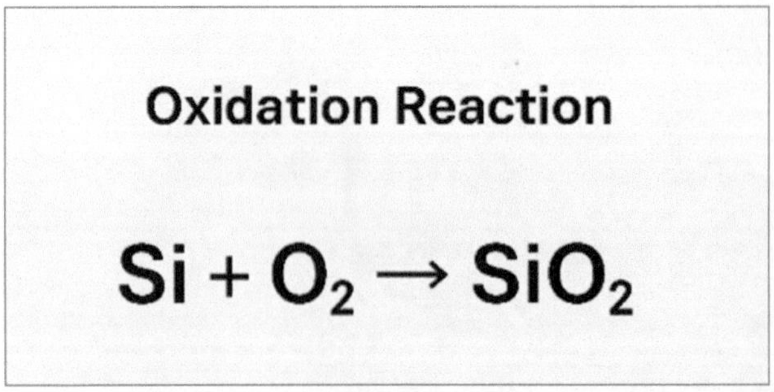

화학 반응식 $Si + O_2 \rightarrow SiO_2$를 중심으로 한 건식 산화의 기본 원리를 알 수 있음
산소(O_2) 분자가 실리콘(Si)과 반응하여 이산화실리콘(SiO_2) 막을 생성하는 과정을 강조한 구조를 나타냄

102

3-1. 이론

● 산화 공정의 종류

산화 방식은 주로 건식과 습식으로 구분됨
건식은 얇고 치밀한 막을, 습식은 두껍고 빠른 산화를 제공하는데, 아래 화학식과 그림은 두 방식에 따라 생성된 산화막의 두께와 특성을 한눈에 비교할 수 있음

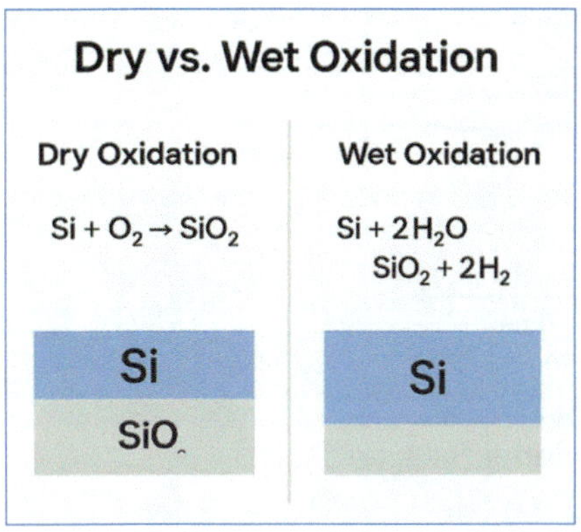

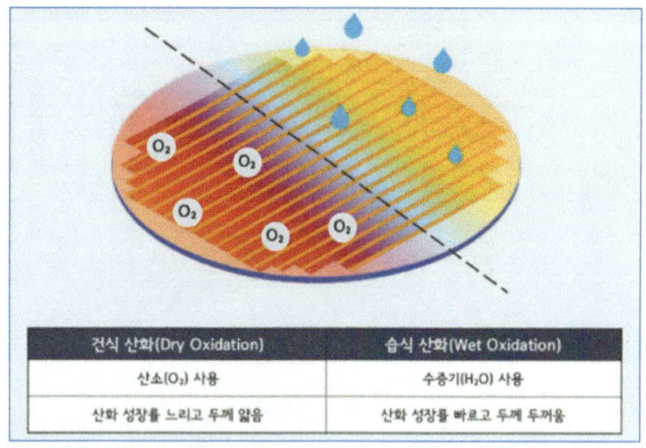

- 건식 산화는 고순도 산소(O_2)를 이용하여 박막 산화막을 형성하며, 게이트 산화막 등 정밀도가 요구되는 공정에 적합함
- 습식 산화는 수증기(H_2O)를 사용해 빠르게 두꺼운 산화막을 형성할 수 있으며, 절연용 마스크나 STI(Shallow Trench Isolation) 공정 등에 주로 사용됨

자료출처-blog.naver.com/lam-r-korea

3-1. 이론

● 산화 장비의 종류

반도체 공정에서 사용되는 대표적 산화 장비인 'batch type 산화로'와 'RTO(Rapid Thermal Oxidation : single wafer 기반)' 장비가 포함되어 있음

수직 산화로는 여러 웨이퍼를 동시에 산화시킬 수 있고, RTO는 빠르게 국소 열처리를 통해 박막 산화를 수행

- Furnace는 여러 웨이퍼를 수직으로 적재한 상태에서 산화 가스를 주입하여 장시간 산화 공정을 수행
- RTO는 고속·고온으로 단시간 내 산화를 유도하며, 주로 박막 게이트 산화막 형성에 활용

RTO는 미세화된 반도체 공정에서 열 손상을 최소화하고 박막 산화를 정밀하게 제어하는 데 필수적

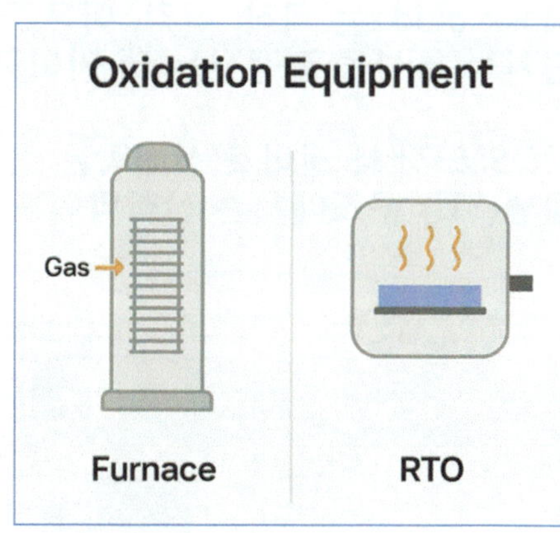

3-1. 이론

● 산화막 두께 제어

산화막의 두께는 수 나노미터 단위로 정밀하게 제어되어야 하는데, 엘립소미터와 같은 측정 장비가 활용됨

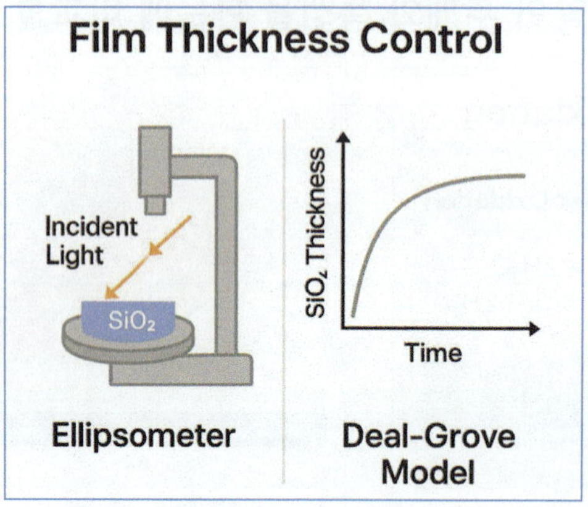

그래프는 산화 시간에 따른 막 두께의 성장 곡선을 나타낸 Deal-Grove 모델임
Ellipsometer는 빛의 반사율과 위상차를 이용하여 나노미터 수준의 산화막 두께를 측정
Deal-Grove 모델은 산화 시간에 따른 산화막 성장 패턴을 수학적으로 설명하며, 초기에는 선형적이나 점점 포화에 가까운 성장 곡선을 보임

3-1. 이론

● 산화 공정 응용

산화막은 MOSFET의 게이트 절연막, 트렌치 절연(STI), 확산 마스크 등 다양한 응용에 사용

Mask oxide는 확산, 식각, 이온주입 등 다양한 공정에서 마스크 역할을 하며, 소자의 전기적 특성을 결정짓는 데 기여함

MOSFET에서 게이트 산화막은 전도채널을 정밀하게 제어하는 핵심 절연층 특히, 트렌치 절연(STI) 구조에서는 산화막이 구획마다 절연을 형성하여 누설 전류를 억제하는 데 사용

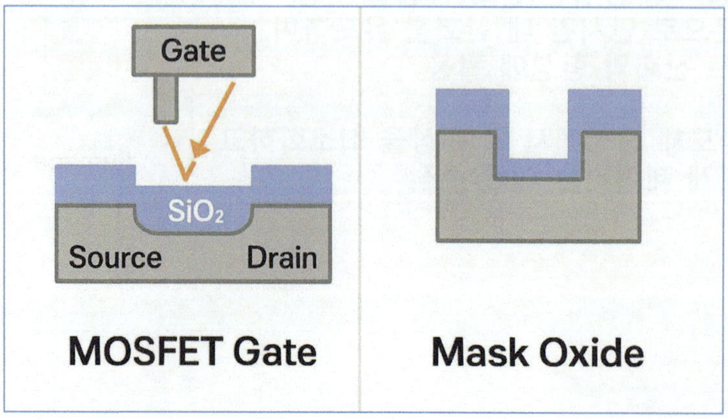

3-1. 이론

산화 공정은 고품질 절연막을 제공하지만, 고온 공정이라는 특성상 열 스트레스가 발생할 수 있음

전통적으로 신뢰성과 전기적 특성에서 우수한 절연막을 제공하지만, 한편으로는 몇 가지 기술적 한계가 있음

Advantages	Limitations
Excellent dielectric	Slow oxidation rate
Thermally stable	High-temperature process
High-quality interface	Mechanical stress

건식 산화는 산화 속도가 느리며, 전체 공정이 고온에서 진행되어 웨이퍼 열 손상이나 기계적 응력이 발생할 수 있음 특히 RTO의 도입은 이러한 한계를 극복하기 위한 기술적 대안으로 활용되고 있음

3-2. 장비

본 system은 dry & wet oxidation 설비로 furnace system이라 하고, 제어 방식은 manual임

System에 사용되는 gas는 O_2, N_2로 유량을 MFC(Mass Flow Controller)로 조절이 가능하며, wet oxidation용으로 bubbler를 사용하여 vapor상태의 H_2O을 직접 주입할 수 있음

그림과 같이 process에 사용되는 process reactor와 process에 필요한 모든 장치를 조작할 때 사용되는 control panel로 되어있어 user가 manual control하여 장비를 작동시킴

① PROCESS REACTOR
② CONTROL PANEL
③ FLOW & PRESSURE CONTROLLER

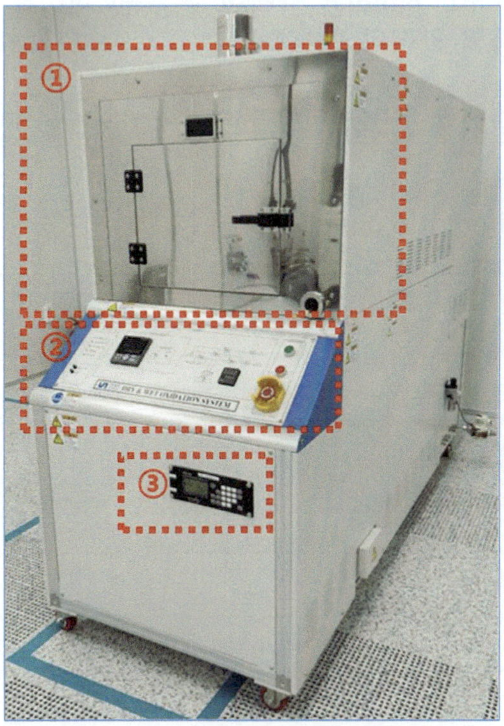

3-2. 장비

● **Furnace system 상세 구조**

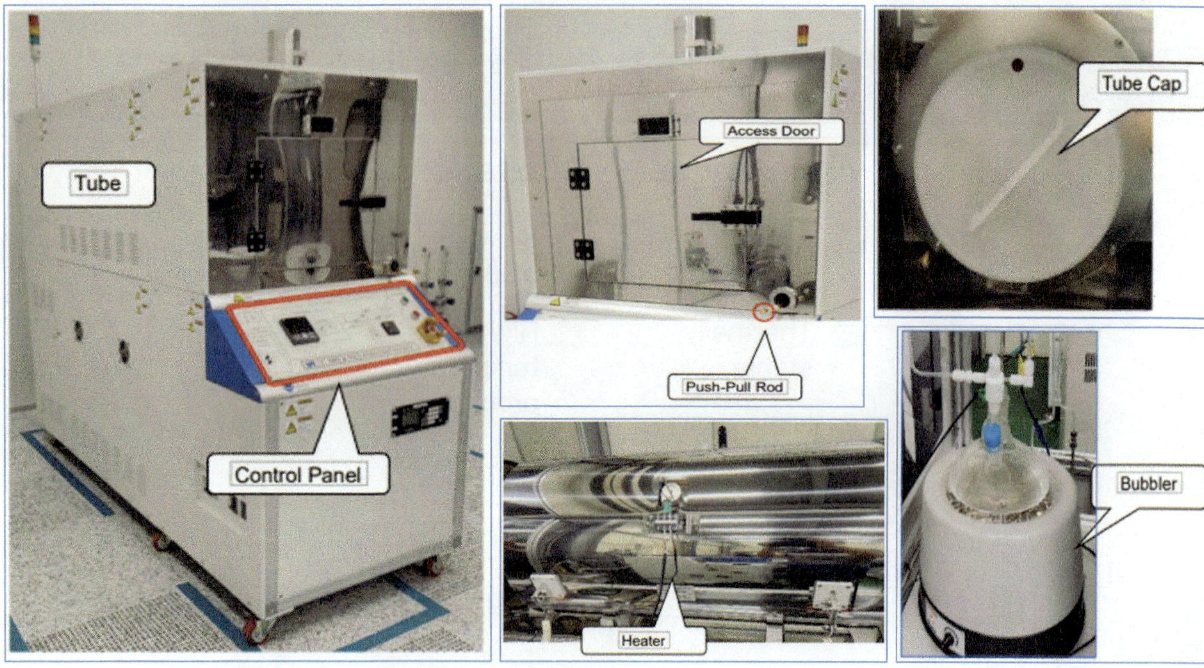

3-2. 장비

Schematic panel은 장비의 구동 및 제어를 담당하는 부분이기 때문에 동작 방법을 숙지하고 있어야 함

아래에서는 schematic panel의 구성 및 사용 방법을 알아보도록 함

- **Schematic panel의 구성**

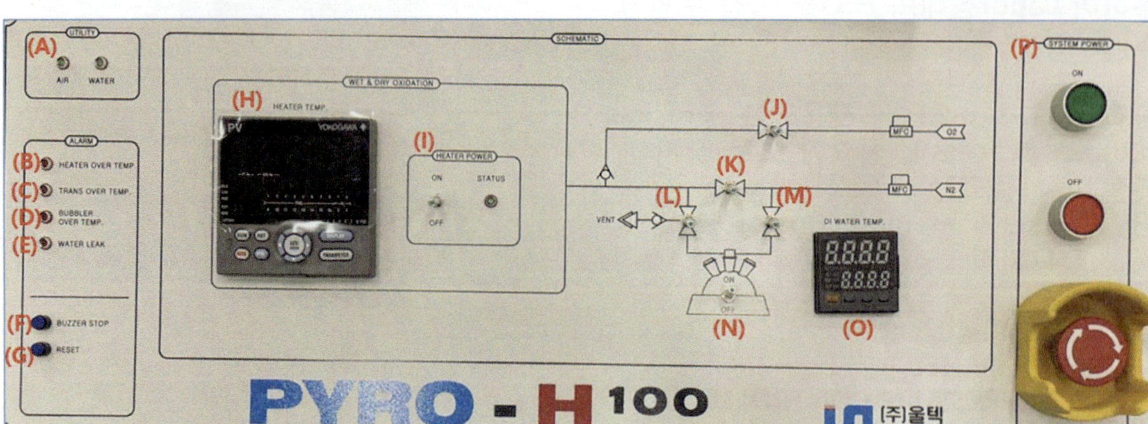

3-2. 장비

명칭	설명
(A) AIR/WATER LED	System에 air/water가 정상적으로 공급이 되면 green LED가 점등
(B) HEATER OVER TEMP LED	Heater의 온도가 적정 온도 이상 도달 시 red LED가 점등
(C) TRANS OVER TEMP LED	Trans의 온도가 적정 온도 이상 도달 시 red LED가 점등
(D) BUBBLER OVER TEMP. LED	Bubbler의 온도가 적정 온도 이상 도달 시 red LED가 점등
(E) WATER LEAK LED	System에 누수 발생시 red LED가 점등
(F) BUZZER STOP Button	Alarm 발생 시 tower lamp에 적색 lamp 점등 & buzzer on. 이때 buzzer를 멈추게 하는 button임
(G) RESET Button	Alarm 발생 후 alarm 상황이 조치되었을 경우 alarm을 해제할 수 있음. Alarm 시 버튼을 누르면 2초 후 다시 적색 lamp 점등 & buzzer on.
(H) HEATER TEMP. Controller	Heater의 온도를 제어하기 위한 controller
(I) HEATER POWER (ON/OFF)	Heater의 전원을 ON/OFF 할 수 있는 switch
(J) O_2 Outlet Switch	O_2 gas flow를 ON/OFF 시킬 수 있는 switch
(K) N_2 Outlet Switch	N_2 gas flow를 ON/OFF 시킬 수 있는 switch
(L) Bubbler N_2 Outlet Switch	Bubbler에서 나오는 N_2 gas flow를 ON/OFF 시킬 수 있는 switch
(M) Bubbler N_2 Inlet Switch	Bubbler에서 나오는 N_2 gas flow를 ON/OFF 시킬 수 있는 switch
(N) BUBBLER ON/OFF Switch	Bubbler 전원을 ON/OFF 할 수 있는 버튼
(O) D.I. WATER TEMP. Controller	Bubbler 속에 들어있는 D.I. water 온도를 제어하기 위한 controller
(P) SYSTEM POWER (ON/OFF/EMO)	장비 전체 전원을 ON/OFF 할 수 있는 버튼

111

3-2. 장비

- Flow & Pressure Controller의 구성

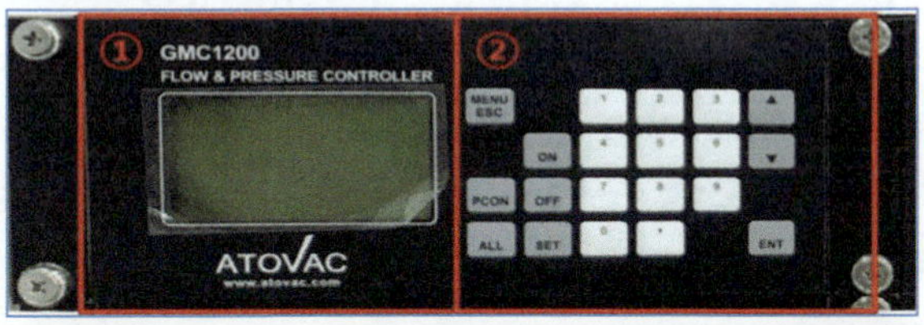

명칭	설명
① Display Panel	Main power를 처음 켰을 때, default 로 1 ~ 4 channel의 MFC에 해당하는 정보들을 보여주며, 왼쪽은 flow setting 값을, 오른쪽은 실제 흐르는 flow값을 display 한다. 그리고 맨 왼쪽은 channel 번호를 표시하며, 해당 channel이 flow on 되어 있다면 channel번호는 반전되어 나타난다.
② Function Button	
MENU/ESC	이 key를 한번 누르면 menu로 들어갈 수 있고 다시 한번 누르면, 다시 main 화면으로 빠져나온다. Menu로 들어가면 다시 sub menu가 있으며, sub menu로 들어가기 위해서는 [▲] [▼]의 위, 아 래 scroll key를 이용하여 선택한 다음 [ENT] key를 누르면 들어 갈 수 있다.
NUMERIC KEY	이 숫자 키를 이용하여 flow setting을 하거나 range 등 일반적인 값을 입력할 수 있다.
[ON] [OFF] [SET]	[ON], [OFF], [SET] 등의 key를 누른 다음, 해당 channel을 누르면 그에 해당하는 명령이 실행되고, 또한 모든 channel을 동시에 flow On/Off 할 경우에만 [ALL] key를 사용할 수 있다.
[ENT]	모든 데이터 값을 숫자 키로 입력한 다음 [ENT] key가 작동하여 변화시킨 값이 저장된다.
[▲] [▼]	이 scroll key를 이용하여 menu상의 각 parameter를 선택하거나, flow setting 값을 변화시킬 수 있다.
[PCON]	Option사항으로 upstream pressure control을 장착할 수 있는데, 이 key를 누르면 pressure control mode로 display창이 바뀐다.

112

3-2. 장비

- System & Control Power ON/OFF의 구성

\- Compressed Air Supply Module
장비 우측 하단을 보면 compressed air supply module이 있음
왼쪽의 검은색 손잡이가 air regulator 임

표시된 방식처럼 compressed air량 변경 시 손잡이를 위로 당긴 후 표시된 방식 대로 돌리게 되면, 오른쪽의 air pressure sensor의 검은색 눈금이 증가하게 됨
Air pressure sensor의 검은색 눈금이 빨간색 눈금 아래로 내려가게 되면 적정 air pressure 이하로 내려갔다는 의미 이므로, system control부에 신호를 주어 공압이 정상적으로 공급되지 않음을 알려 주는 역할(alarm)을 함

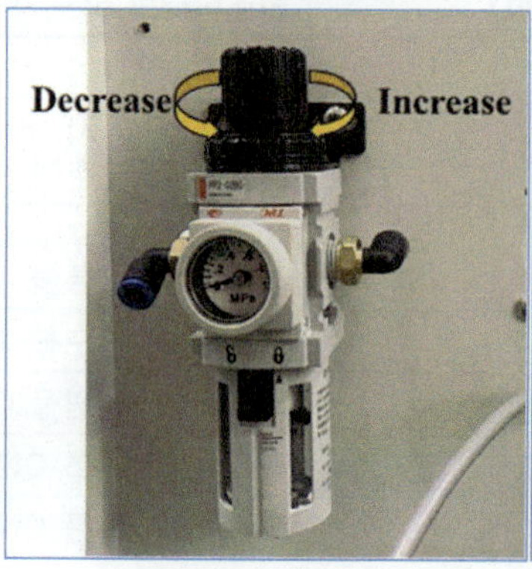

Air regulator

Air pressure sensor

만약 이 현상이 발생한다면 실제로 compressed air가 공급되는지 살펴보고, 공급되고 있는 상태에서도 계속 alarm이 발생하면 장비 공급사와 연락하여 조치를 취하도록 함
Air pressure sensor의 지시값(검은색 눈금)은 5~7Kg/cm²가 되도록 조절

113

3-2. 장비

\- Cooling Water Supply Module
장비 우측 하단을 보면 cooling water supply module이 있음
Water가 drain 되는 out단에 flow sensor가 설치되어 적정한 유량에 도달하게 되면 flow sensor에 있는 LED가 적색으로 점등되고, 그렇지 않을 경우 flow sensor의 LED가 소등되며, system control부에 신호를 주어 water가 정상적으로 공급되고 있지 않음을 알려주는 역할(alarm)을 함

COOLIMG SUPPLY MODUL

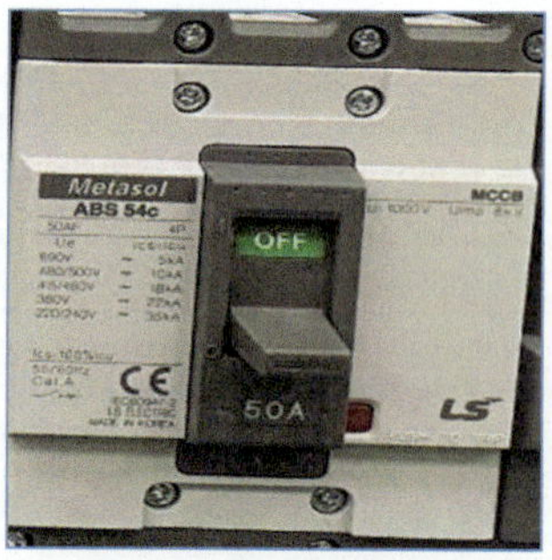

CONTROL POWER 차단기

\- System Power ON
System에 전원 공급을 위해 실험실 내 main 차단기를 올려 전원을 인가하고, system 측면에 control power 차단기를 ON 해주면 장비 전체에 전원이 공급됨

114

3-2. 장비

Schematic panel의 ON/OFF/EMO switch 중 OFF switch(적색)가 점등되어 있으며, 이 상태에서 ON switch(녹색)을 누르게 되면 system이 turn-on

EMO(Emergency Off) switch의 경우 장비 사용 중에 정상적으로 장비를 끄지 못하는 위급한 상황이 발생한 경우에 누르게 되면, 장비에 모든 전원이 순간적으로 차단되며 장비가 꺼짐

위급한 상황이 안정되고 장비를 다시 가동해야 할 경우에는 EMO switch에 그려져 있는 화살표 방향으로 돌리면 EMO switch가 정상으로 복귀

System 전원을 OFF 하기 위해서는 먼저 control panel에 모든 switch를 OFF하고 SYSTEM POWER OFF 버튼을 누름
또한 장시간 사용을 하지 않을 경우는 frame 측면 control power 차단기와 system으로 공급되는 main 전원도 OFF시켜 두는 것이 좋다.

SYSTEM POWER
ON/OFF/EMO

3-3. 실습

- SYSTEM OPERATION

(1) Heater Stand-By : Process에 필요한 열원을 만들기 위해 heater를 동작시키는 과정
① System control power 차단기를 ON (장비 측면에 위치)
② Schematic panel에서 SYSTEM POWER ON 버튼을 눌러 장비를 작동
③ HEATER POWER 차단기를 ON (장비 측면에 위치)

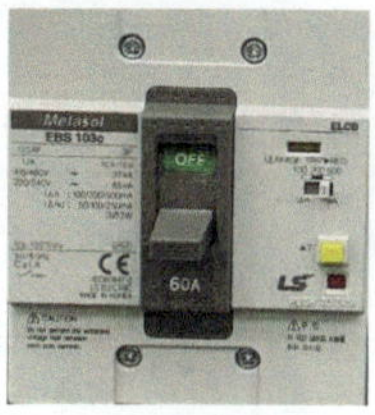

④ Access door를 열어서 tube cap이 장착되어 있는지 확인
⑤ Access door를 닫음
⑥ Schematic panel에서 HEATER TEMP. controller옆에 있는 HEATER POWER switch를 ON
⑦ HEATER TEMP. controller에서 heating하고자 하는 온도로 setting
(HEATER POWER switch를 먼저 ON한 후에 HEATER TEMP. controller에 온도를 setting해야 SCR회로를 보호할 수 있음.
만일 반대로 했을 경우, 정상 동작은 되지만 SCR에 무리를 주게 되어 fail이 발생할 확률이 높아짐)

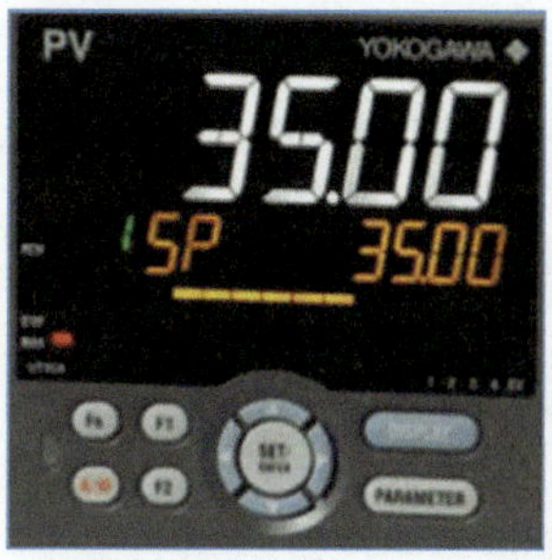

3-3. 실습

⑧ Heater 온도가 stand-by 온도에 도달하면 N_2 outlet switch를 ON
⑨ 장비 정면 아래쪽에 있는 FLOW & PRESSURE CONTROLLER에서 N_2 gas flow량 을 setting하여 N_2 gas를 flow 시킴

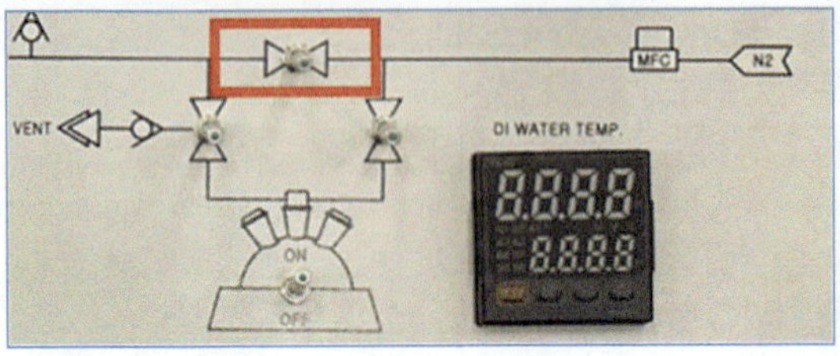

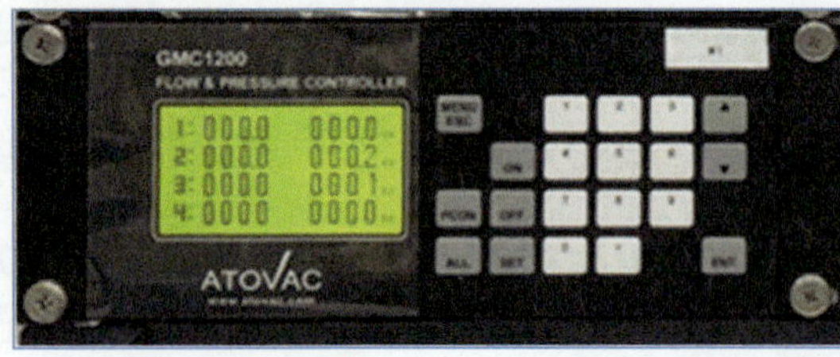

117

3-3. 실습

(2) Wafer Loading/Unloading : Process를 실행하기 위해서는 process tube에 wafer(시편)을 장착해야 하함

① Wafer Loading

- Quartz boat에 wafer를 놓음
- Access door를 open하고, tube cap을 제거 (제거한 tube cap은 안전한 곳에)

※ 주의 : 첫 번째 process를 진행할 경우는 boat를 먼저 넣은 후에 heating 을 해도 무방하지만, 연속 공정을 할 때 두 번째 process부터는 400℃ 정도의 stand by temp.에서 loading/unloading을 해야 함
이 과정에서는 화상의 우려가 있어 특수장갑을 착용 후 작업

② Wafer Loading/Unloading

- Quartz boat를 tube에 넣음 (boat 운반용 fork를 사용하여 boat를 tube의 앞 단에)
- Push-pull rod를 사용하여 boat를 process 진행하고자 하는 위치(중간)까지 밀어 넣음 (push-pull rod는 tube의 아래쪽 가장자리에 있는 hole에 들어 있음, push-pull rod는 사용한 후에는 항상 제자리에 넣어둠)
- Tube cap을 장착하고 access door를 닫음

118

3-3. 실습

③ Wafer Unloading
- Stand by temp.까지 heater cooling이 되면 access door를 열고 tube cap을 제거

※ 주의 : 이 과정에서는 화상의 우려가 있으므로 특수장갑을 착용 후 작업
- Push-pull rod를 이용하여 boat를 tube 끝까지 천천히 꺼냄
- Boat용 fork를 이용하여 boat를 tube 밖으로 꺼낸 후 안전한 곳에 놓아둠
- Tube cap을 다시 장착 후 access door를 닫음

119

3-3. 실습

(3) Gas Flow : wet oxidation 공정시에는 process tube 내부로 process에 사용되는 수증기를 flow 시켜서 process를 진행하고, dry oxidation 공정 시에는 process tube 내부로 process에 사용되는 O_2 gas를 flow 시켜 process를 진행

① Dry Oxidation
- Control panel에 ON되어 있는 N_2 outlet switch를 OFF (N_2 gas flow '0' set)
- Control panel에 있는 O_2 outlet switch를 ON
- 장비 아래쪽에 있는 FLOW & PRESSURE CONTROLLER에서 O_2 gas flow값을 setting

O2 Outlet Switch

- 공정이 완료되면 FLOW & PRESSURE CONTROLLER에서 O_2 Gas Flow값을 '0'으로 Setting하고 O2 Outlet Switch를 OFF

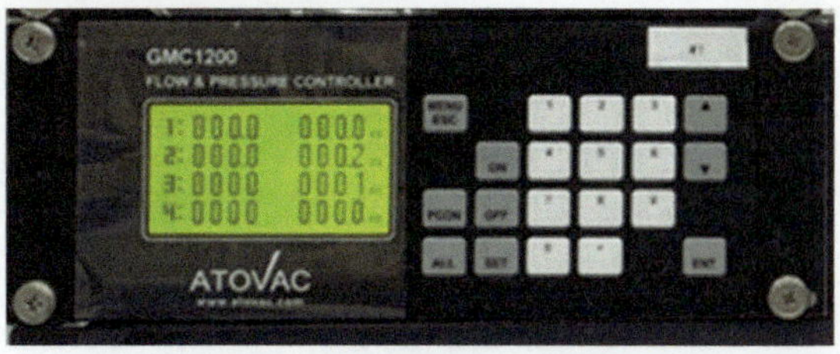

FLOW & PRESSURE CONTROLLER

120

3-3. 실습

(4) System Shut-Down : process를 다 진행한 후에는 장비를 shut-down
① Schematic panel 전면 각종 valve switch들을 OFF
② HEATER TEMP. controller의 SET 값을 '0'으로 설정
③ HEATER POWER를 OFF
④ D.I. WATER TEMP. controller의 SET값을 '0'으로 설정
⑤ Bubbler POWER를 OFF
⑥ SYSTEM POWER OFF 버튼을 눌러 전원을 OFF
⑦ Frame 측면의 CONTORL POWER와 HEATER POWER 차단기를 OFF
⑧ 장시간 system을 사용하지 않을 때에는 system으로 공급되는 main 전원을 내려 둠

121

3-3. 실습

- Recipe

(1) Air regulator와 pressure sensor 눈금 확인
(2) Cooling water supply module에 적정 유량이면 Red LED 점등
(3) Wafer loading
(4) Control power 차단기 ON
(5) Heater power 차단기 ON
(6) System power ON
(7) Heater power 스위치 ON
(8) Heater temperature setting(1000℃).
[Mode(LOC ON) > SET(L.SP) > 온도 설정 후 SET]
(9) Stand-by 온도(400℃)에 도달하면, N_2 outlet 스위치 ON
(10) N_2 gas flow량(1500cc)을 setting하고 flow. [ON 1 > SET 1500 ENT]
(11) 원하는 온도에 도달하면. [OFF 1]
(12) N_2 outlet 스위치 OFF
(13) O_2 outlet 스위치 ON
(14) O_2 gas flow량(1500cc)을 setting하고 flow(30분). [ON 2 > SET 1500 ENT]
(15) 공정이 완료되면, setting된 gas flow값을 '0'으로 setting. [OFF 2]
(16) O_2 outlet 스위치 OFF.

122

3-3. 실습

- **Recipe**

Process graph 참조

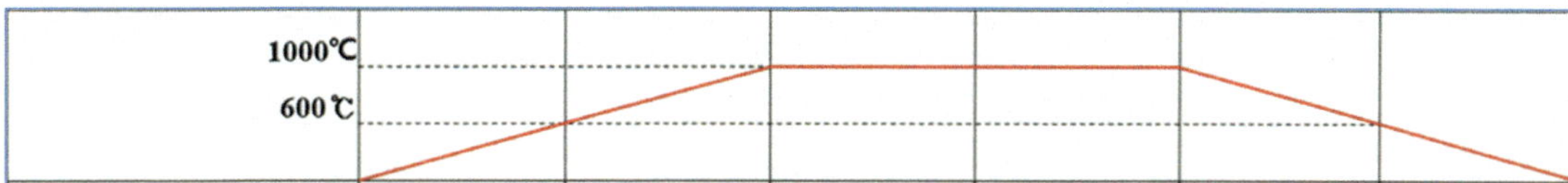

Dry oxidation		1	1	2	3	4	5
		Ramp-up	Ramp-up	Saturate	Dry oxidation	Ramp-down	End
Step time [min]		-	-	5	60	-	-
Gas (sccm)	General N_2	0	1,000	1,000	0	1,000	0
	Process O_2	0	0	0	4,000	0	0

4. Photo Lithography

1. 이론
2. 장비
3. 실습

4-1. 이론

Photo Lithography 공정이란 짧은 파장의 빛을 이용하여 회로가 그려진 마스크 패턴(mask patter)을 감광액(photo resist)이 도포된 웨이퍼 위에 새기는 공정

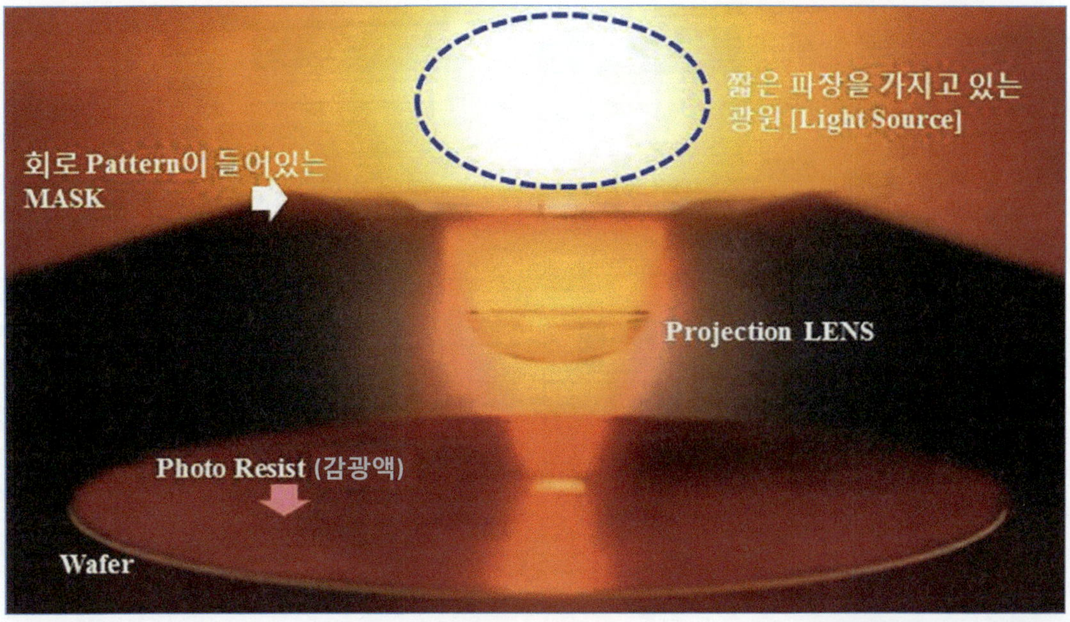

자료출처-NINT

4-1. 이론

● 포토 공정의 흐름

단계	설명
① Wafer cleaning	표면의 오염, 수분 제거 (HMDS 코팅 포함)
② Primer coating (adhesion)	감광막 접착력 향상을 위한 HMDS 사용
③ Photo Resist(PR) coating	Spin coater로 균일하게 도포 (수 µm 두께)
④ Soft bake (Pre-Bake)	80–100°C에서 용매 제거 및 접착 향상
⑤ 노광 (Exposure)	Mask를 통해 UV 또는 DUV 조사
⑥ 현상 (Development)	빛에 노출된 PR을 제거하여 패턴 형성
⑦ Hard bake (Post-Bake)	Pattern 안정화 및 접착력 강화
⑧ 후속공정 (식각 또는 이온주입)	PR pattern을 mask 삼아 식각 등 수행
⑨ Strip (PR 제거)	유기용매 또는 plasma로 PR 제거

126

4-1. 이론

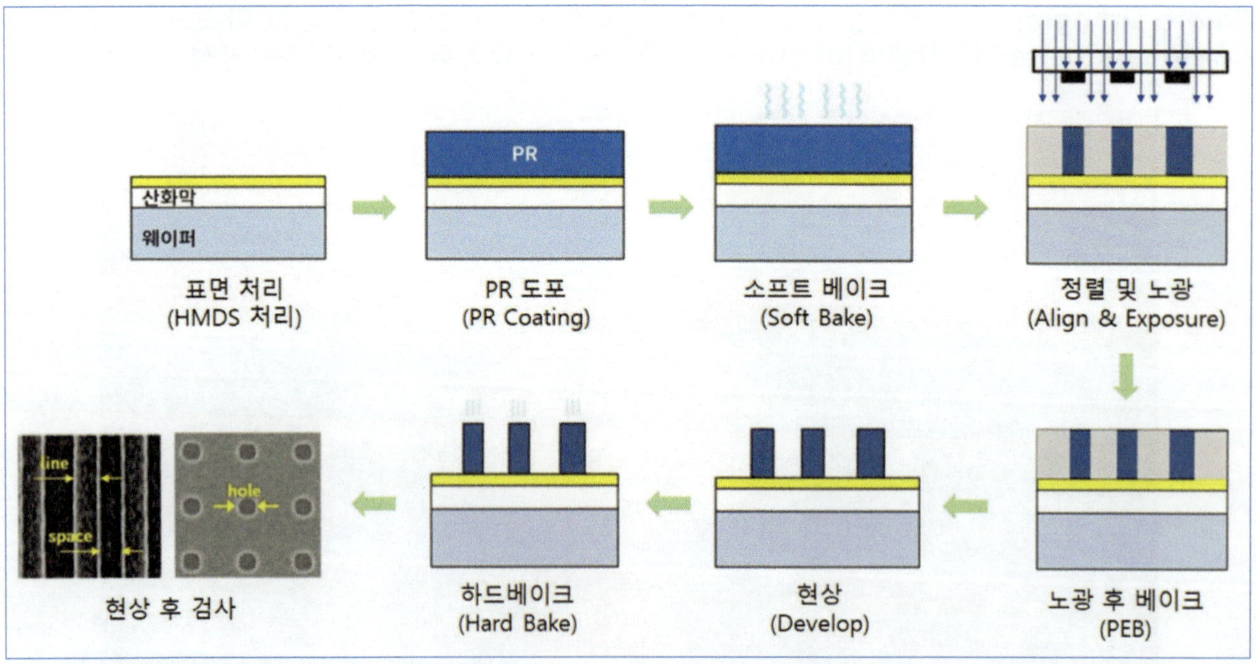

자료출처-gyuyeon.log

127

4-1. 이론

- Photo Mask

Design tool을 이용하여 원하는 회로를 설계하고, 순도가 높은 석영(quartz)을 가공해서 만든 기판 위에 크롬(Cr)으로 미세 회로를 형상화해 포토 photo mask로 재탄생하게 됨 Mask는 회로 pattern을 고스란히 담은 film으로 사진 원판의 기능을 하게 되는데, 더욱 세밀한 patterning을 위해서는 실제 반도체보다 크게 제작되며, 렌즈를 이용하여 빛을 축소해 조사(irradiate) 함

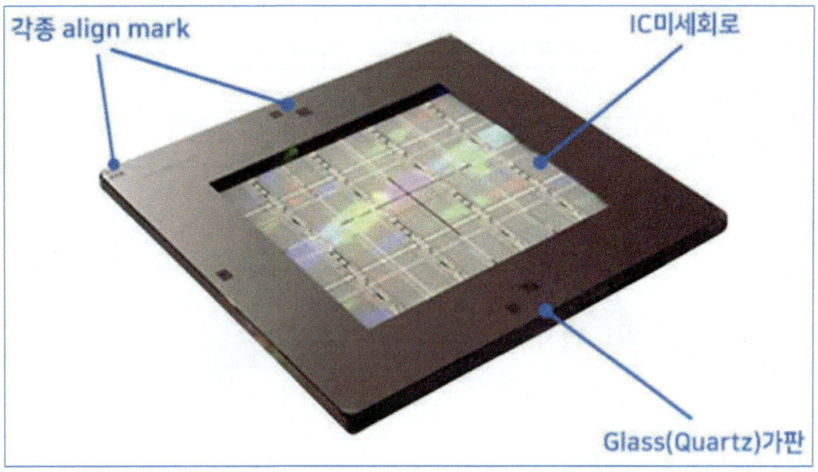

자료출처-삼성반도체

4-1. 이론

- PR 종류

종류	특징	사용 용도
Positive PR	노광된 부분이 제거됨	고해상도, 범용 회로 패턴
Negative PR	노광된 부분이 남음	두꺼운 막, MEMS, 고마진 패턴

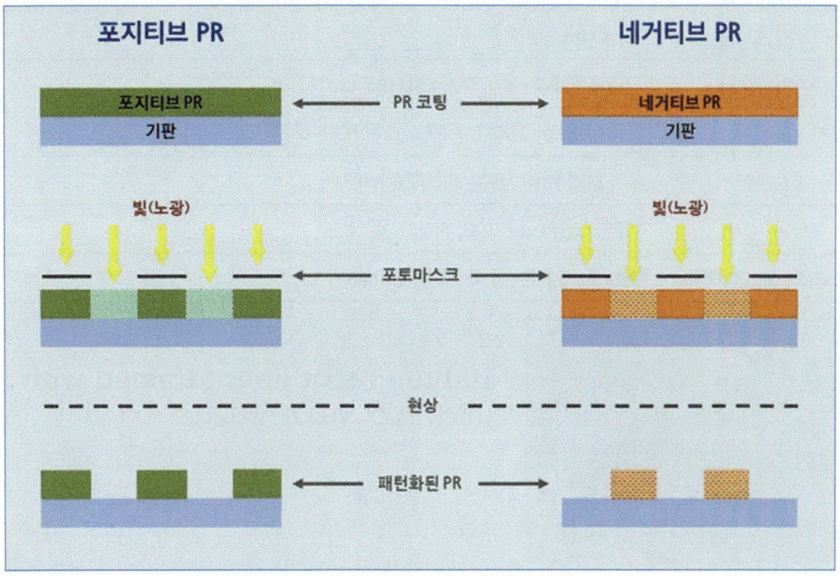

자료출처-삼성디스플레이 뉴스룸

4-1. 이론

• **SU-8**

PR	SU-8
종류	Negative
주요 특징	고감도, 두꺼운 막 형성 가능, 기계적 강도 우수
권장 두께	5–200 μm 이상 (multi coating 시 수백 μm)
노광 조건	i-line (365 nm), 에너지량 100–300 mJ/cm²
Baking 조건	Soft bake: 65→95°C 단계적 / PEB: 95°C 2–5분
현상액	PGMEA 또는 전용 SU-8 developer
Strip 방법	산화/plasma strip (용매 제거 어려움)
주된 사용처	MEMS, micro chanel, 광소자, micro 구조물

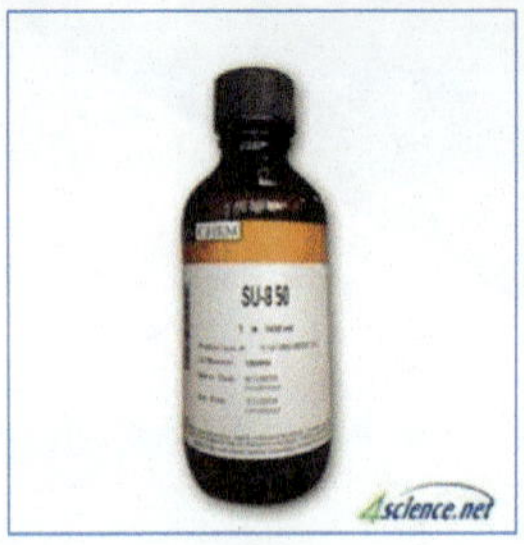

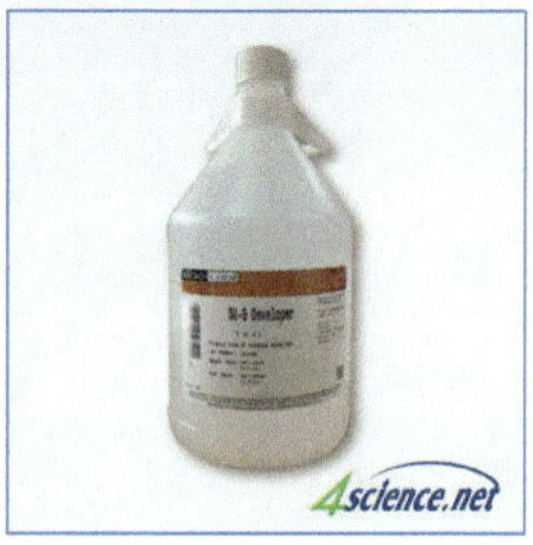

자료출처-4사이언스

4-1. 이론

• **AZ nLOF 2020**

PR	AZ nLOF 2020
종류	Negative
주요 특징	저온 공정 적합, thin film 구현, 뛰어난 해상도
권장 두께	1–3 μm
노광 조건	i-line (365 nm), 80–150 mJ/cm²
Baking 조건	Soft bake: 100°C / PEB: 110°C 1–2분
현상액	AZ 300 MIF 또는 AZ 726 MIF
Strip 방법	AZ® remover 700, NMP 등
주된 사용처	Mask, 회로 소자 정밀 pattern

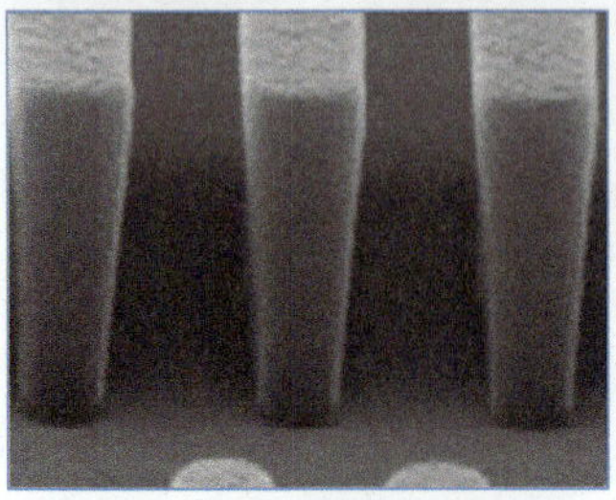

700 nm resist lines attained with the 2.0 μm thick AZ® nLOF 2020

자료출처-4사이언스

4-1. 이론

- GXR 601

PR	GXR 601
종류	Positive
주요 특징	범용성 우수, 저비용, 안정적 공정 가능
권장 두께	0.8–1.5 μm
노광 조건	g-line~i-line (436–365 nm), 120–200 mJ/cm²
Baking 조건	Soft bake: 90–100°C / PEB: 110–120°C
현상액	TMAH 계열 현상액 (AZ 300 MIF 등)
Strip 방법	Remover PG, NMP 등 유기용제 또는 plasme
주된 사용처	범용 반도체 공정, 전자회로 pattern

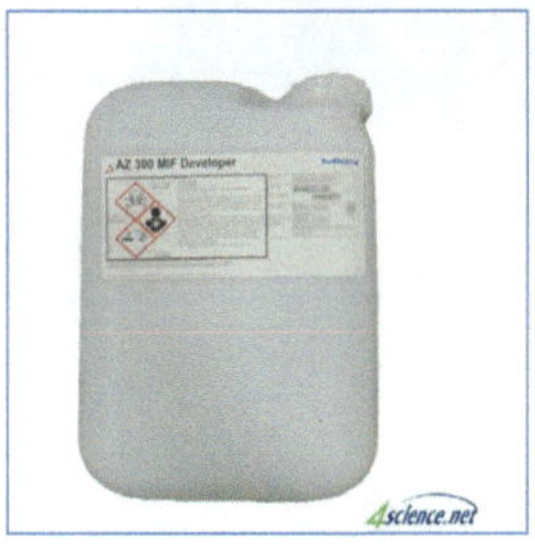

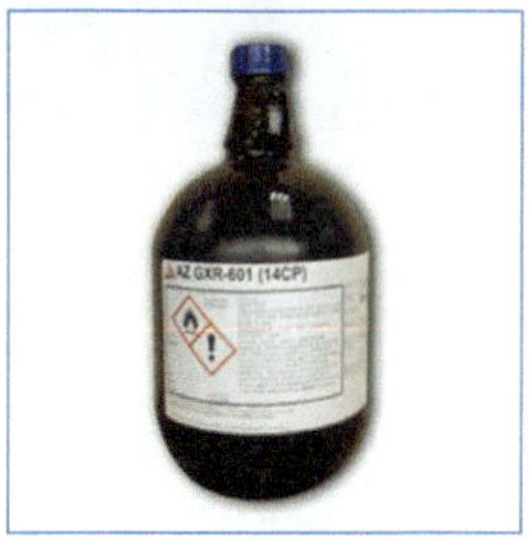

자료출처-4사이언스

132

4-2. 장비

- Exposure System

133

4-2. 장비

각 구성부 명칭

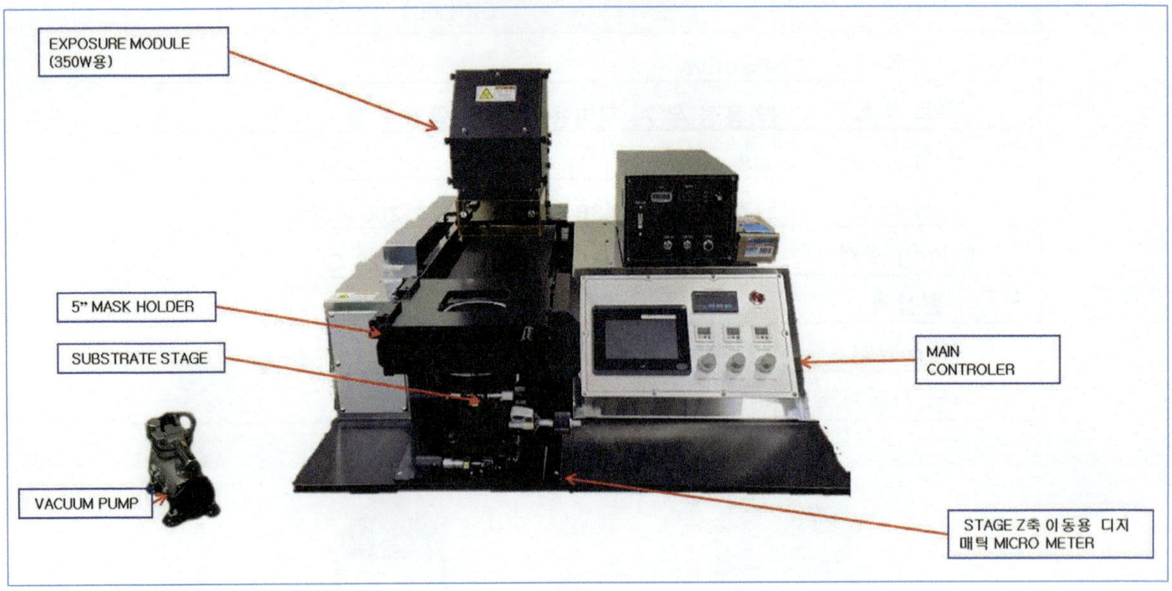

134

4-2. 장비

- **Lamp Power Supply**

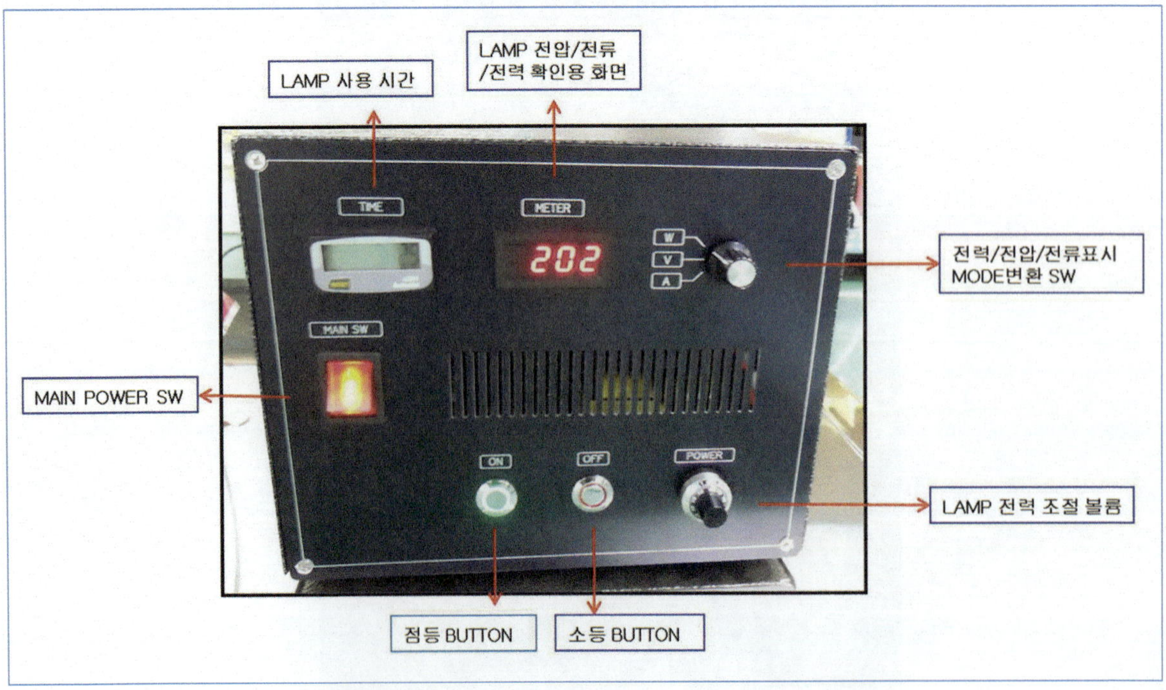

135

4-2. 장비

- **Stage Module**

136

4-2. 장비

- **Main Controller**

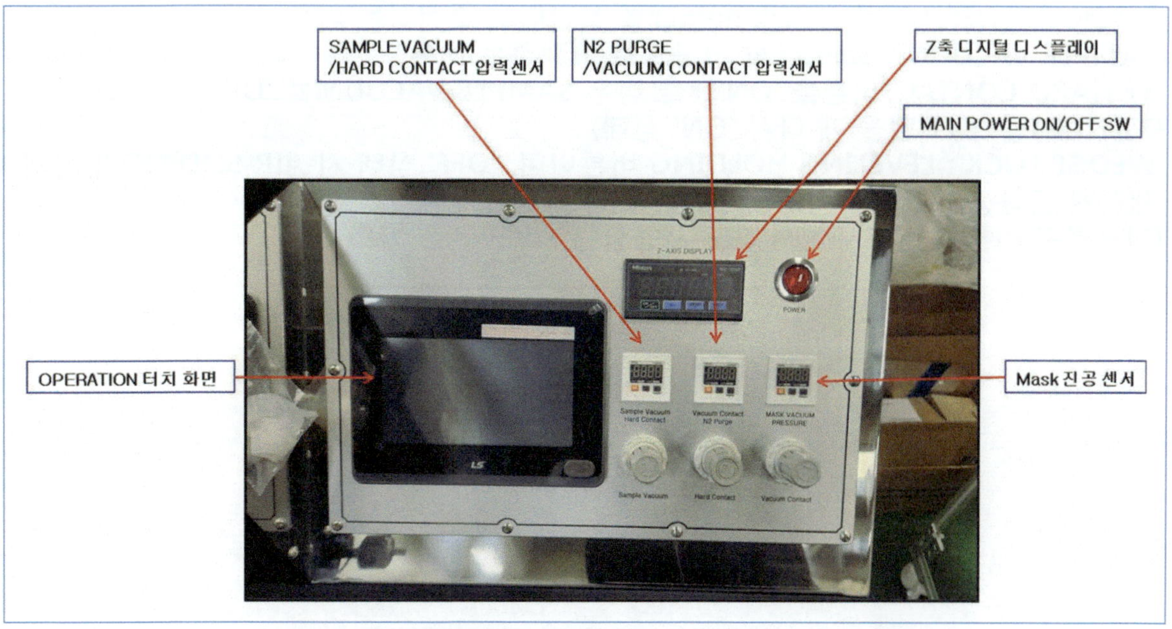

137

4-2. 장비

- **Operation**

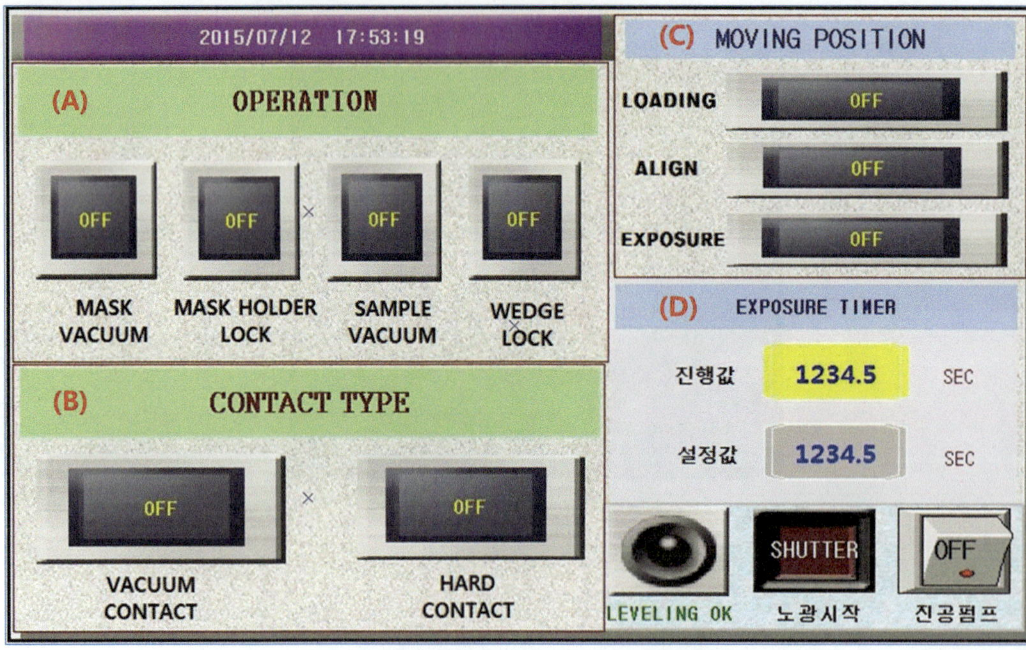

4-2. 장비

(A) OPERATION

- **MASK VACUUM : mask를 진공으로 고정하는 버튼**
- **MASK HOLDER LOCK : mask holder를 실린더로 고정하는 버튼**
- **SAMPLE VACUUM : sample을 진공으로 고정하는 버튼**
  (단 HARD CONTACT버튼을 'ON'했을 경우 SAMPLE VACUUM을 'OFF'. HARD CONTACT를 'OFF'했을 때 다시 'ON' 상태)
- **WEDGE LOCK : LEVELING HOLDING 버튼이며, 'OFF' 상태 시 AIR SLIDING이 상시 미세하게 동작상태를 유지**
  (진공펌프 버튼을 반드시 'ON'하고 사용할 것)

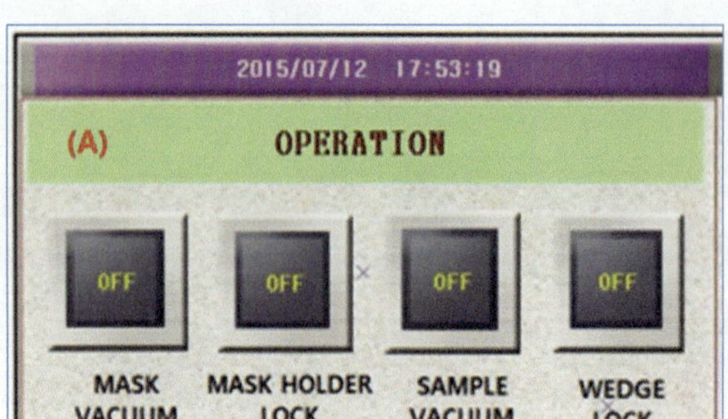

4-2. 장비

(B) CONTACT TYPE

- VACUUM CONTACT : mask와 sample 사이를 진공으로 정밀 접촉하는 버튼
  (단, VACUUM CONTACT가 가능한 mask를 사용할 것)
- HARD CONTACT : mask와 sample 사이를 질소가스를 사용하여 강제 접촉하는 버튼
  (진공펌프 버튼을 반드시 'ON'하고 사용할 것)

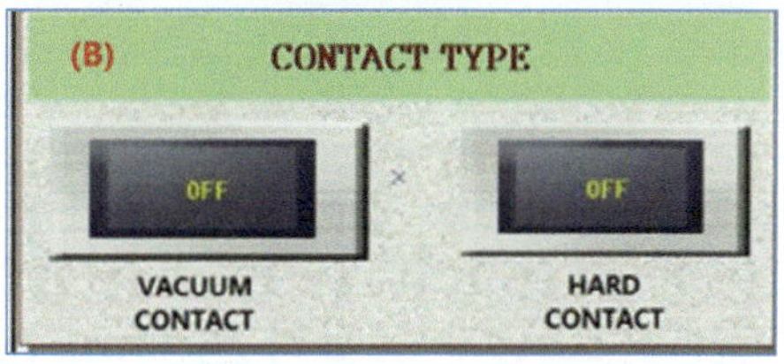

(C) MOVING POSITION

- LOADING : EXPOSURE module을 sample loading 위치로 이동하기 위한 버튼
- ALIGN : EXPOSURE module을 align 위치로 이동하기 위한 버튼
- EXPOSURE : EXPOSURE module을 esposure 위치로 이동하기 위한 버튼

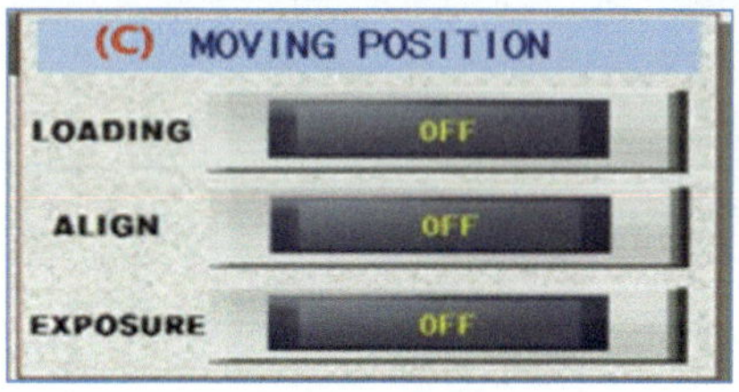

4-2. 장비

(D) EXPOSURE TIMER

- 진행값 : 노광 경과한 시간을 display
- 설정값 : 노광 진행을 위한 시간을 설정
- LEVELING OK : Z축을 상승하여 mask와 sample을 접촉 시 변하는 압력을 측정하여 contact이 완료되었음을 표시하는 lamp
- 진공펌프 전원 : 진공펌프를 동작시키는 버튼
  (진공 동작을 위해 작업 시 반드시 작동 시킬 것)

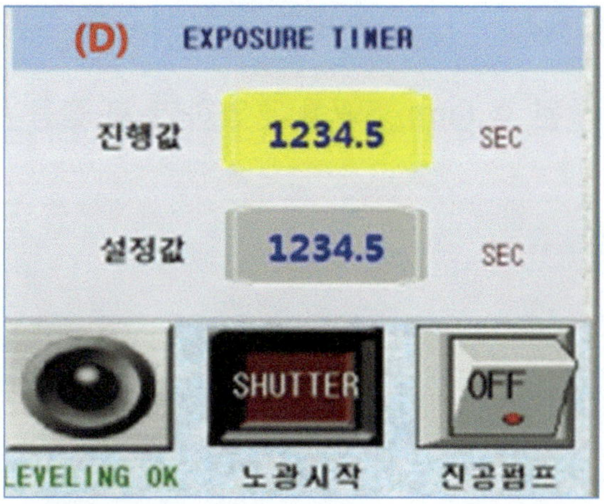

4-2. 장비

- Lamp Power Operation

① 점등 전 확인사항
- LAMP의 극성 (+, -)가 정확하게 연결되었는지 확인
- 외부 신호의 접속을 확인 (특히 interlock 회로가 연결되지 않으면 lamp start 회로가 동작되지 않으므로 주의)

② 전원 투입 및 lamp 점등
- 'MAIN SW'를 'ON'
- 'W/V/A' 변환 SW를 V로 놓고 'IGNITOR' 'ON' 버튼을 1초 이내로 짧게 누름 > lamp에 인가되는 전압이 상승하다 멈춘 후(약 100~120V) > 전압이 상승한 후 자동 으로 lamp가 점등 (이때 전류가 최고 값(약 10A)에 도달하면, lamp는 점등된 것임)

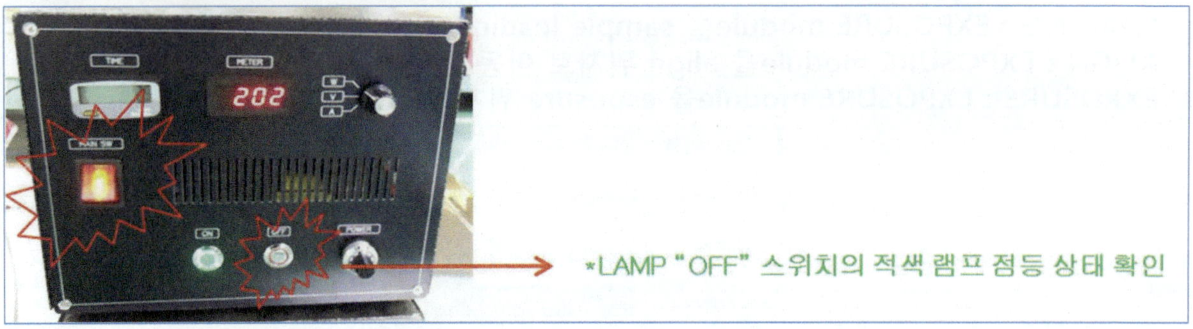

142

4-2. 장비

※ 주의 : 수분이 지나도록 전압의 상승 및 전류의 하강 현상이 없을 경우 lamp 소등 후 즉시 main power를 끄고 당사로 연락

- 전류가 적정 치에서 변화하지 않고 안정화될 때까지 15~25분 간 기다림
- 'IDLE POWER'를 천천히 돌려 원하는 전력 값을 설정 (전력수치를 증가시킬 때는 IDLE POWER 볼륨을 천천히 돌려야 함)
- 다시 안정화될 때까지 기다린 후 사용 (이후 전압의 상승 및 전류의 하강이 멈춘 상 태에서 사용)

③ LAMP 소등 및 재 점등
- LAMP SW를 OFF
- LAMP가 충분히 cooling 된 후 lamp SW를 투입하면 재 점등

143

4-3. 실습

- SYSTEM OPERATION

(1) 주 전원 켜기
① Air와 질소가 정상적으로 공급되는지 확인
② Vacuum pump, monitor, controller의 뒤 panel에 설치된 '전원 switch를 ON

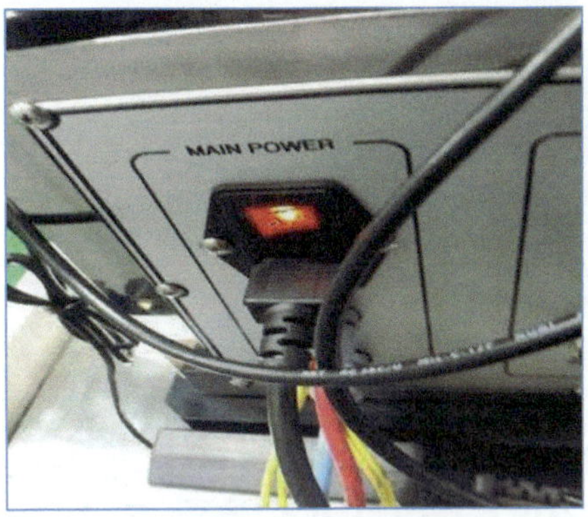

CONTROLER의 전원 SW

VACUUM PUMP의 전원 SW

4-3. 실습

③ CONTROLLER의 전면 PANEL에 설치된 'MAIN SW'를 ON

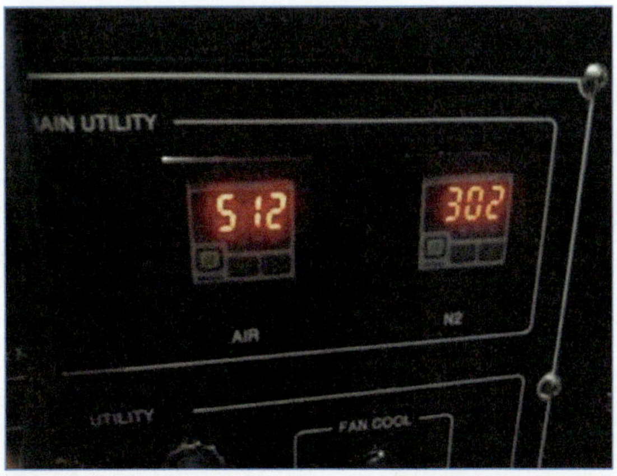

Utility 공급 확인 센서 확인

4-3. 실습

(2) POWER SUPPLY 전원 켜기
① LAMP POWER SUPPLY의 'MAIN SW'를 ON

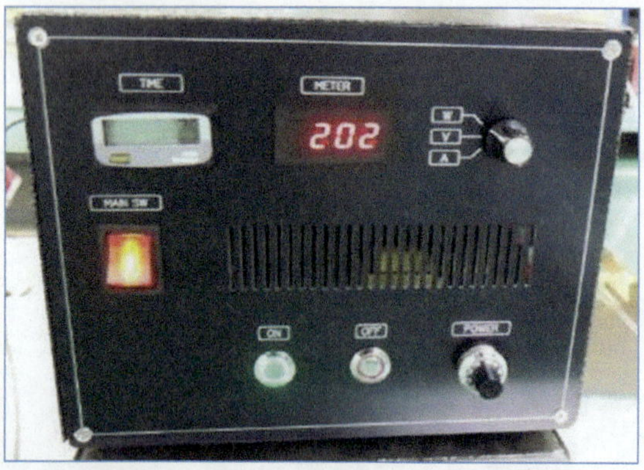

② 'W/V/A' 변환 SW를 V로 놓고 'IGNITOR' 'ON' 버튼을 1초 이내로 짧게 누름 > lamp에 인가되는 전압이 상승하다 멈춘 후(약 100~120V) > 전압이 상승한 후 자동 으로 lamp가 점등 (이때 전류가 최고 값(약 10A)에 도달하면, lamp는 점등된 것임)
③ LAMP POWER SUPPLY의 전력이 초기에 설정한 idle power 상태가 될 때까지 기다림 (lamp가 안정적으로 동작되도록 최소 15~25분 정도 기다림)

4-3. 실습

④ POWER SUPPLY의 idle power를 조절하여 공정에 필요한 lamp 전력 및 조도 (intensity)를 setting

※ 주의 : 점등이 안 될 경우
① 'IGNITOR'를 오래 누르지 말고 2~3초 정도 누르는 것을 반복하여 약 10A가 인가되는지 확인
② 주변온도가 낮을 경우 점등이 안 되는 원인이 될 수도 있으니 주변온도를 반드시 확인

(3) MASK 로딩하기
① MASK HOLDER의 '잠금장치'를 버튼을 눌러서 푼다. MASK HOLDER를 열어서 mask를 loading

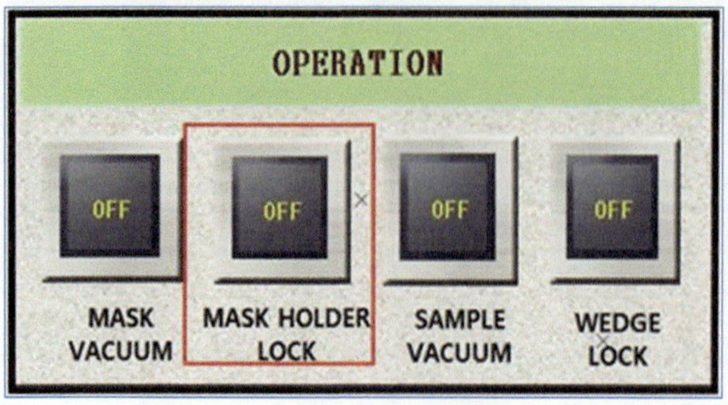

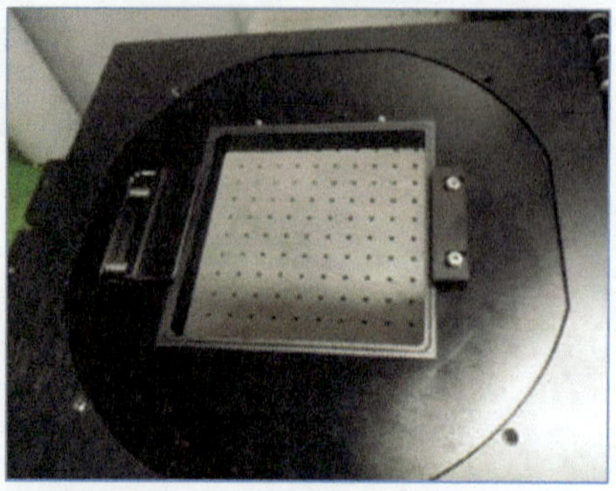

4-3. 실습

② MASK VACUUM 버튼을 눌러 Mask를 진공으로 고정
- MASK VACUUM이 leak 없이 안정적으로 잡혀 있을 때 버튼이 점등
- MASK VACUUM에 leak가 발생하여 mask가 떨어질 위험이 있을 경우 경고음과 함께 버튼의 lamp 소등

148

4-3. 실습

(4) 시료 로딩하기
① Chuck에 wafer를 loading 후 SAMPLE VACUUM 버튼을 눌러 시료를 진공으로 고정

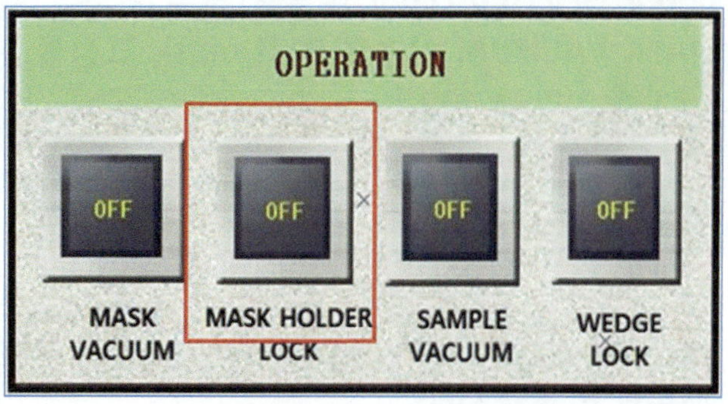

② MASK HOLDER를 loading 후 MASK VACUUM 버튼을 눌러서 진공으로 고정 후 OPERATION 화면의 MASK HOLDER LOCK 버튼을 클릭해서 MASK HOLDER를 고정

149

4-3. 실습

(5) 노광하기(1layer 노광 공정)
① MOVING POSITION의 EXPOSURE위치 버튼을 클릭
② Z축 STAGE UP/DOWN 조절 볼륨을 수동으로 돌려 madk와 시료를 접촉, 이때 접촉여부를 터치 화면의 LEVELING완료 lamp점등을 반드시 확인
③ WEDGE LOCK 버튼을 누름 (현 상태로 노광을 진행하려면 '④번' 단계로 넘어감 (현재 CONTACT 모드상태를 SOFT CONTACT 모드라 함)
④ HARD CONTACT 하려면 HARD C/T 버튼을 누름
⑤ 노광 실행하려면 노광시작 버튼을 누름
⑥ 노광 시간을 설정하려면 우측 하단의 설정시간을 터치 후 키패드를 이용하여 시간 설정
⑦ 노광 완료 후 자동으로 loading위치
⑧ HARD C/T 버튼을 해제
⑨ Z축 STAGE UP/DOWN 조절 볼륨을 수동으로 돌려 mask와 시료를 DOWN
⑩ MASK HOLDER LOCK을 푼 후 MASK HOLDER를 뒤집음
11 WAFER VACUUM 스위치를 해제한 후 unloading

4-3. 실습

(6) 언로딩하기
① Mask unloading
※ 주의 : mask가 파손되지 않도록 주의
- STAGE Z축 이동용 micrometer를 돌려 stage를 하강시켜 mask와 wafer를 분리
- MASK HOLDER LOCK 버튼을 눌러서 잠금 해제 후 MASK HOLDER를 unloading
- MASK VACUUM 버튼을 눌러 mask 고정을 해제
- Mask를 unloading

※ 참고 : Mask가 파손되지 않도록 mask case에 보관

(7) 장비 전원 끄기
① LAMP POWER SUPPLIY의 'IGNITOR'(OFF) 버튼을 눌러 lamp를 소등
※ 주의 : lamp 소등 후 반드시 10분 이상 cooling 후 다음단계를 진행
② UV POWER SUPPLY 'MAIN SWITCH'를 OFF
③ MAIN 전원을 OFF
④ 압축공기와 질소공급 밸브를 닫음

4-3. 실습

- **Recipe**

- **PR [SU-8]**

\- **Process Condition**

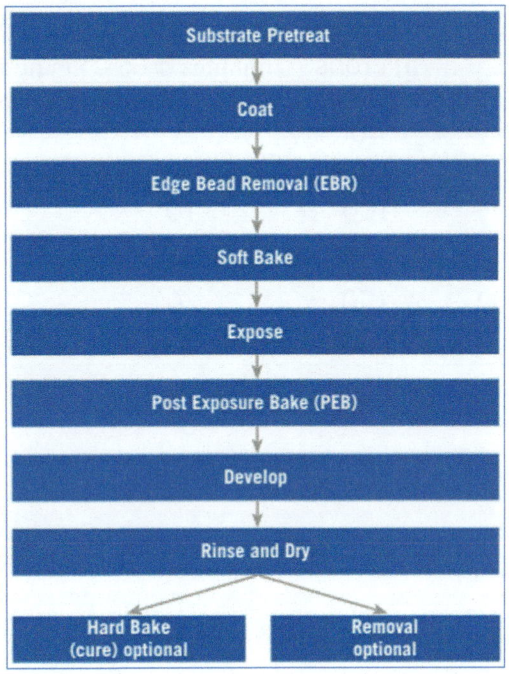

4-3. 실습

Approximate Thickness vs. Spin Speed Data

PRODUCT	VISCOSITY cSt	THICKNESS microns	SPIN SPEED rpm
SU-8 50	12250	40 50 100	3000 2000 1000
SU-8 100	51500	100 150 250	3000 2000 1000

Thickness vs. Spin Speed

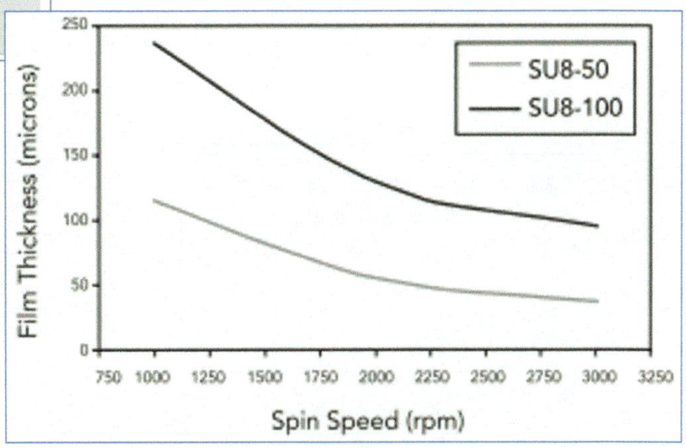

4-3. 실습

Recommended Soft Bake Parameters

PRODUCT	THICKNESS microns	SOFT BAKE TIME minutes @ 65°C	minutes @ 95°C
SU-8 50	40	5	15
	50	6	20
	100	10	30
SU-8 100	100	10	30
	150	20	50
	250	30	90

154

4-3. 실습

SU-8 Absorbance vs. Film Thickness

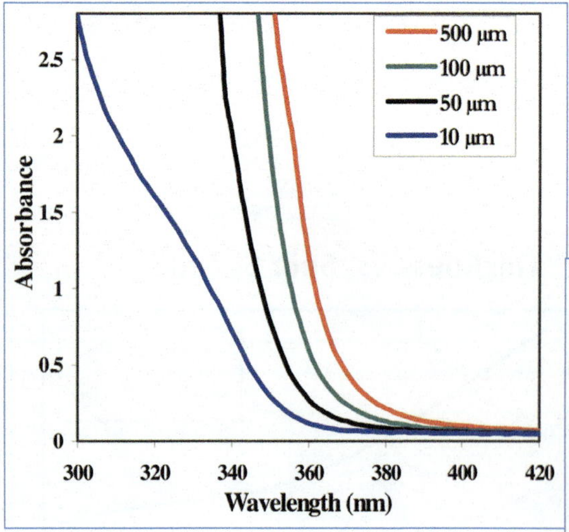

Exposure Dose

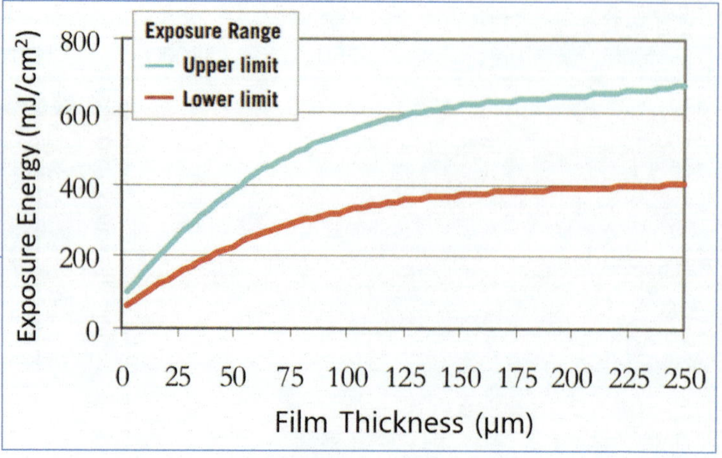

155

4-3. 실습

Recommended Post Exposure Bake Parameters

PRODUCT	THICKNESS microns	PEB TIME minutes@65°C	minutes@95°C
SU-8 50	40	1	4
	50	1	5
	100	1	10
SU-8 100	100	1	10
	150	1	12
	200	1	20

Recommended Develop Processes

PRODUCT	THICKNESS microns	DEVELOPMENT TIME minutes
SU-8 50	40	6
	50	6
	100	10
SU-8 100	100	10
	150	15
	250	20

156

4-3. 실습

- **Rinse and Dry**

SU-8 현상(SU-8 Developer 사용) 후에는 신선한 현상액으로 spray rinse(분사 세정)한 다음, filtering된 압축 공기 또는 질소 가스를 부드럽게 불어 건조

- **Hard Bake**

SU-8은 기계적 특성이 우수하기 때문에 일반적으로 하드 bake는 필요로 하지 않음
단, resist 구조가 최종 device의 일부분으로 남아야 하는 경우,150~200°C에서 hot plate 또는 convection oven을 사용해 lamp 또는 step 방식으로 hard bake 수행

- **Removal**

노광 및 PEB(Post-Exposure Bake) 이후, SU-8은 고도로 가교된 epoxy 구조를 가지게 되어 일반적인 용제 기반 resist 제거제로는 제거가 매우 어려움
하지만, OmniCoat를 사용한 경우에는 remover PG에 담궈 SU-8을 완전하게 제거

157

4-3. 실습

- **Recipe**

- **PR [AZ nLOF 2020]**
- **Process Condition**

Exposure Latitude (1.0 μm)

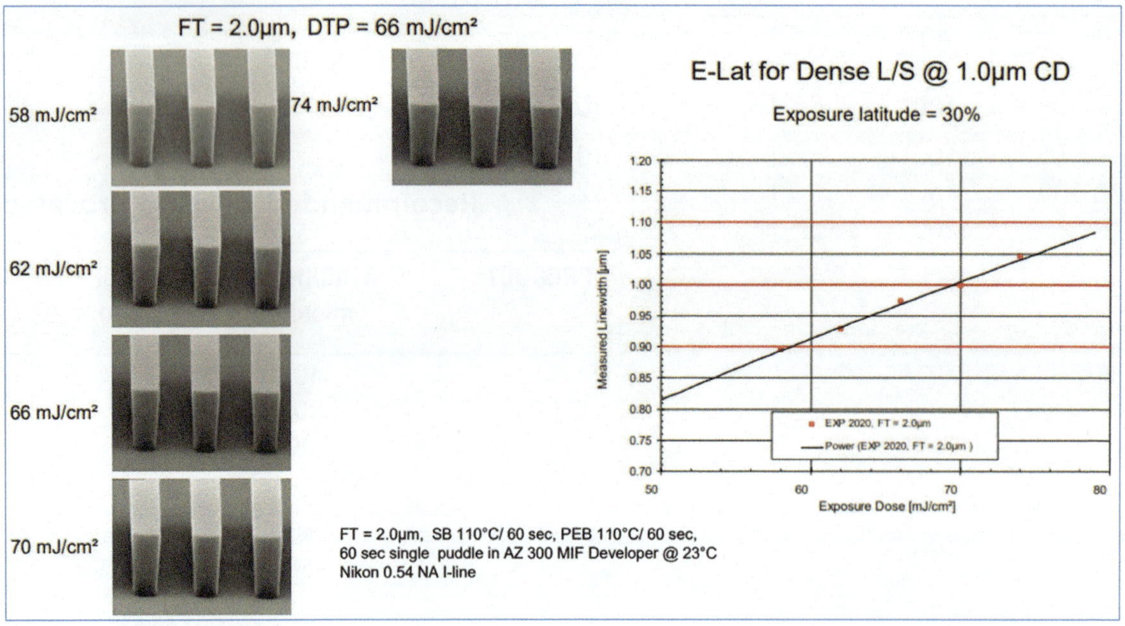

4-3. 실습

Depth of Focus (1.0 μm)

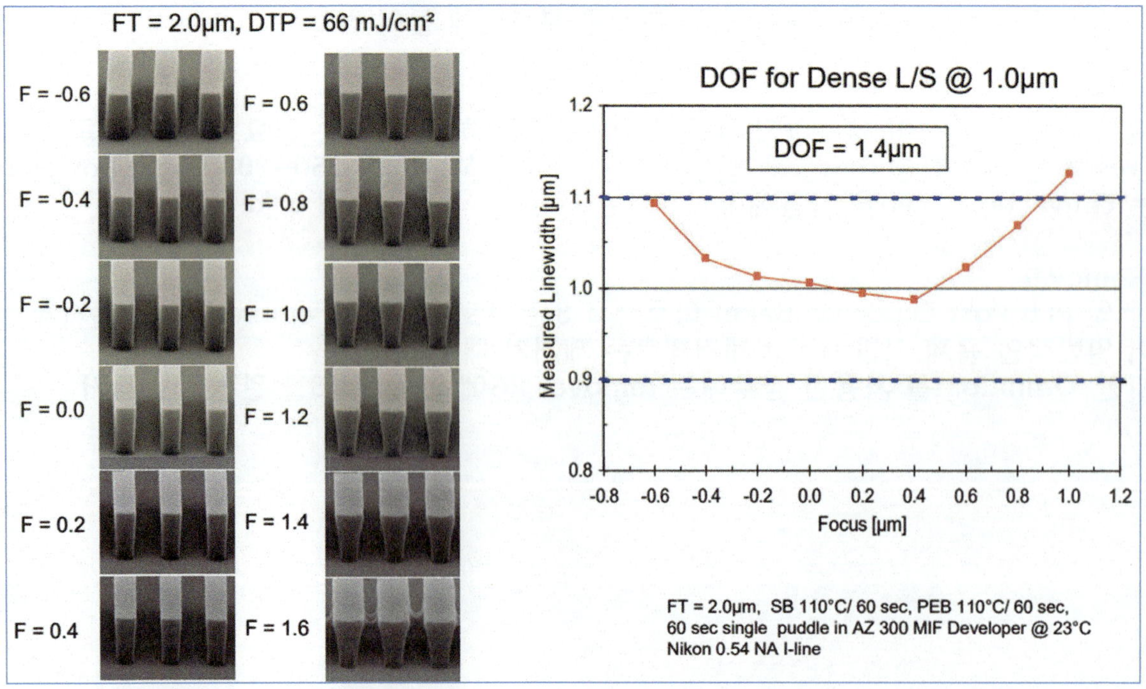

4-3. 실습

Resolution (2.0 μm)

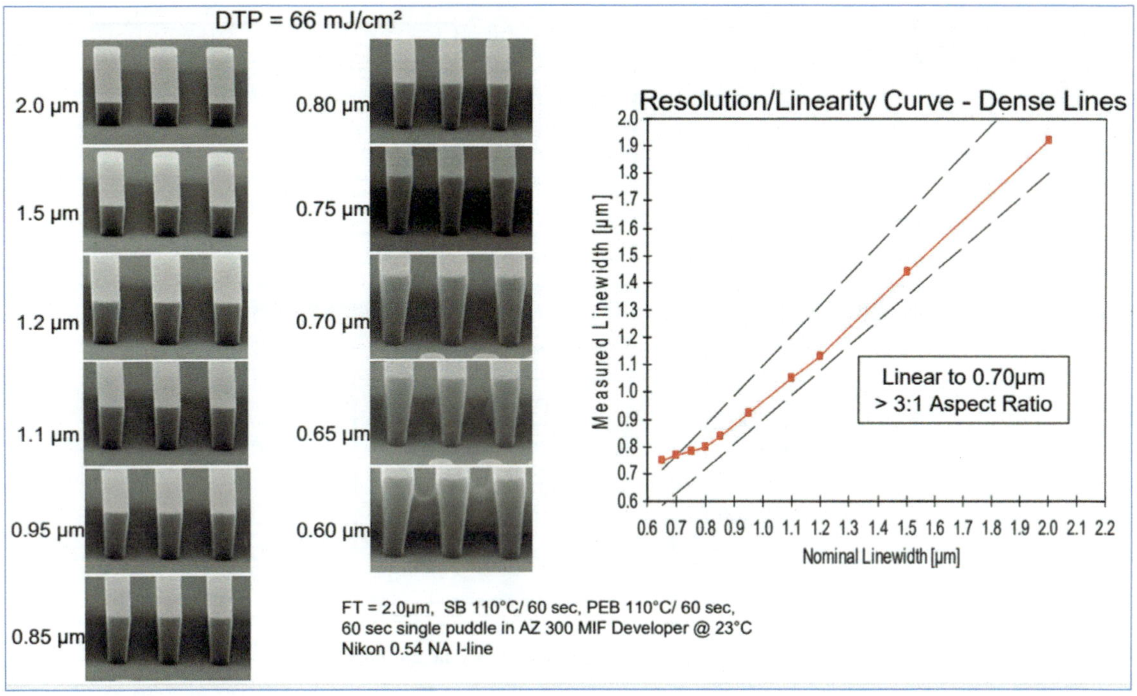

4-3. 실습

Absorption Coefficient

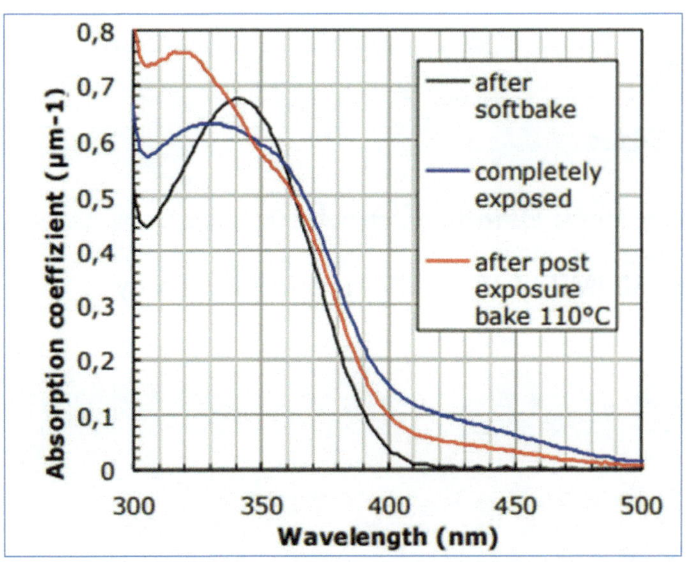

4-3. 실습

Resist Erosion and Development Rate

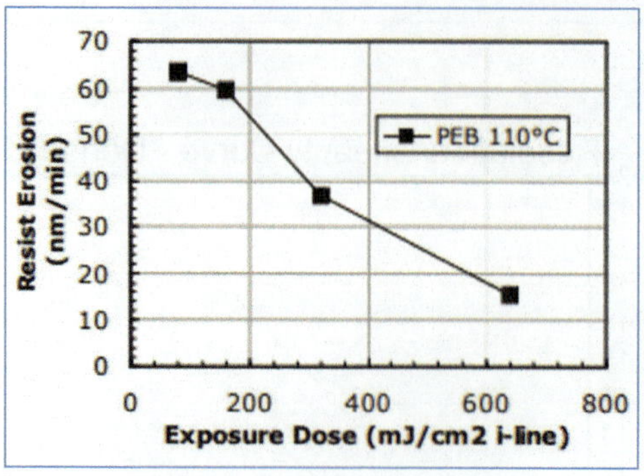

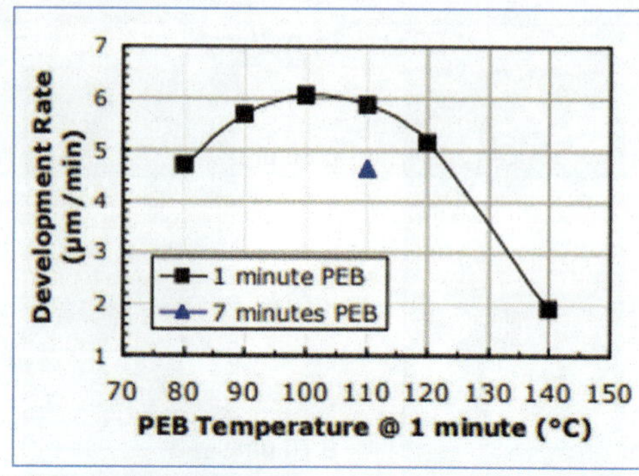

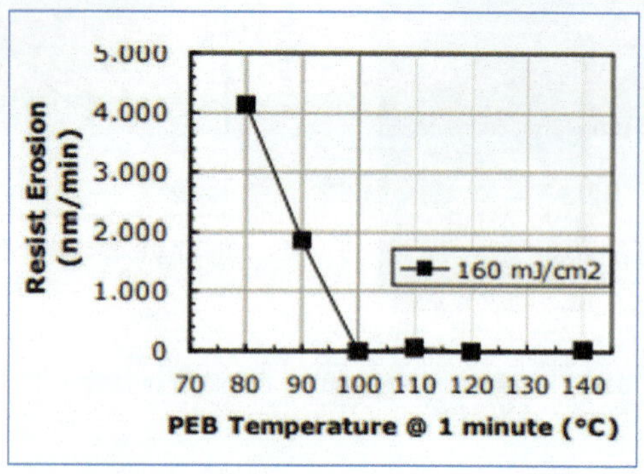

162

4-3. 실습

- **Recipe**

- **PR [GXR 601]**
- **Process Condition**

- **Soft bake : 90℃, 60sec**
- **FT : 1.00μm**
- **Exposure : ALS 200 I-line stepper (NA = 0.45)**
- **PEB : 110℃, 60sec**
- **Dev : 23℃, 60sec, 300MIF 2.38% TMAH, puddle / spray**

163

4-3. 실습

Spin Curve of AZ GXR 601

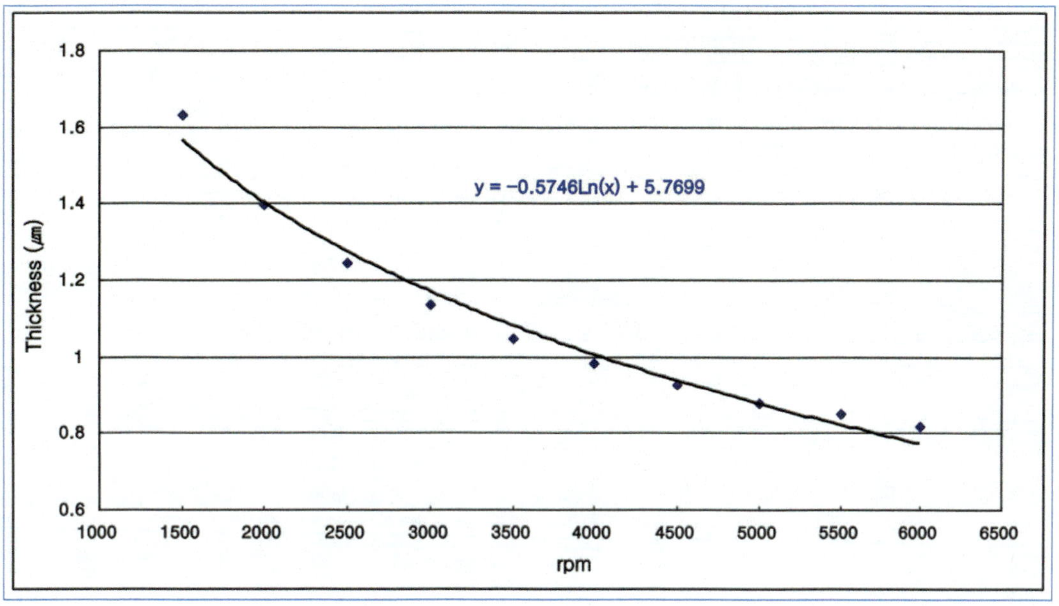

164

4-3. 실습

Performance Data

Eop(0.8 ㎛ L/S)		90 msec
Linearity		0.50 ㎛
Resolution		0.45 ㎛
Exposure Latitude	0.6 ㎛ L/S	23 %
	0.8 ㎛ L/S	28 %
Focus Latitude	0.6 ㎛ L/S	0.9 ㎛
	0.8 ㎛ L/S	1.2 ㎛
Thermal resistance (10 ㎛ L/S)		125 ℃

165

4-3. 실습

Resolution

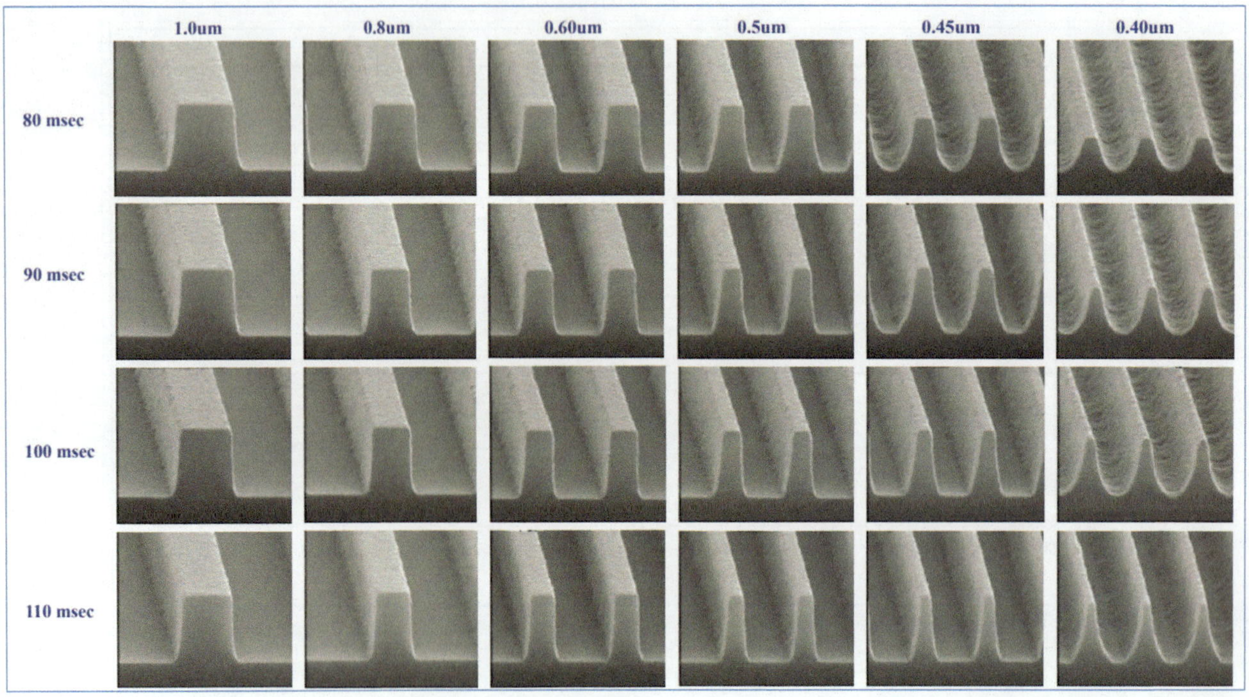

166

4-3. 실습

Linearity

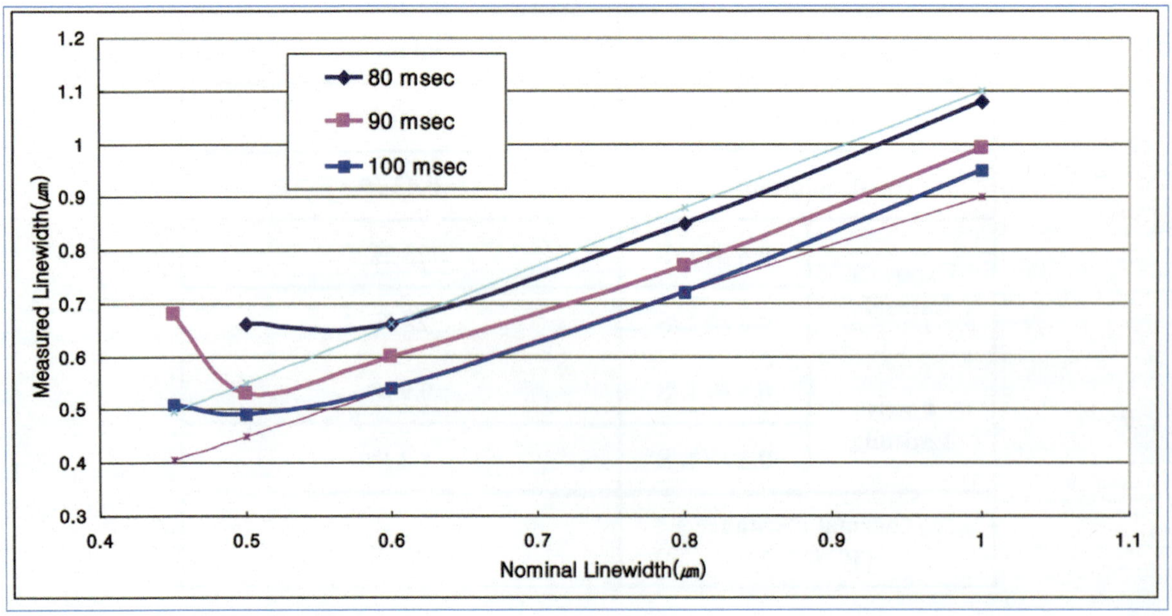

167

4-3. 실습

Exposure Latitude

0.5 ㎛ L/S

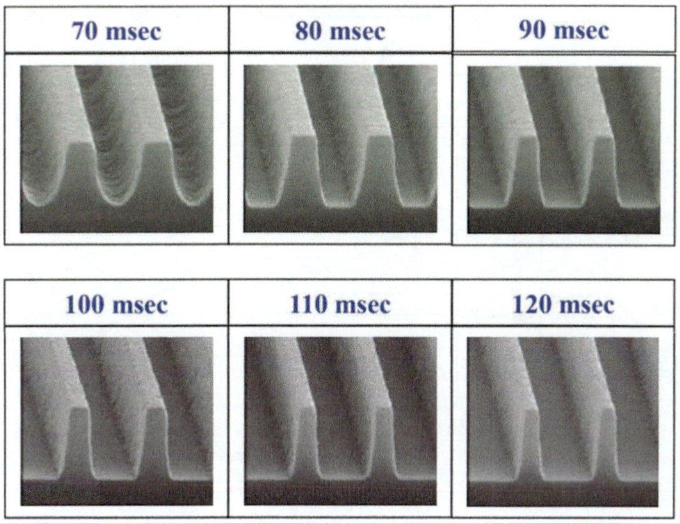

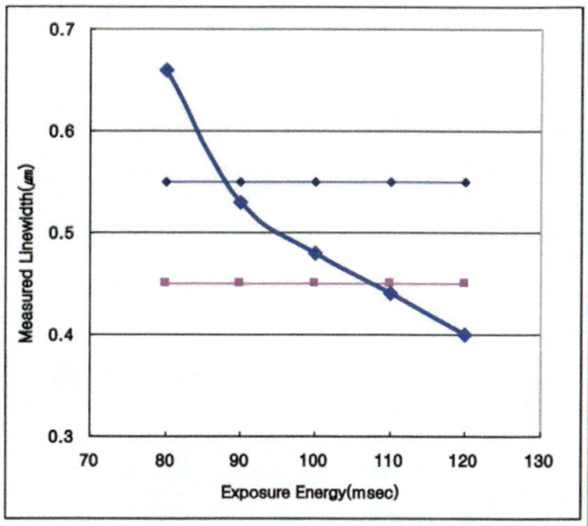

168

4-3. 실습

Exposure Latitude

0.6 ㎛ L/S

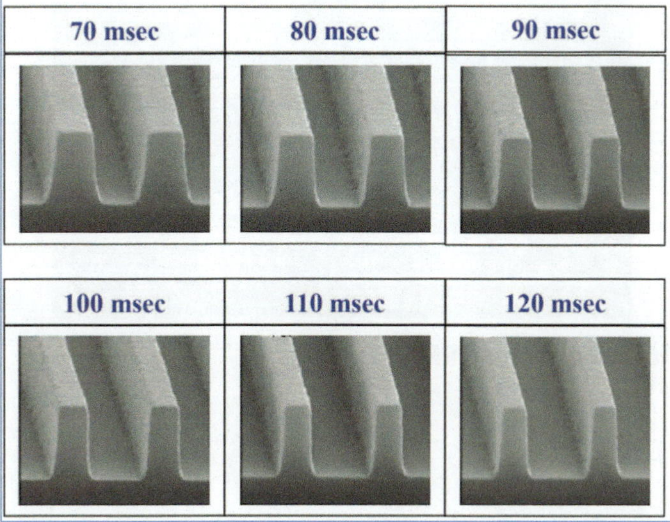

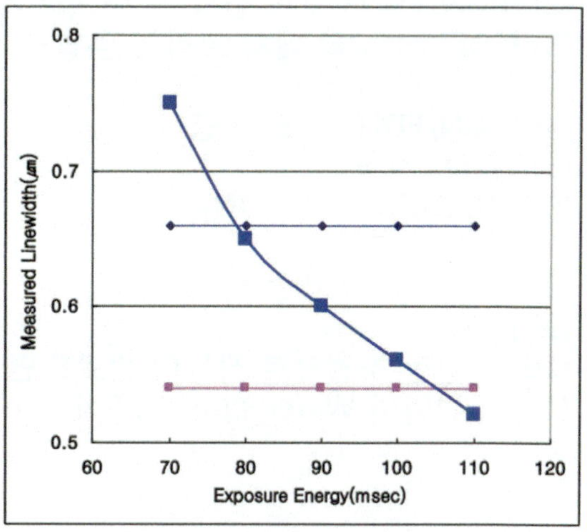

169

4-3. 실습

Exposure Latitude

0.8 ㎛ L/S

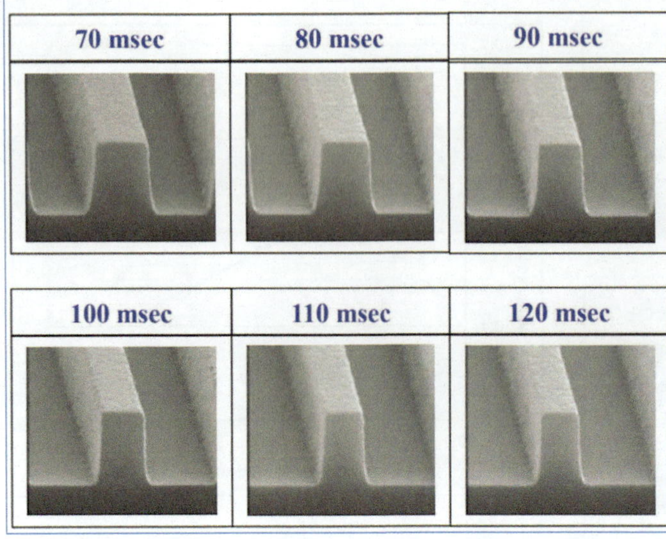

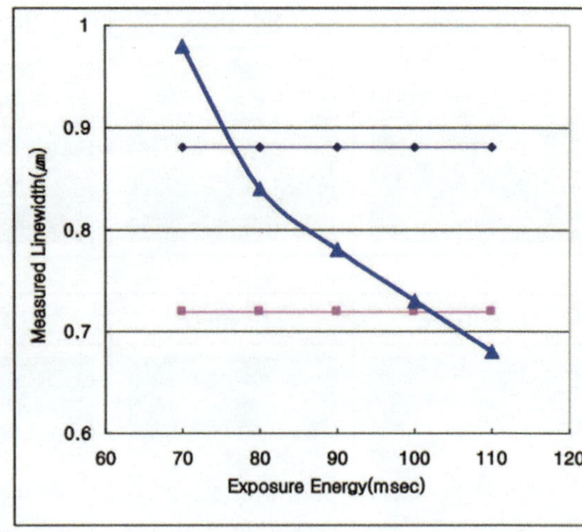

4-3. 실습

- Recipe

• PR(Photoresist)도포

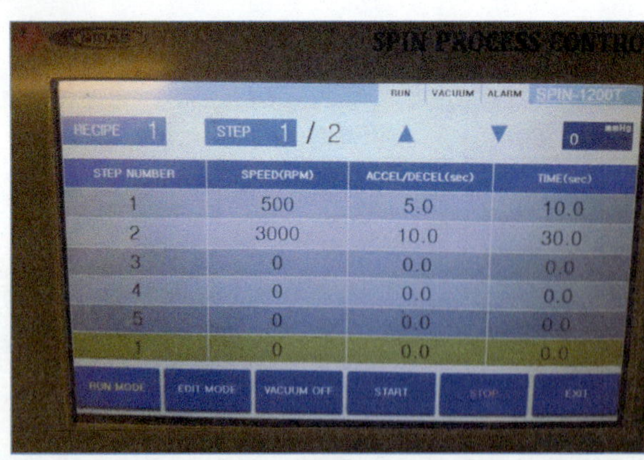

(1) Spin Coater power ON
(2) [RUN/EDIT] 모드 실행 → recipe 2
(3) [EDIT MODE] 에서 코팅조건 입력 후 [EXIT]로 저장
(4) [RUN/EDIT] 모드 실행
(5) Wafer 장착
(6) [VACUUM OFF→ON]
(7) PR 1mL 도포
(8) Spin Coater 뚜껑 닫기
(9) [START]
(10) 설정한 조건으로 작동이 완료되면 [VACUUM ON→OFF]
(11) 뚜껑열어 Wafer 회수 후, Spin Coater power OFF

4-3. 실습

- **Recipe**

• **Soft Bake**

(1) Hot plate power ON
<Step1 : 65℃, 10min / Step 2 : 95℃, 30min>
※ 설정된 온도 값에 가까워지면 기기에서 알람음이 울림

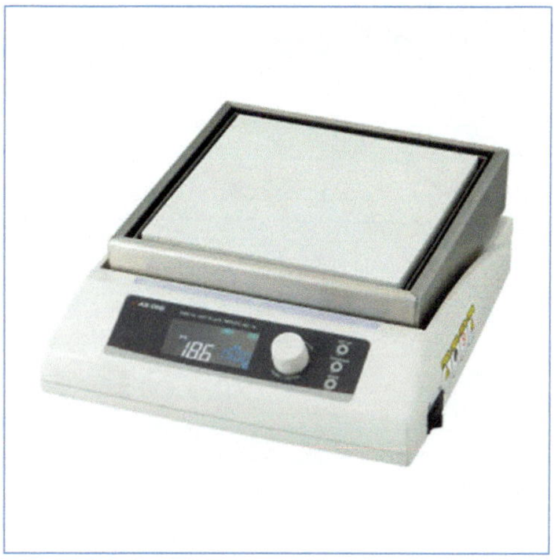

172

4-3. 실습

- **Recipe**

• **Expose**

(1) 노광기 power ON
(2) LAMP POWER SUPPLY power ON
(3) W/V/A 변환스위치를 “W”로 맞춤 (power “35” setting, PR에 필요한 power로)
(4) LAMP ON
(5) METER 값이 350인지 확인 (power “35” setting일 경우)
(6) Mask Holder 열기
(7) Mask 장착
(8) [MASK VACUUM] ON
(9) Wafer 장착
(10) [SAMPLE VACUUM] ON
(11) Mask Holder 닫기
(12) MASK HOLDER LOCK을 ON / WEDGE LOCK을 ON / N2 PURAGE를 ON
(13) CONTACT TYPE의 VACCUUM CONTACT 또는 HARD CONTACT을 ON
※ VACCUUM CONTACT : 시료와 mask 사이를 진공을 통해 밀착시켜는 방법
HARD CONTACT : chuck를 물리적으로 올려 시료와 mask를 밀착시키는 방법
(14) EXPOSURE TIME은 “10sec” 설정
(15) MOVING POSITION과 ALIGN을 ON

173

4-3. 실습

(16) EXPOSURE를 ON
(17) 노광 시작
(18) 노광이 완료되면 CONTACT TYPE의 VACCUUM CONTACT을 ON
(19) CONTACT TYPE의 VACCUUM CONTACT 또는 HARD CONTACT을 OFF
(20) N_2 PURAGE를 OFF / WEDGE LOCK을 OFF / MASK HOLDER LOCK을 OFF
(21) Wafer 회수 후 SAMPLE VACUUM을 OFF
(22) LAMP POWER SUPPLY power OFF
※ 주의 : lamp 소등 후 반드시 10분 이상 cooling 후 전원을 차단

174

4-3. 실습

- **Recipe**

- Post Expose Bake
  <Step1: 65℃, 1min / Step 2 : : 95℃, 10min>

- Develop

(1) 현상액(SU-8 developer)을 샬레에 부음
(2) 현상액에 노광이 완료된 wafer를 넣고 10분간 방치

- RINSE

(1) 2-propanol 사용하여 남아있는 현상액을 제거
(2) DI water로 cleaning
(3) N_2 gun 을 사용하여 dry

- HARD BAKE
  <150℃ 1~2min>

175

5. Etching

1. 이론
2. 장비
3. 실습

176

5-1. 이론

식각(etching) 공정은 반도체 제조 과정에서 웨이퍼 표면의 특정 재료를 선택적으로 제거하는 미세 가공 기술임 (photo Lithography 공정으로 형성된 photo resist mask를 이용해 원하는 pattern 이외의 부분을 제거함으로써 회로 구조를 형성함)

식각은 크게 습식 식각과 건식 식각으로 나뉘며, 액상 화학약품과 plasma gas를 이용함 고집적화된 회로의 제조를 위해서는 높은 이방성과 선택비가 요구되며, 이를 위해 주로 건식 식각이 사용됨 (특히 RIE_Reactive Ion Etching와 ICP_Inductively Coupled Plasma 방식은 미세하고 정밀한 pattern을 형성하는 데 유리함)

식각은 패터닝 정밀도, 공정수율, 소자의 성능에 직결되는 핵심 공정 중 하나로, 최신 기술에서는 원자층 식각(ALE)과 친환경 가스 적용이 주목받고 있음

패턴 형성 다이어그램 : 마스크 패턴을 통해 원하지 않는 물질을 제거하는 식각의 기본 원리

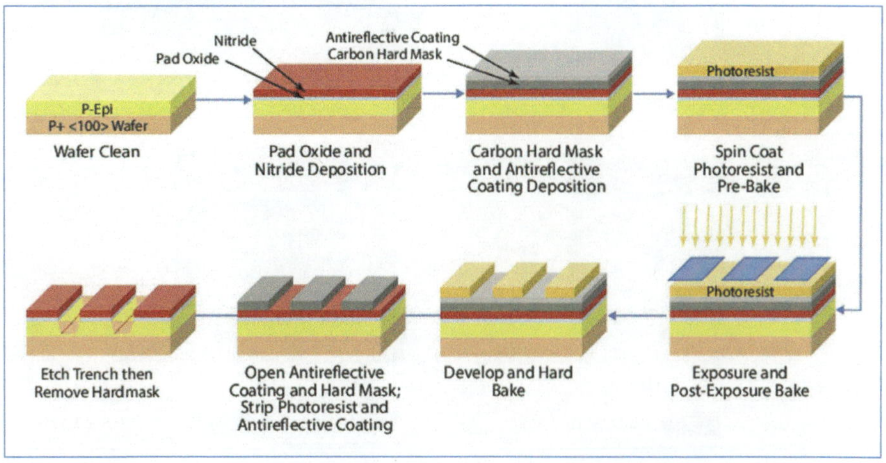

자료출처-mksinst.com

177

5-1. 이론

- 습식 식각 (Wet Etching)

습식 식각은 액체 화학용액을 이용해 wafer 표면의 특정 재료를 선택적으로 제거하는 공정임 (반응성이 있는 용액이 재료와 접촉해 화학 반응을 일으켜 용해되어 식각이 진행됨)

습식 식각은 일반적으로 식각 속도가 빠르고 장비가 구성이 간단하지만, 이방성이 낮아 undercut 현상이 잘 발생함

SiO_2는 불화수소(HF),
Al은 인산(H_3PO_4)을
주로 사용함

열/교반 장비 기반 습식 식각 시스템 : 온도 조절과 자석 교반기를 사용하여 균일하고 제어된 식각을 실행하는 장비임

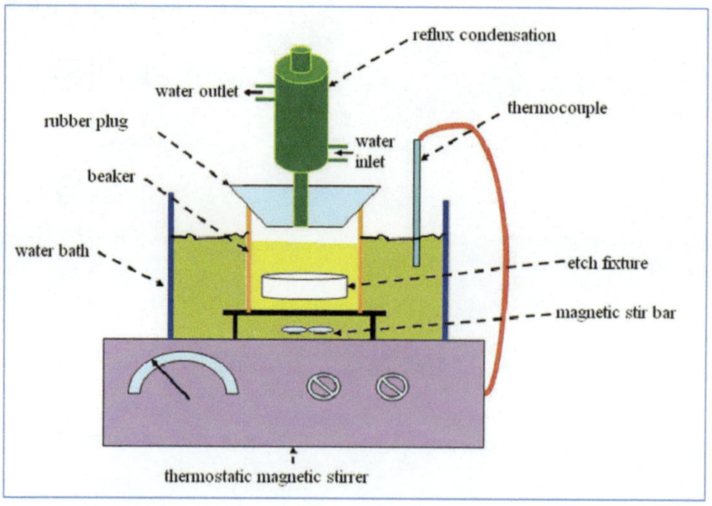

자료출처-ResearchGate

5-1. 이론

Mask 아래쪽 undercut 발생 구조 : 다양한 mask 재료(SiO_2, SiN_x 등)에 따른 측면 식각 거동을 비교한 도식

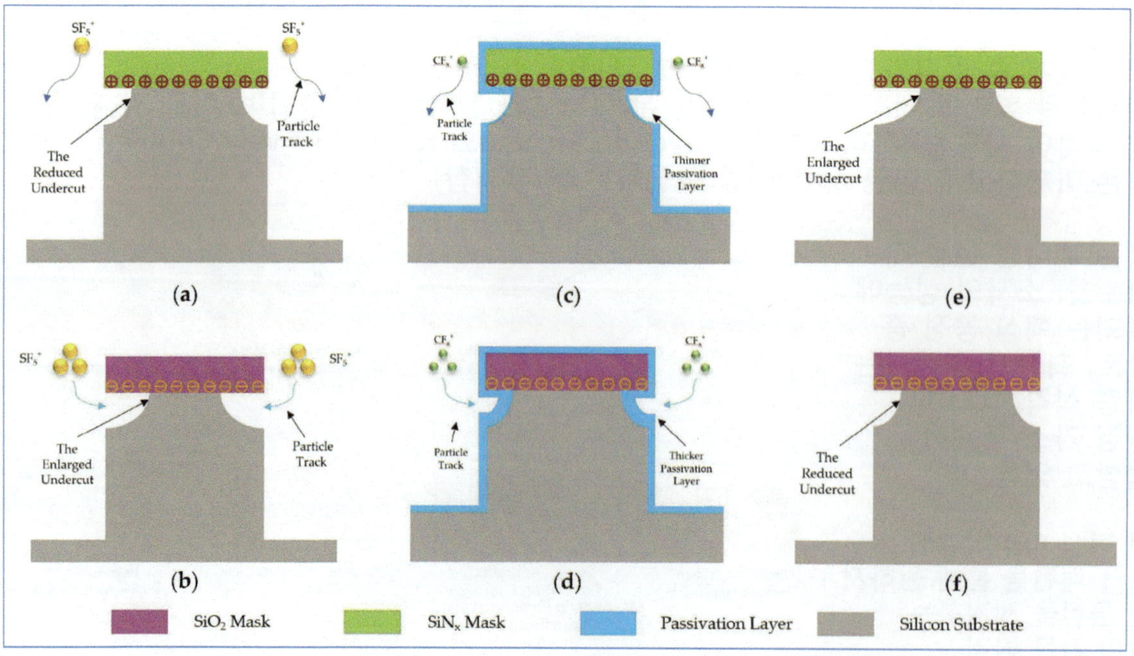

자료출처-MDPI

5-1. 이론

압력 변화에 따른 프로파일 및 표면 손상 TEM(Transmission Electron Microscopy) 이미지 (RIE 식각 조건에서 압력 변화 시 표면 거칠기 증가 및 손상 정도를 보여주는 사례)

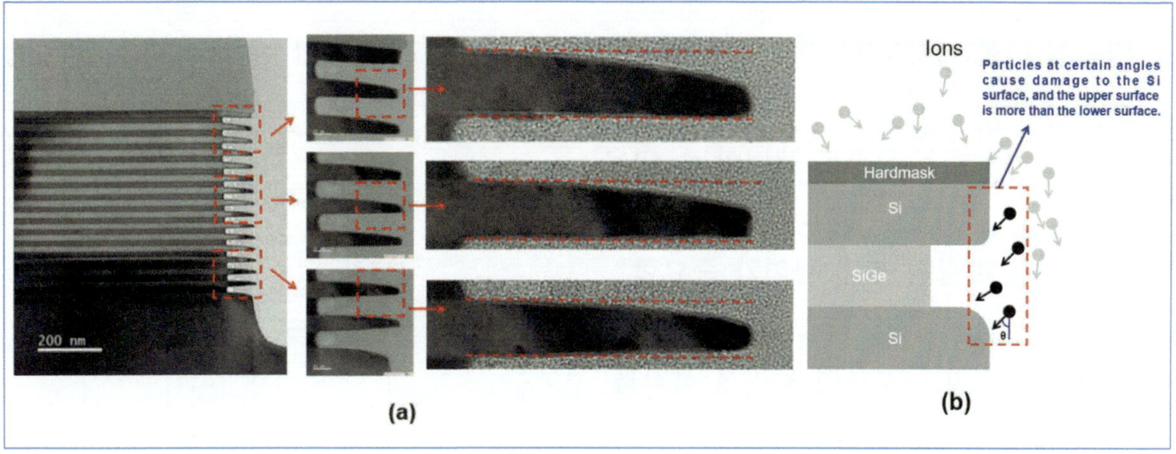

자료출처-MDPI

5-1. 이론

Si/SiGe 다층 구조에서 선택비와 표면 거칠기 비교 TEM 이미지 (사이클 식각 조건별로 Si와 SiGe의 식각 거동 및 선택비 변화, 표면 상태)

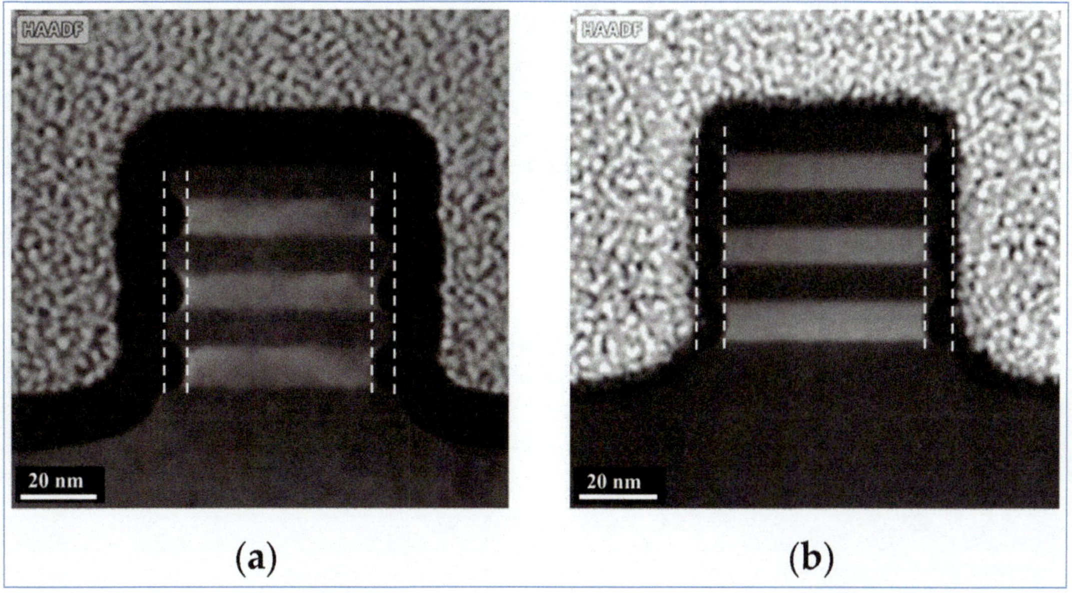

자료출처-MDPI

5-1. 이론

- **건식 식각 (Dry Etching)**

건식 식각은 plasma 상태의 반응성 gas를 이용해 wafer 표면의 재료를 제거하는 공정임

주로 반응성 이온 식각(RIE) 방식이 사용되며, 높은 이방성과 정밀한 pattern 형성이 가능

물리적 충돌과 화학 반응이 동시에 일어나기 때문에 식각 방향을 수직으로 제어할 수 있음

고집적 반도체 제조에 필수적인 공정으로, 장비 비용이 높고 공정 조건 제어가 중요함

Ion Beam Etching 장비 : 아르곤 이온 빔으로 웨이퍼 표면을 정밀 타격하여 물리적 식각을 수행하는 구조

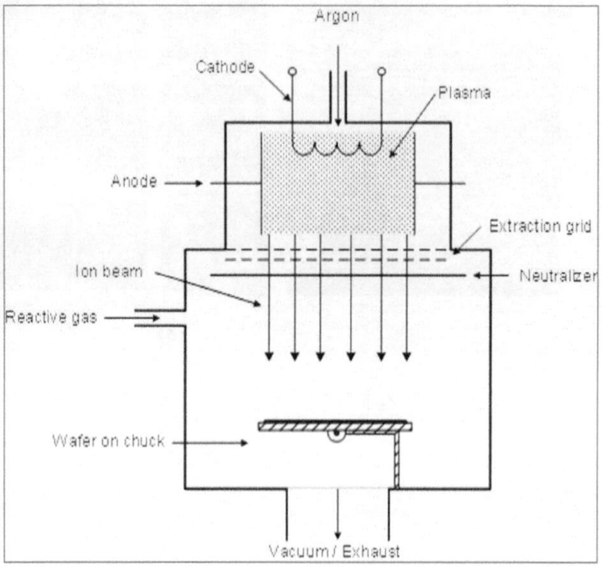

자료출처-halbleitec.org

5-1. 이론

- **분류**
- **물리적 식각 : 이온 스퍼터링**
- **화학적 식각 : 반응성 가스 사용**
- **물리/화학 혼합형 : RIE (Reactive Ion Etching)**

- **이방성 식각 구현 가능**

- **주요 장점: 미세한 구조 구현, 고집적 회로에 적합**

자료출처-halbleitec.org

5-1. 이론

- 등방성 (Isotropic) 식각

등방성 식각은 모든 방향으로 균일하게 식각이 진행되는 방식으로, 구형 또는 반구형의 식각 프로파일을 형성함

주로 습식 식각에서 나타나며, 화학 반응 중심으로 재료를 제거함

Mask 하단까지 식각이 침투하여 undercut이 발생하기 쉬운 특징이 있음

고정밀 pattern 구현에는 부적합하지만, 빠른 식각 속도와 간단한 공정이 장점임

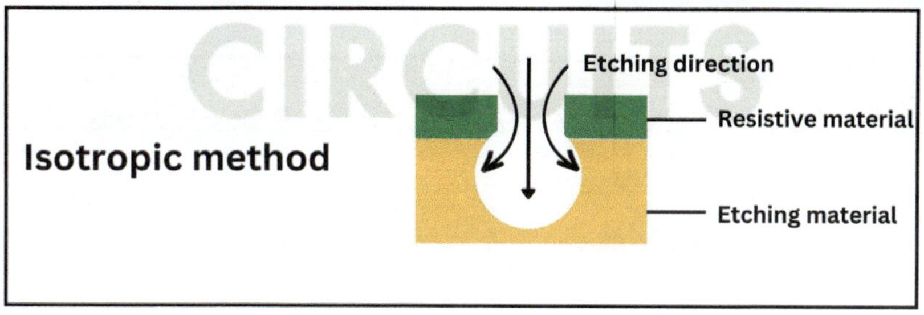

자료출처-Sierra Circuits

5-1. 이론

- 이방성 (Anisotropic) 식각

이방성 식각은 수직 방향으로만 선택적으로 식각이 진행되는 방식으로, 뚜렷한 모서리와 직각 pattern을 형성함

주로 건식 식각에서 구현되며, 물리적 이온 충돌과 화학 반응이 함께 작용함

Undercut이 적고 고정밀 pattern 형성이 가능해 미세회로 제작에 적합함

대표적인 예로 RIE, ICP 방식이 있다.

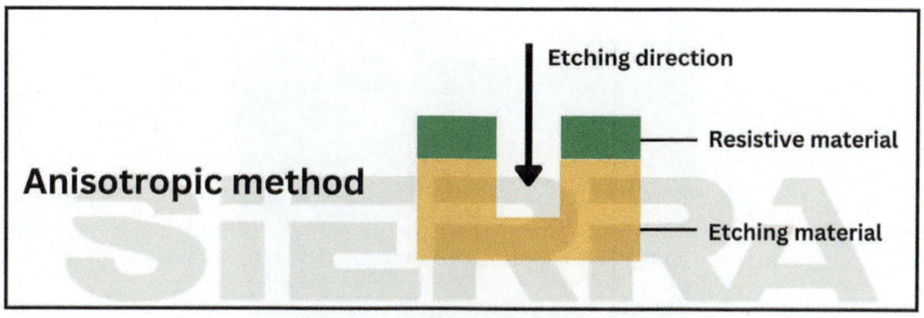

자료출처-Sierra Circuits

5-1. 이론

- 등방성 식각 vs. 이방성 식각

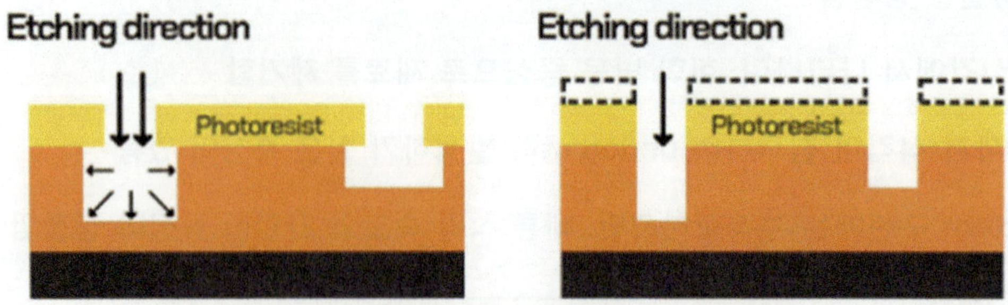

Isotropic Etching	Anisotropic Etching
High selectivity	Low selectivity
Fast speed	Slow speed
High uniformity	Low uniformity

자료출처-SK Hynix Newroom

5-1. 이론

- RIE (Reactive Ion Etching)
- 작동 원리 : 고주파 전력을 인가하여 plasma 생성 → ion이 wafer에 수직으로 충돌
- 장점 : 높은 이방성, 높은 정밀도
- 응용 : MOS 공정, FinFET 등

NANO-MASTER NRE-4000 RIE 시스템

자료출처-nanomaster.com

5-1. 이론

- ICP (Inductively Coupled Plasma Etching)
- 특징 : 고밀도 plasma, 독립적인 bias 제어
- 장점 : 고속 식각, 저온 공정 가능
- 적용 : 고종횡비 구조 (High Aspect Ratio) pattern 형성

SENTECH SI 500 ICP-RIE 시스템

온도 제어와 이온 에너지 조절이 가능한 모듈형 시스템으로, 고정밀 나노 구조 식각에 적합

자료출처-sentech.com

5-1. 이론

- 식각 가스

가스명	식각 대상 물질	특징	유해성 및 취급 시 주의사항
CF_4	Si, SiO_2	플루오린 발생, 등방성 식각 용이	독성·온실가스, 누출 시 밀폐공간 주의
CHF_3	SiO_2, Si_3N_4	이방성 확보, 폴리머 생성 → 선택비 향상	독성, 플라즈마 분해 시 부식성 가스 발생
SF_6	Si, Poly-Si	빠른 식각 속도, 등방성 위주	자극성·질식 위험, 국소배기 필요
Cl_2	Al, Ti, W	금속 식각에 적합, 휘발성 생성물 형성	매우 독성, 점막 자극, 누출 시 즉시 대피 필요
BCl_3	Al, GaAs	금속 및 화합물 반도체 식각용, 건식 알루미늄 식각에 효과적	물과 반응 시 HCl 발생, 부식성 강함
HBr	Poly-Si, SiGe	이방성 우수, 선택비 확보 용이	자극성 가스, 누출 시 환기 필수
O_2	유기물, PR 제거	플라즈마 조건에서 유기물 연소, PR 스트리핑용	고농도 시 산화·화재 위험, 산소 결핍 주의
C_4F_8	SiO_2, PR 마스크	고이방성 확보, sidewall passivation용으로 사용됨	폴리머 과다 축적 시 막힘 유발, 화재주의
Ar	물리적 스퍼터링 식각	비활성 기체, 이온 충돌을 통한 물리적 제거	고압 가스 취급 주의, 폭발 방지 장치 필요
NF_3	챔버 클리닝, Si 식각 보조	플루오린 라디칼 발생 효율 높음, 챔버 내벽 세정에 자주 사용	온실가스, 플라즈마 환경 외에서는 반응성 낮음

5-1. 이론

- 식각 공정 문제 및 해결 방안

문제/결함	주요 원인	해결 방안
언더컷 (Undercut)	등방성 식각 또는 레지스트 하단 침투	건식 식각(RIE) 사용, 마스크 형상 최적화, 식각 조건 조정
과식각 (Over Etch)	식각 시간 과다 또는 엔드포인트 감지 실패	식각 시간 최적화, 엔드포인트 검출 장비 사용 (OES, Interferometry 등)
잔류물/식각 부산물	반응 부산물 제거 불완전	후처리 클리닝 공정 도입, O_2 플라즈마 클리닝 또는 습식 세정 강화
비균일 식각 (Non-uniformity)	가스 유량 분포 불균형, 전극 간섭, 온도 차이	챔버 균일성 보정, 샘플 회전, 가스 분포 최적화, 전극 온도 제어
선택비 저하	반응성이 높은 식각 조건, 불완전한 마스크 물성	가스 조성 조절, 폴리머 생성 가스 첨가(C_4F_8 등), 레지스트 강화
표면 손상	고에너지 이온 충돌, 플라즈마 손상	바이어스 전력 감소, 저에너지 조건 설정, 보호층 도포
패턴 손실 (Profile Loss)	식각 속도 불균형, 폴리머 축적 또는 부족	적절한 sidewall passivation, 주기적 클리닝, 가스 조건 조정
마스크 침식	식각 선택비 부족 또는 고에너지 조건	하드 마스크 사용(SiN, SiO_2), 두꺼운 PR 적용, 저온 공정 도입
식각 깊이 불충분	반응 불충분, 플라즈마 밀도 부족	ICP 파워 증가, 가스 플로우 조정, 시간 연장
막대기 현상 (Grass/Scumming)	잔여 PR, 불균일 잔사 축적	PR Bake 최적화, 클린 PR 제거 조건 적용, 후속 O_2 플라즈마 처리

190

5-2. 장비

- RIE

- RIE & controller

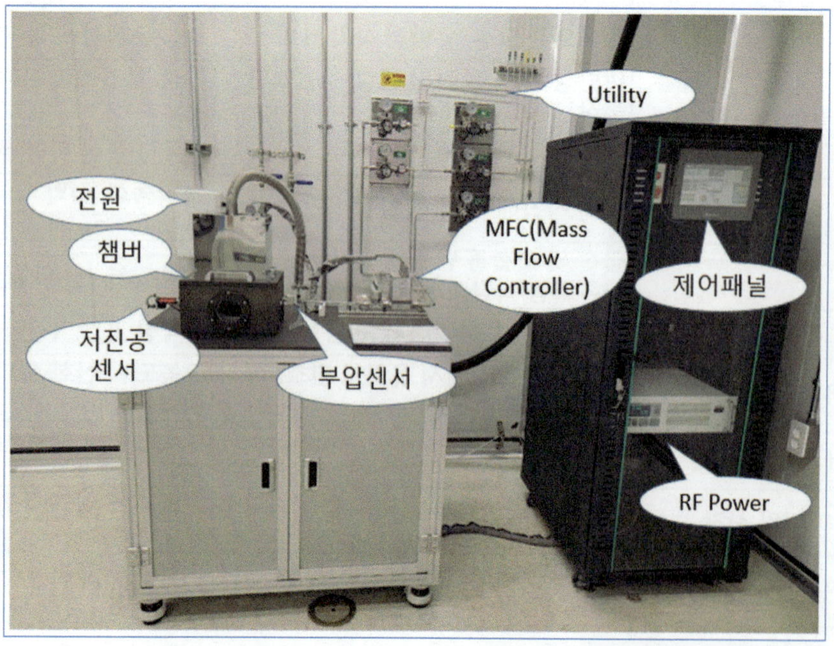

191

5-2. 장비

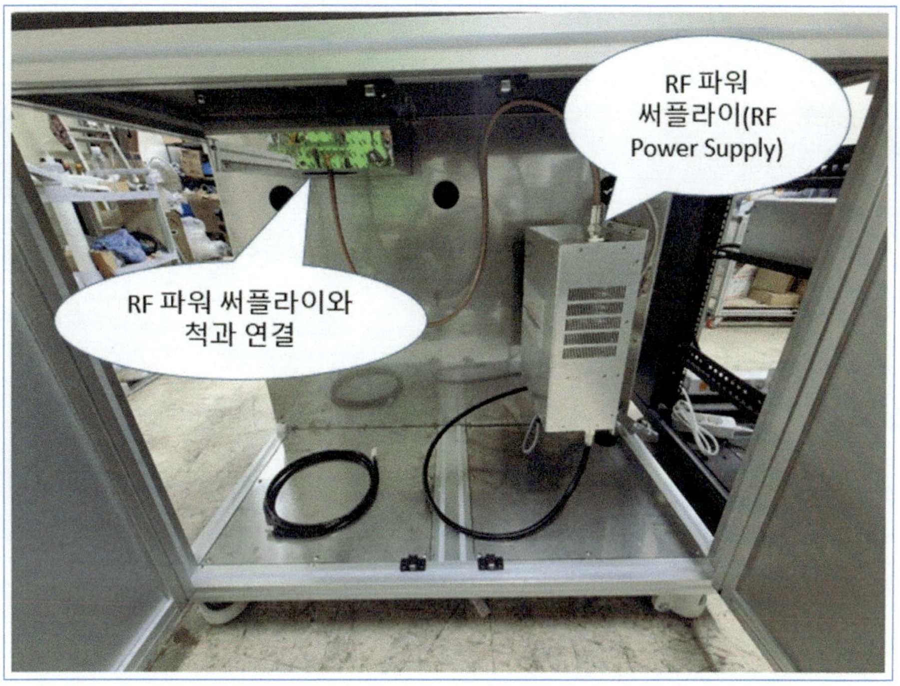

192

5-2. 장비

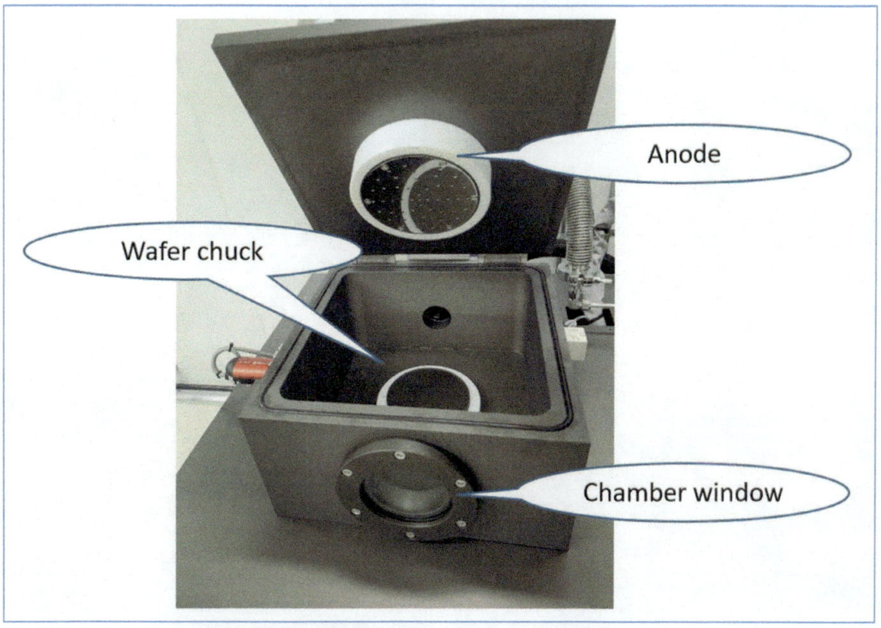

193

5-2. 장비

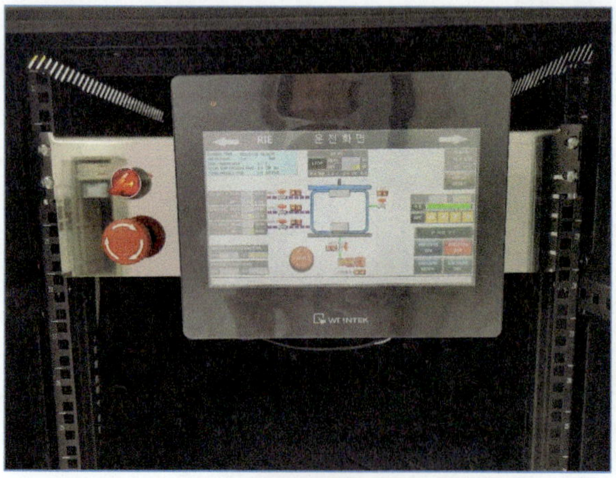

제어 패널

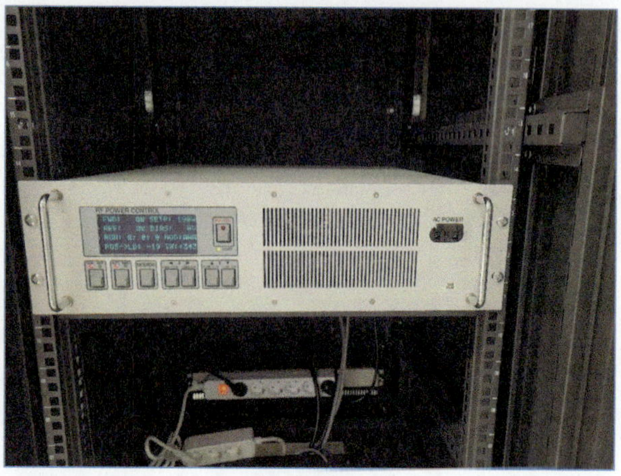

RF Power

194

5-2. 장비

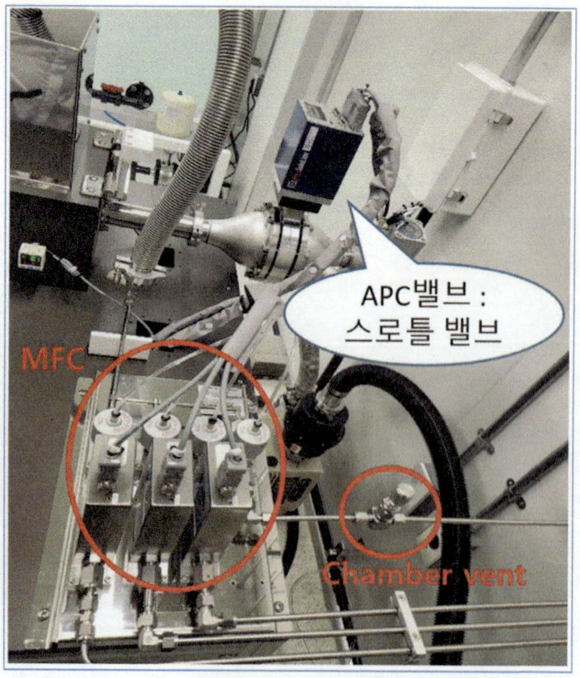

195

5-2. 장비

- **Program Guide**

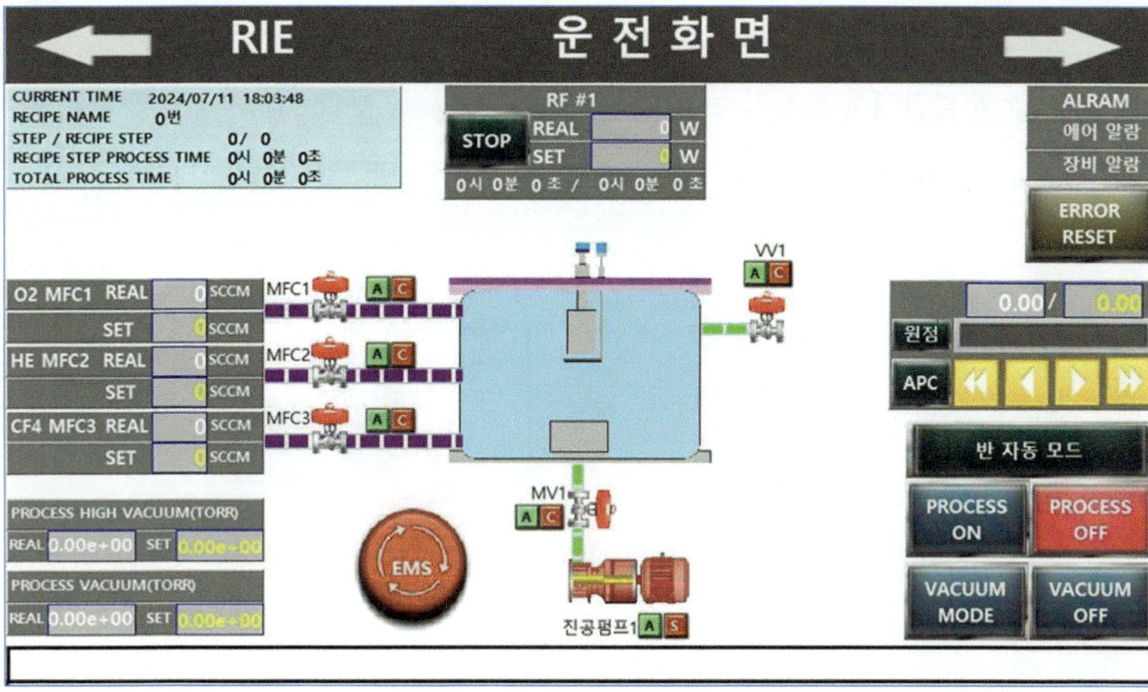

196

5-2. 장비

- **현재 PC 시간 표시**
- **Recipe 파일 이름 표시**
- **스텝 및 recipe 스텝 표시**
- **스텝 공정 중에서 process 시간 표시**
- **총 공정 process 시간 표시**

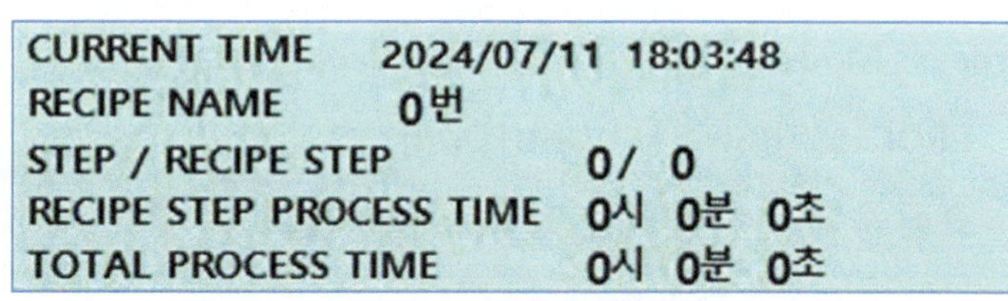

- **RF #1설정 값을 표시**
  (W. Set은 설정한 모드를 표시)
- **STOP : RF Power #1 ON / OFF 버튼**
- **RF Power 공정 시간 설정 및 진행 시간 표시**

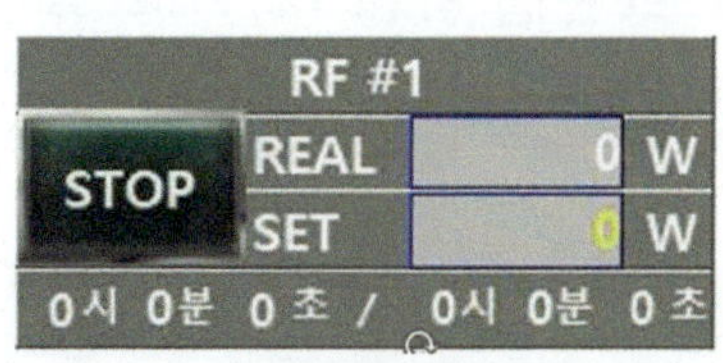

197

5-2. 장비

- O2 50 sccm 범위에서 조정가능
- HE 100 sccm 범위에서 조정가능
- CF4 50 sccm 범위에서 조정가능
- Valve 터치시 팝업 open /close

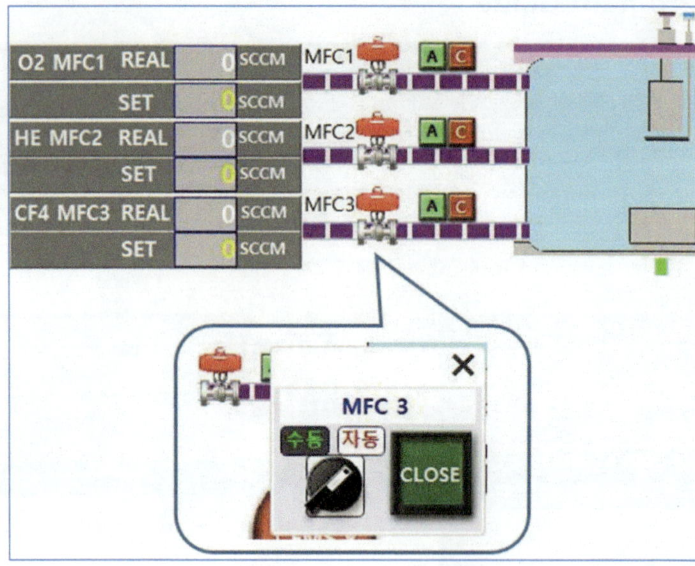

198

5-2. 장비

Process Mode 공정에서 사용되는 Vacuum Set 값 표시

- PROCESS HIGH VACUUM(TORR) :
  고진공에서 사용되는 Vacuum Set 값 표시
  설정 값 도달해야 process 진행
- PROCESS VACUUM(TORR) :
  설정한 Vacuum Set 근접 시 (±5%) Process 진행

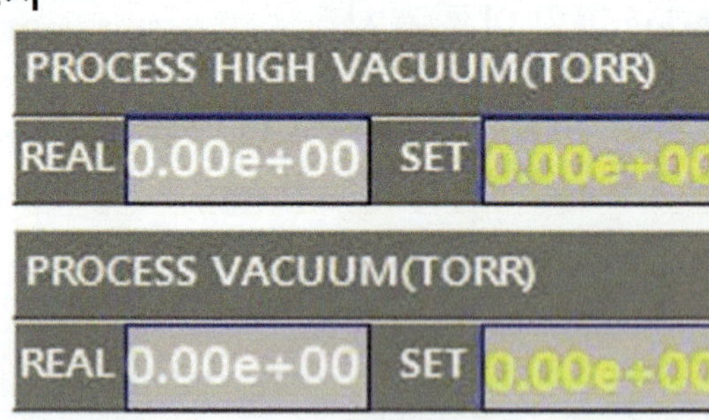

- ALRAM
- 에어 알람 : 에어 공압 알람 시 레귤레이터 확인
- 장비 알람 : 장비의 에러 및 동작 오류 확인 후 리셋
- ERROR RESET : 에러 알람 리셋 후 운행 가능

199

5-2. 장비

- (MV1) Main Valve 설정
- Chamber 와 진공펌프
- 각각 터치 시 팝업
- EMS- 비상정지

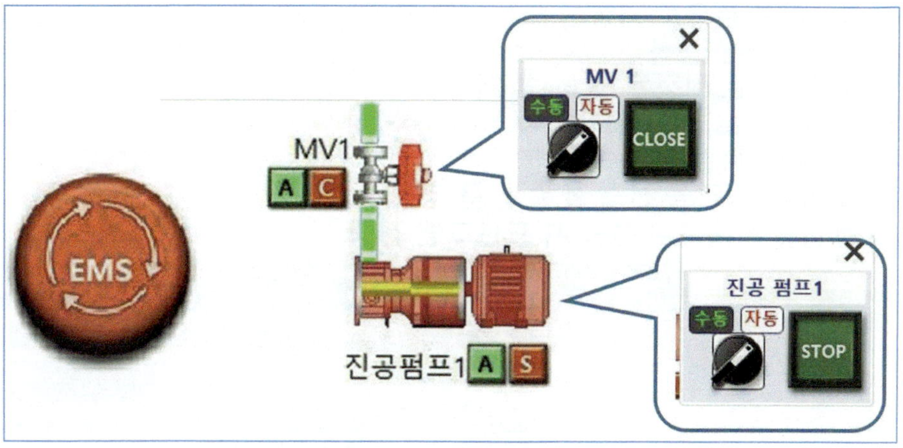

- Throttle Valve 설정 (100값이 open)

5-2. 장비

터치 시 반 자동 / 자동 모드 선택

- Process on / off 공정 진행 버튼

  Recipe 순서대로 공정 진행

  모든 알람이 해제 된 상태여야 가능
- Vacuum Mode 공정 진행 버튼
- Vacuum Off Mode 공정 진행 버튼
- 자동모드 시 Process on / Vacuum mode 버튼 하나로 동작

5-3. 실습

- Programing (총 10개 program각 10스텝으로 구성)

° 선택 program 번호 설정
° 불러오기 버튼으로 저장된 프로그램 로드
° 프로그램 이름 등록
° 저장버튼으로 설정된 recipe를 저장
° 확인 버튼으로 process 공정에 적용 (저장하지 않고 닫을 경우 작성된 값은 저장되지 않음)
° 현재 recipe 파일 이름 표시
° RF #1 W 전류 값을 선택 할 수 있음
° 각 스텝을 사용으로 선택 시 프로그램 진행

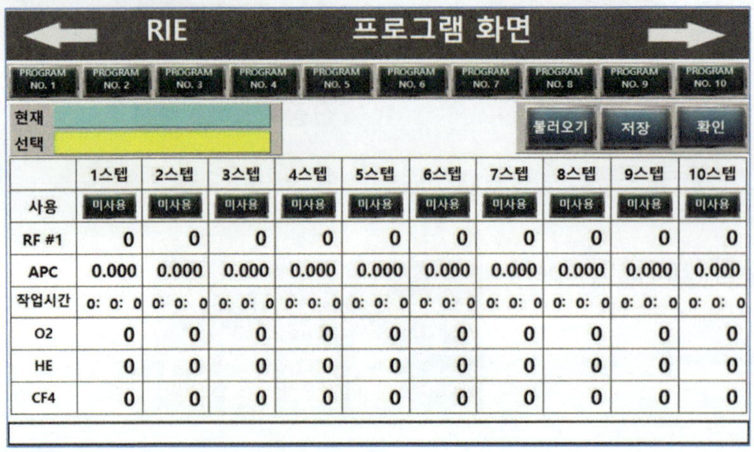

202

5-3. 실습

- 알람 시 팝업창이 열리고 문제의 섹션에 표시
- 문제 해결 후 “ERROR RESET” 누르면 정상작동

203

5-3. 실습

● Recipe

• PR로 보호되지 않은 산화막, 금속, 절연막 등을 제거

======== RIE SiO_2 Etching Recipe ========

Wafer Size : 4 inch
Etch Target : SiO_2
Mask : Photoresist (PR)

RF Power : 200 W
Chamber Pressure : 50~100 mTorr
Gas 1 : CF_4(35 %)
Gas 2 : O_2 (5 %) He

Etch Time : 120 ~ 600sec
Chuck Temp : 20°C (He backside cooling)
Post-clean : N_2 purge

204

5-3. 실습

● Recipe

• 건식 식각 두께의 일반 범위

용도/적용	식각 두께 범위	비고
패터닝된 금속층 식각 (Al, Cu 등)	200 nm ~ 1 μm	금속선 패턴 제거용, 오버식각 없이 레지스트 보호 중요
SiO_2, Si_3N_4 절연막 식각	200 nm ~ 1.5 μm	컨택홀, 트렌치 등 미세 구조 식각에 사용
실리콘 벌크 식각 (MEMS 등)	수 μm ~ 수십 μm	ICP 등 고심도 이방성 식각 방식 사용 (Bosch Process 포함)
레지스트 잔사 제거 (Descum)	수십 nm 이하	O_2 플라즈마 식각, PR 제거 목적
고종횡비 트렌치/비아 식각	1~10 μm (깊이)	이방성 유지가 핵심, 사이드월 프로파일 중요
마이크로/나노 구조 식각	수십 ~ 수백 nm	나노소자 패턴 전용, 원자층 단위 조절 시 ALD나 ALE 병행

205

5-3. 실습

- Si 식각 공정 레시피 (1 μm 두께 기준)

항목	CF_4 레시피	SF_6 레시피
식각 대상	단결정 실리콘 (Si)	단결정 실리콘 (Si)
사용 가스	$CF_4 + O_2$	$SF_6 + O_2$ or 순수 SF_6
가스 유량 (sccm)	CF_4: 25–40	SF_6: 30–50
O_2: 5–10		
O_2: 0–10 (optional)		
챔버 압력	50–100 mTorr	30–100 mTorr
RF 파워	100–250 W (13.56 MHz)	100–200 W
기판 온도	20 ~ 40 °C (쿨링 유지)	20 ~ 40 °C
식각 속도	약 100–300 nm/min (조건에 따라 다름)	약 200–500 nm/min (고속 식각 가능)
식각 시간	약 4–10분 (1 μm 두께 기준)	약 2–5분
이방성 제어	O_2 유량 조절로 폴리머 생성 조절	낮은 압력/높은 전력으로 이방성 향상 가능
SiO_2 대비 2:1 수준		
SiO_2 대비 3~5:1 수준		
후처리	O_2 플라즈마 또는 습식 세정	O_2 플라즈마 또는 습식 세정

206

6. Deposition

1. 이론
2. 장비
3. 실습

6-1. 이론

증착 공정은 반도체 및 전자 소자 제조에서 기판 위에 박막을 형성하는 핵심 공정임
(박막은 전도층, 절연층, 확산방지막, 보호층 등 다양한 기능을 수행함)

증착 방식은 크게 물리적 기상 증착(PVD), 화학적 기상 증착(CVD), 원자층 증착(ALD), 전해 증착 (Electroplating) 등으로 나뉨

PVD는 타겟 재료를 이온화해 기판에 증착하며, 박막 형상이 비교적 단순함
CVD는 기체 전구체의 화학반응을 통해 균일한 막을 형성하며, 복잡한 구조에도 잘 적용됨
ALD는 원자층 단위로 제어가 가능해 나노 소자에 적합함
전해 증착은 구리와 같은 금속을 두껍게 형성할 때 주로 사용됨
각 증착 기술은 막의 두께/조성/균일도에 따라 선택되며 소자의 성능과 수율에 영향을 미침

TIMARIS cluster sputtering system :
산업용 대형 sputtering 플랫폼으로, 고정밀 및 균일한 박막 형성이 가능하며 MRAM, 센서 기술 등에 사용

자료출처-singulus.com

6-1. 이론

● 물리적 기상 증착 (PVD : Physical Vapor Deposition)

진공 챔버 내 고진공 상태에서 타겟 물질이 이온 충돌로 기화 및 고체물질을 증발시켜 기판에 응고시켜 얇은 피막을 형성시키는 기술

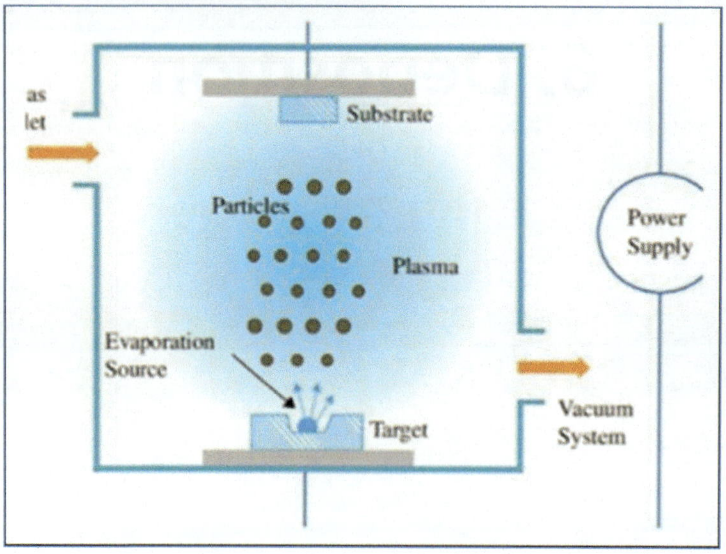

자료출처-ReseachGate

6-1. 이론

- 원리 : 고체 타겟 물질을 진공 상태에서 기화 시켜 박막을 형성
- 대표 방식:
- Thermal Evaporation (열 증발 증착)
- Electron Beam Evaporation (전자빔 증착)
- DC/RF Sputtering (스퍼터링 증착)
- 특징: 장비 간단, 건식 공정, 고순도 막 가능

방식	재료 증발 방식	에너지 공급
Thermal Evaporation	열로 재료를 녹여 기화	저항 가열
E-beam Evaporation	전자빔으로 재료를 국소 가열	고에너지 전자빔
DC/RF Sputtering	고에너지 이온이 재료 표면을 때려 분자 튀김	아르곤 이온 충돌

6-1. 이론

- **Thermal Evaporation**
- 원리 : 저항 히터(보트, 코일 등)로 증착 재료를 가열 → 기화 → 기판 위에 박막 형성
- 진공도 : 약 10^{-6} ~ 10^{-7} Torr
- 적합한 재료 : Al, Au, Ag 등 저융점 금속
- 장점 : 장비가 단순하고 운용이 쉬움, 비용이 저렴함
- 단점 : 고융점 재료(W, Ti, etc.) 증착 불가, 두께 균일성 낮고 방향성 강함 (섀도잉 효과)

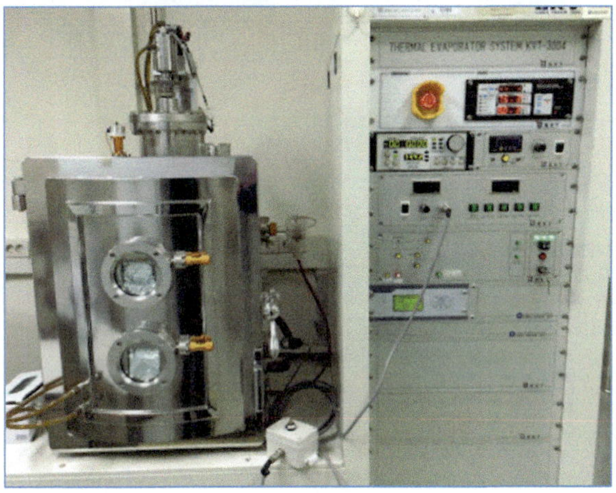

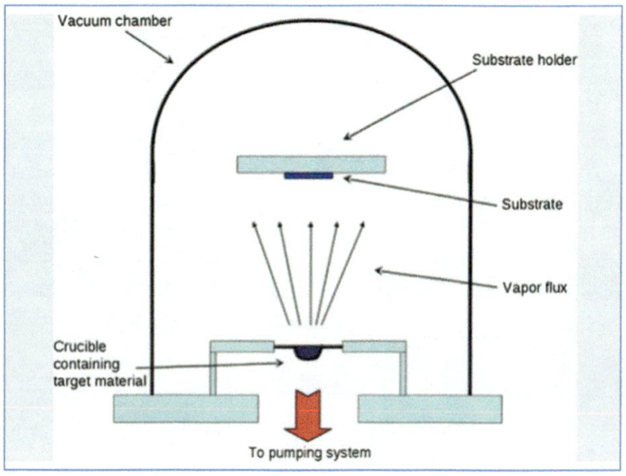

자료출처-Ndpi Hanyang, Science Direct

6-1. 이론

- **Electron Beam Evaporation**
- 원리 : 고에너지 전자빔을 재료 표면에 조사 → 부분적으로 가열해 기화
- 진공도 : 약 10^{-6} ~ 10^{-8} Torr (초고진공)
- 적합한 재료 : 고융점 금속 (Ti, W, Mo 등), 산화물, 세라믹
- 장점 : 거의 모든 재료 증착 가능, 고순도 박막 형성, 정밀 제어 가능
- 단점 : 장비 복잡, 유지비용 높음, 절연체 위에 증착 시 전자 축적 문제 발생 가능

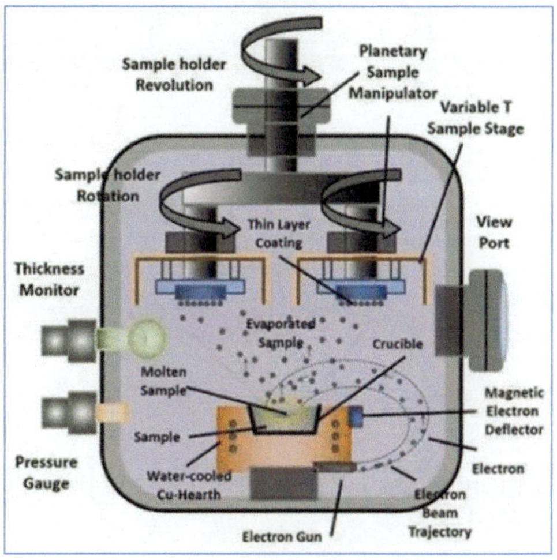

자료출처-SPS, AdNaNotek

6-1. 이론

- **DC/RF Sputtering**

- 원리 : Ar gas를 ion화 → 타겟 재료에 고속 충돌 → 원자 튀어나와 기판에 증착
- 진공도 : 약 10^{-3} ~ 10^{-6} Torr
- 종류 : DC sputtering, RF sputtering, magnetron sputtering 등
- 장점 : 박막 균일도 우수, 합금/복합재료 증착 가능, 기판과 타겟 거리나 위치 영향 적음
- 단점 : 증착 속도가 느림, 장비 가격이 높음, 타겟 소모

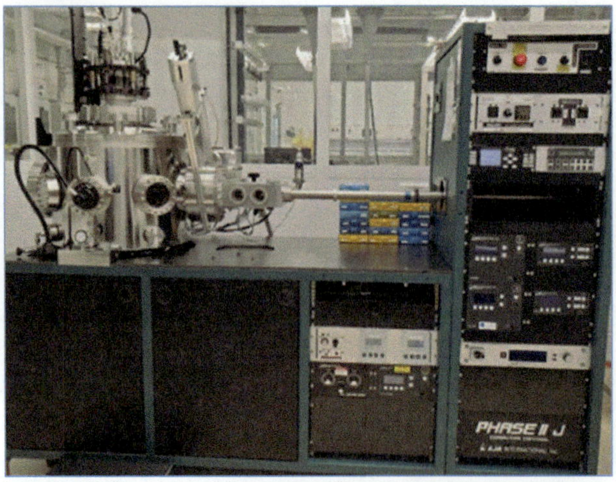

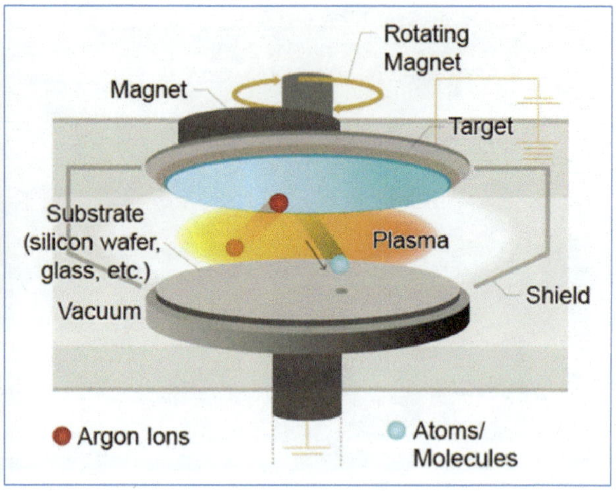

자료출처-VINSE, jx-nmm

6-1. 이론

- **화학적 기상 증착 (CVD : Chemical Vapor Deposition)**

기판상에 원료 gas를 흘리고 외부 에너지를 부여함으로써 원료 gas를 분해하여 기상반응으로 박막을 형성하는 기술

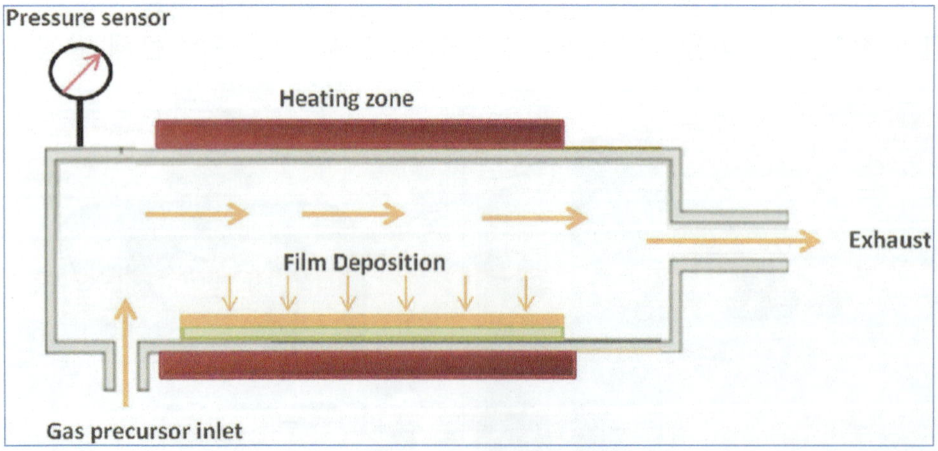

CVD 시스템 구성도 : 기체 전구체가 기판 위에서 화학 반응을 통해 고체 박막을 형성하는 일반적 메커니즘

자료출처-ReseachGate

6-1. 이론

- 원리 : 기체 전구체(precursor)를 반응시켜 기판 표면에 고체 박막 형성
- 유형 :

- LPCVD (Low Pressure CVD)
- PECVD (Plasma-Enhanced CVD)

- 특징 : 균일성 우수, 고종횡비 구조 커버 가능, 고속 증착 가능

항목	LPCVD	PECVD
온도	고온 (600~800℃)	저온 (250~400℃)
압력	저압 (0.1~1 Torr)	중간 압력 (0.1~5 Torr)
에너지원	열분해	플라즈마 활성화
막 품질	고밀도, 내구성 우수	저온 증착, 재료 다양
적용 공정	산화막, 질화막, Poly-Si	유기재료, 저온용 박막, OLED 등
응용	CMOS, DRAM, NAND 공정	MEMS, 패키징, 디스플레이 공정 등

215

6-1. 이론

- LPCVD
- 특징 : 고온(600~800℃)에서 반응 gas를 열로 분해, 낮은 압력에서 증착 → 막 두께 균일성 매우 우수, batch type 장비 사용 (수십~수백 장 동시 처리)
- 주요 증착 물질 : 폴리 실리콘 (Poly-Si), 실리콘 질화막 (Si_3N_4), 산화막 (SiO_2), TEOS 산화막
- 장점 : 고밀도, 고품질 박막, 고균일성, 뛰어난 반복성, 대량 생산에 적합
- 단점 : 온도가 높아 열에 민감한 공정/소자에는 부적합, 증착 속도 느림

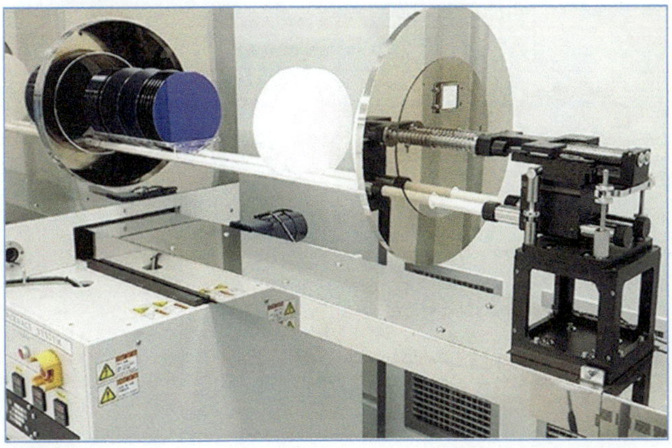

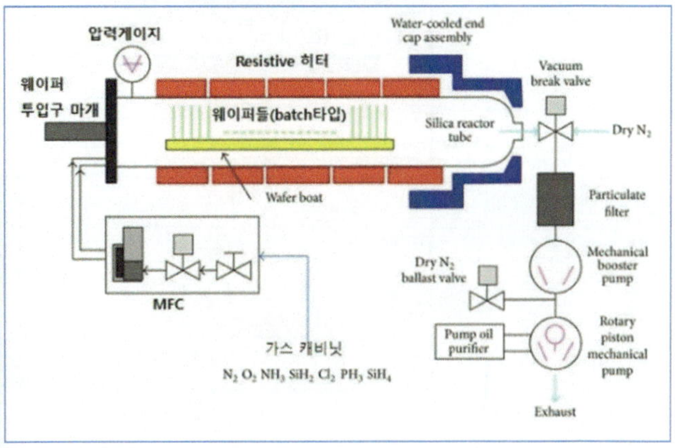

자료출처-ultech

216

6-1. 이론

- **PECVD**

- **특징 : RF plasma를 이용해 반응 기체를 저온 분해, wafer 온도를 250~400℃ 이하로 낮출 수 있음, plasma로 인해 수직 방향 성장 경향이 있음**
- **주요 증착 물질 : 질화막 (SiNx), 산화막 (SiOx) , 탄화규소 (SiC), (a-Si:H)**
- **장점 : 저온 공정 → 금속, 유리, 유기물 등 열 민감한 기판에 적합, 높은 증착 속도**
- **단점 : 막 밀도 낮고, 수분 흡수 등 문제 가능, plasma로 인해 기판 손상 우려, 재현성, 균일성은 조건에 민감**

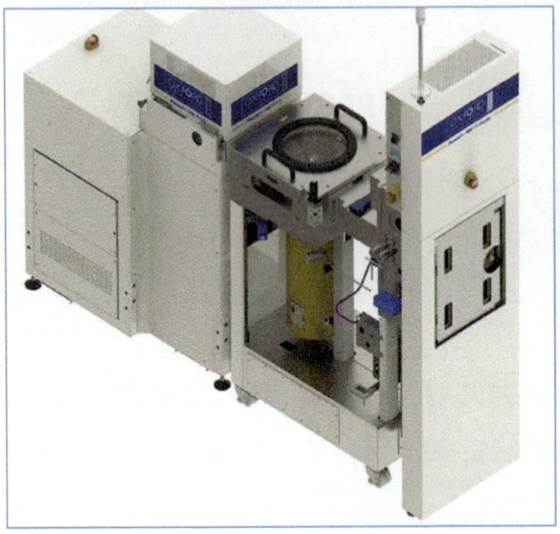

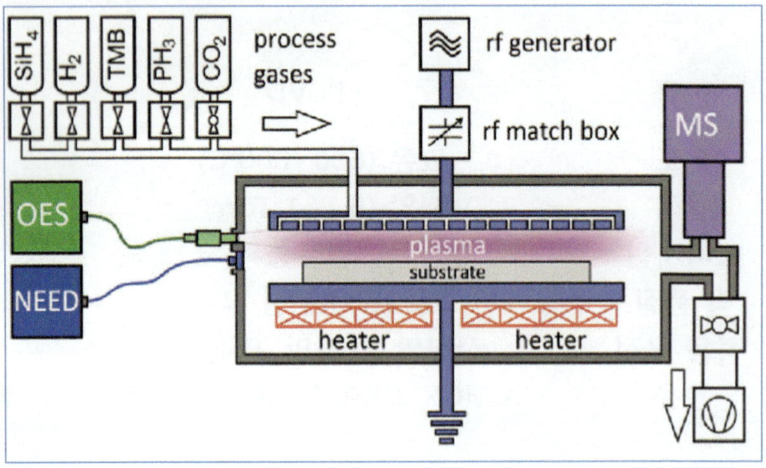

자료출처-Oxford Instruments, Semicorex Addvanced Material Technology

217

6-1. 이론

- **PVD vs. CVD**

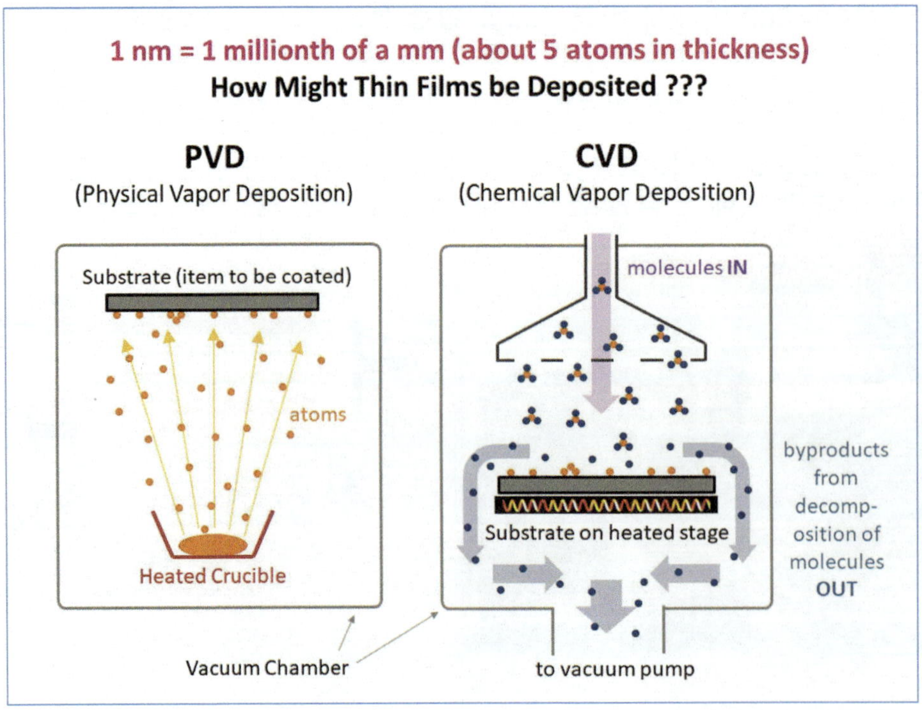

자료출처-emsliegroup.mcmaster.ca

218

6-1. 이론

- 원자층 증착 (ALD : Atomic Layer Deposition)

전구체(Precursor) 기체를 순차적이고 반복적으로 공급하고, self-limiting 반응으로 한 번에 한 원자층씩 증착하는 방식의 CVD 계열 증착 기술

- **특징 : 두께 정밀 제어, 균일한 피복성, 나노소자에 적합**
- **한계 : 느린 증착 속도, 고가 장비**

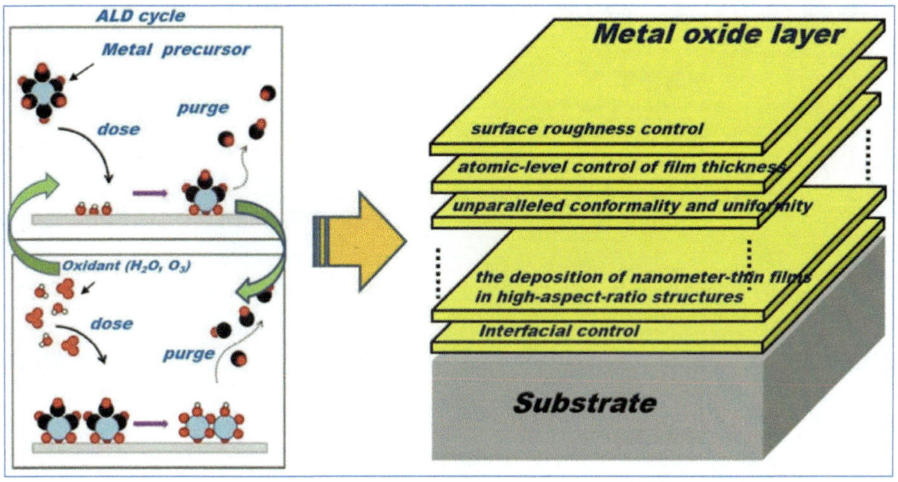

자료출처-ReseachGate

6-1. 이론

- 전해 증착 (Electroplating)

전기화학 반응을 이용해 금속 이온을 기판 표면에 고체 금속으로 환원·증착 시키는 공정
쉽게 말해, 전류를 이용해 금속을 기판에 "입히는" 방식

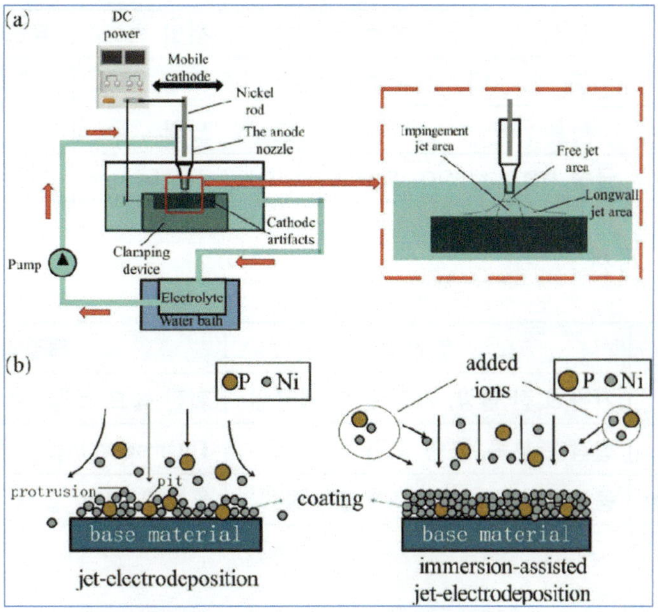

자료출처-ReseachGate

6-1. 이론

- 원리 : 금속 이온을 전기화학 반응을 통해 기판 위에 환원시켜 금속 박막 형성
- 적용 : 구리 배선, TSV, MEMS
- 특징 : 두꺼운 막 (수~수십 μm), 저비용, 대면적 가능
- 요구사항 : Seed layer 필요(전기가 통하지 않는 기판은 증착 불가 → 반드시 금속 시드층 필요), 균일한 전류 분포
- 장점 : 저비용 고속 공정, 두꺼운 금속층 가능(μm 단위 이상 증착 가능), 높은 전도도, 기계적 강도, 3D 구조 충진 가능(TSV, 트렌치 구조 등에도 적용 가능)
- 단점 : 균일도 제어 어려움, 욕조/용액 관리 필요, 폐액 처리

항목	전해증착	CVD	PVD (스퍼터링 등)
막 종류	금속 위주	금속/절연체 다양	금속 위주
막 두께	수 μm 이상 가능	수십~수백 nm	nm~μm
설비 비용	낮음	높음	중간
3D 구조 대응	우수	보통	제한적
정밀도	낮음~중간	매우 우수	우수

221

6-1. 이론

- 증착 공정 비교

항목	PVD	CVD	ALD	Electroplating
온도	중 (~200–400°C)	중~고	낮~중	낮 (RT~)
두께 제어	우수	우수	정밀	두꺼운 박막 가능
균일도	중	우수	우수	중
속도	빠름	빠름	느림	빠름
적용 예	금속, ITO	SiO_2, Si_3N_4 등	Gate oxide, barrier	Cu interconnect 등

- 증착 공정 문제 및 개선

문제	원인	해결방안
두께 불균일	기판 회전 불량, 가스 분포 불균일	회전 속도 조절, 샤워헤드 개선 등
박막 박리	접착층 부족, 표면 오염	Ti/Cr seed layer, 클리닝
핀홀, 입자 발생	공정 내 파티클, 전구체 불순물	클린룸 관리, 필터 유지보수

222

6-2. 장비

- **Sputter**

- **Sputter & controller**

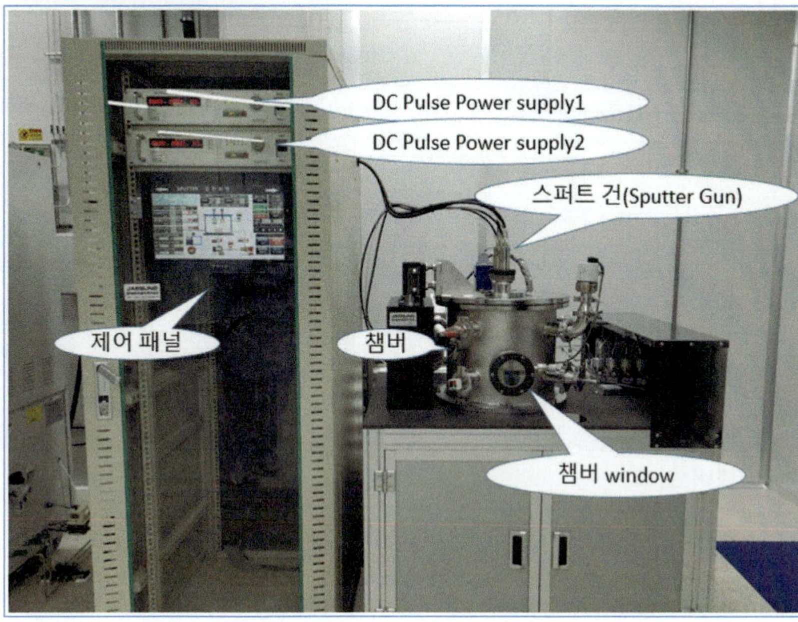

223

6-2. 장비

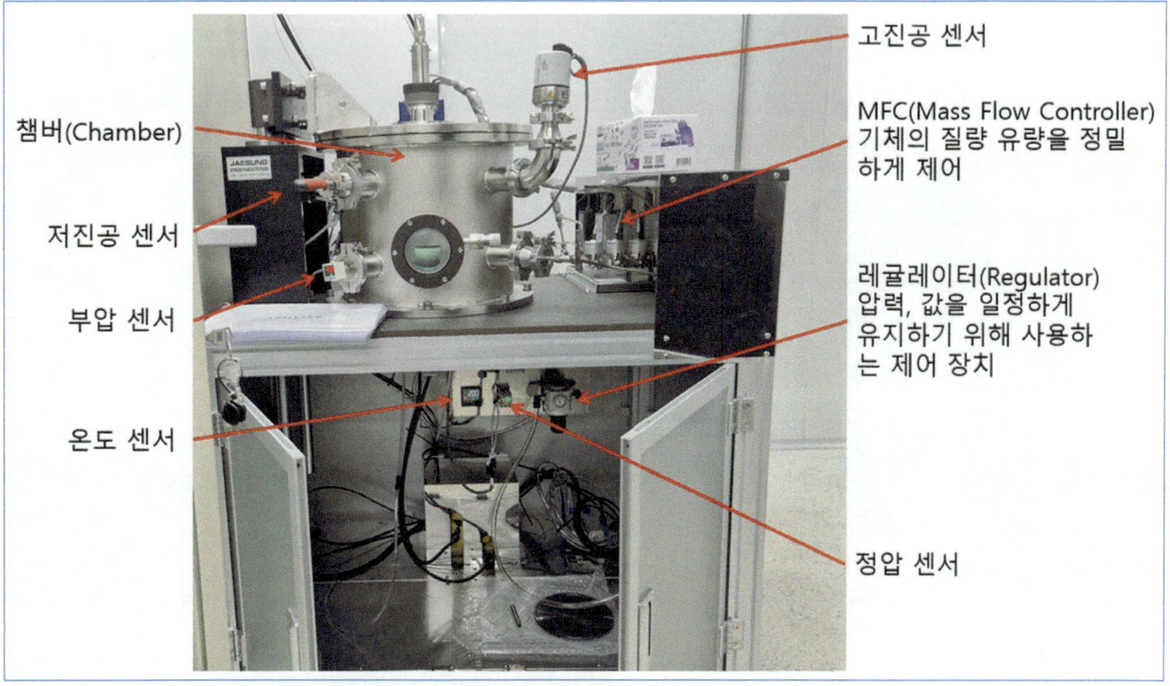

224

6-2. 장비

챔버 외부

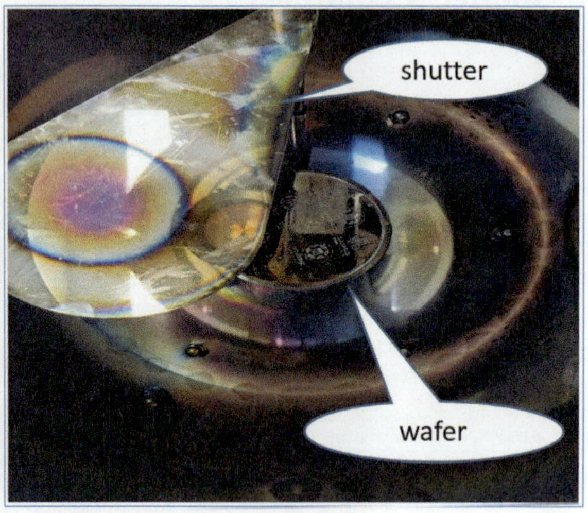

챔버 내부

225

6-2. 장비

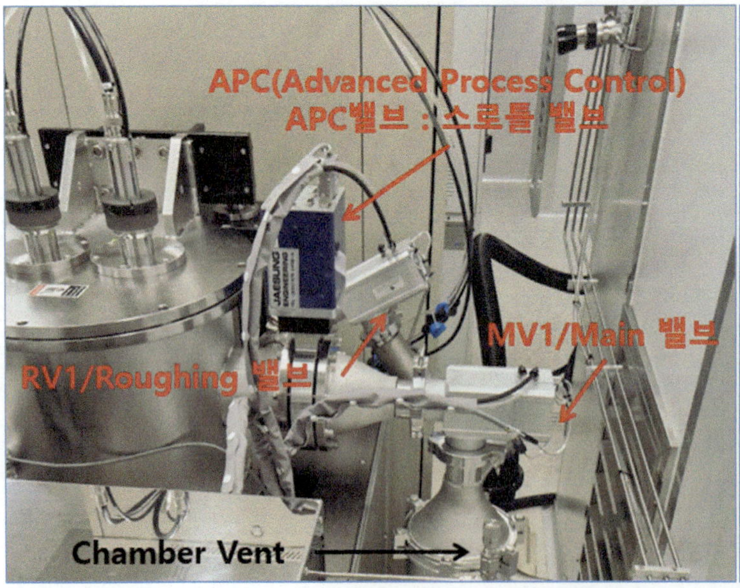

226

6-2. 장비

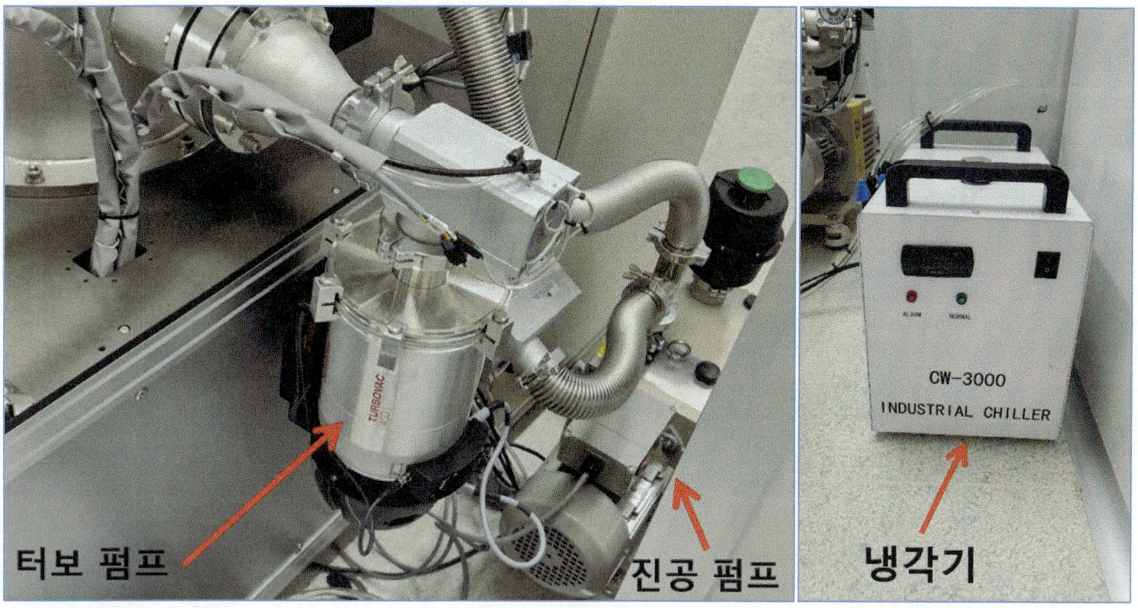

6-2. 장비

- **Pump**
  - **Sub pump = Rotary pump : 저진공 pump**
  - **Main pump = Turbo pump : 고진공 pump**

- **Valve**
  - **Roughing valve : Rotary pump 가동 시 저압력 라인을 열어주는 valve**
  - **Main valve : Turbo pump 가동 시 고압력 라인을 열어주는 valve**
  - **Foreline valve : Turbo pump는 배기 시스템이 없는 구조라 Rotary pump를 구동해서 배기해야 함 (즉, Turbo pump 구동 시 무조건 Rotary pump를 구동 시켜야 함)**
  - **APC valve = Throttle valve : 각 gas의 흐름을 정밀하게 압력을 조절하는 valve**

6-2. 장비

- Program Guide

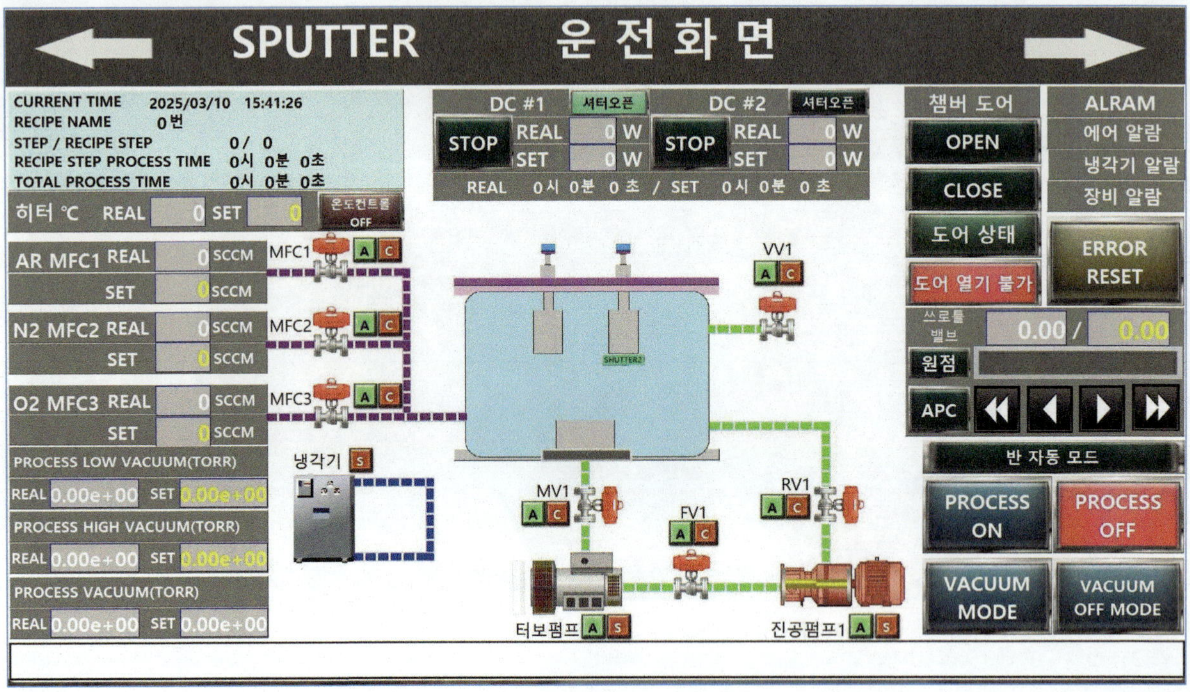

229

6-2. 장비

- 현재 PC 시간 표시
- Recipe 파일 이름 표시
- 스텝 및 recipe 스텝 표시
- 스텝 공정 중에서 process 시간 표시
- 총 공정 process 시간 표시

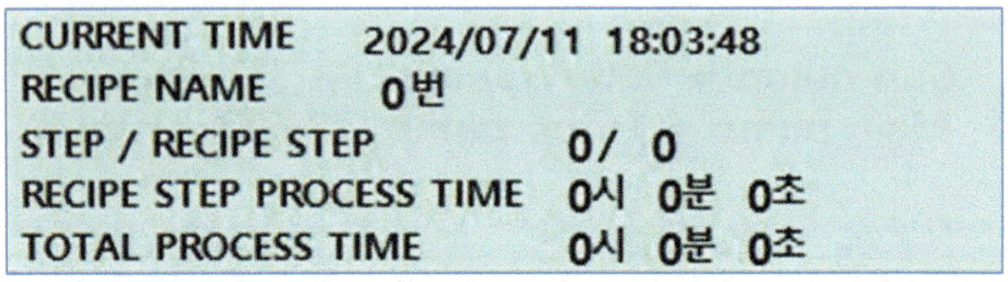

- DC #1 / #2 설정 값을 표시
  (W. Set은 설정한 모드를 표시
  #1 셔터 오픈 시 #2 셔터 닫힘)
- STOP / ON : DC Power #1 /#2 On/Off 버튼
- DC Power 공정 시간 설정 및 진행 시간 표시

230

6-2. 장비

- AR 50 sccm 범위에서 조정가능
- N2 50 sccm 범위에서 조정가능
- O2 50 sccm 범위에서 조정가능
- Valve 터치 시 팝업 open /close

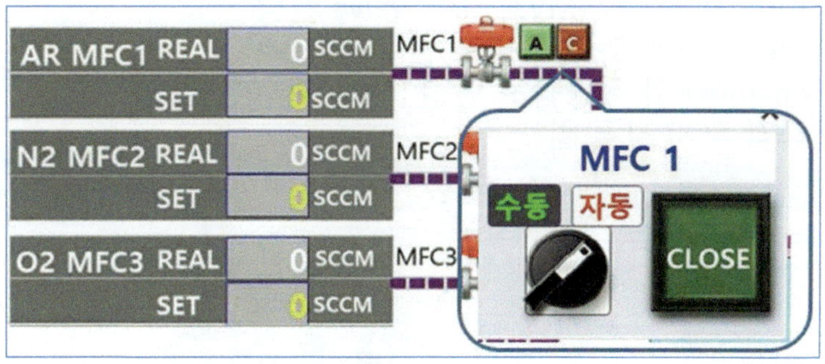

- 칠러 (냉각기) 터치 시 팝업 start & stop

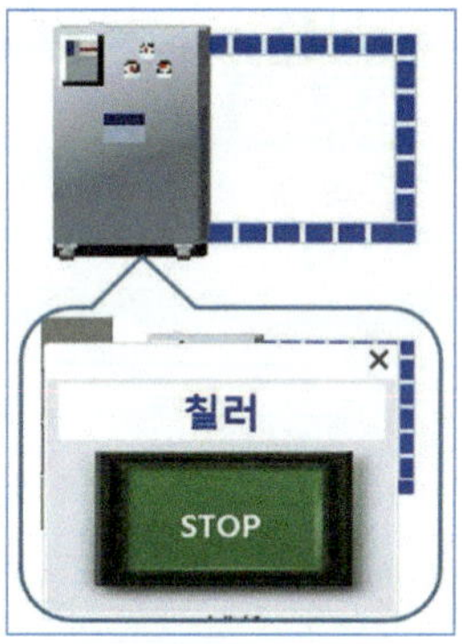

231

6-2. 장비

Process Mode 공정에서 사용되는 Vacuum Set 값 표시

- PROCESS LOW VACUUM (TORR) :
  저진공에서 사용되는 baratron vacuum set 값 표시 설정값 도달시 turbo pump 가동
- PROCESS HIGH VACUUM (TORR) :
  고진공에서 사용되는 baratron vacuum set 값 표시 설정값 도달해야 process 진행
- PROCESS VACUUM (TORR) :
  설정한 baratron vacuum set 근접시 (±5%) process 진행

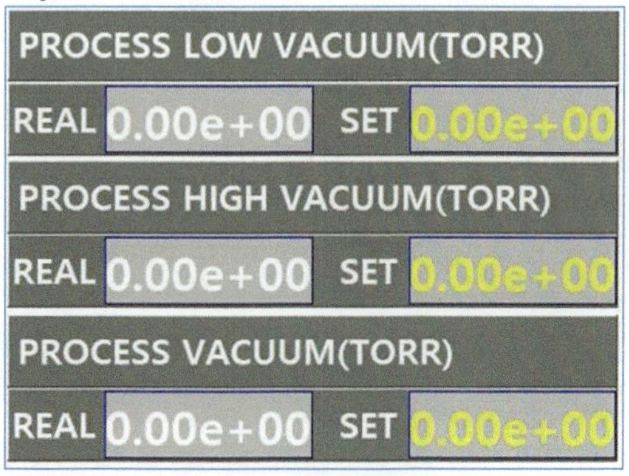

- Chamber 도어 상태 open/close
- 에어 공압 알람 시 레귤레이터 확인
- 냉각수 알람 시 용량 부족 및 상태확인체크
- 장비의 에러 및 동작 오류 확인 후 리셋
- 도어 열기 가능 시 open

232

6-2. 장비

- Turbo Pump 및 (MV1) Main Valve 설정
- Turbo Pump 와 진공펌프 연결 (FV1)Valve 설정
- Chamber 와 진공펌프 연결 (RV1) Valve 설정
- 각각 터치 시 팝업

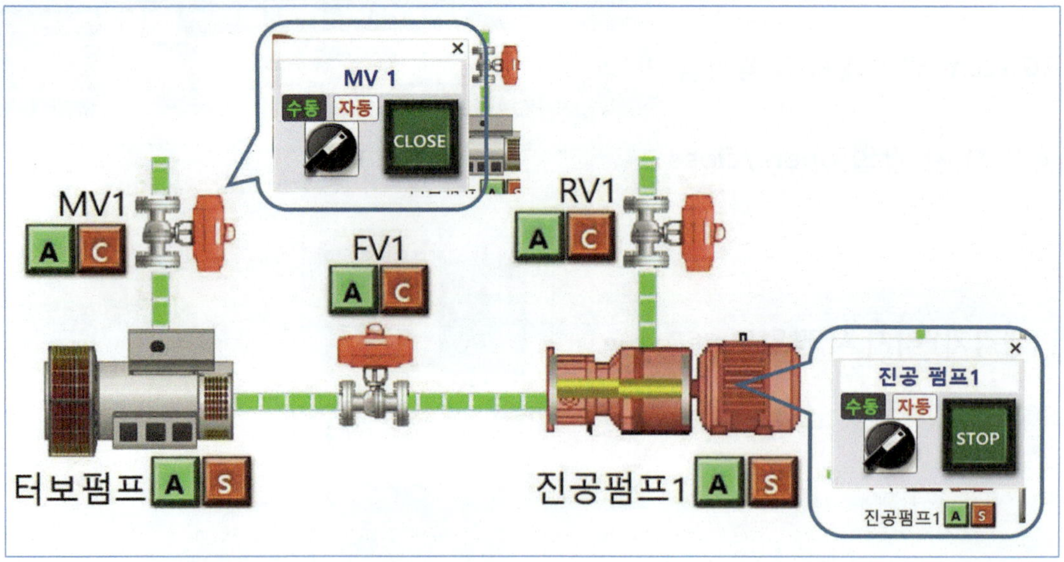

233

6-2. 장비

터치 시 반 자동 / 자동 모드 선택

- Process on / off 공정 진행 버튼
  Recipe 순서대로 공정 진행
  모든 알람이 해제 된 상태여야 가능, "Chamber Close" 상태여야 진행 가능
- Vacuum mode 공정 진행 버튼
- Vacuum Off mode 공정 진행 버튼
- 자동모드 시 process on / vacuum mode 버튼 하나로 동작

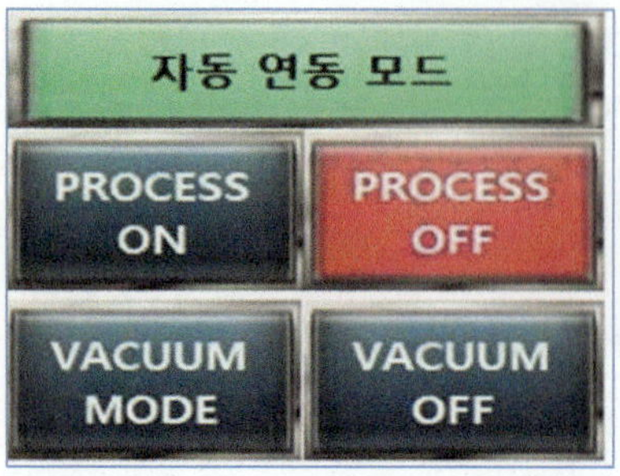

234

6-2. 장비

- 현재 position 값 : 현재 위치 값 표시
  Throttle fast button : 10 이동
  Throttle normal button : 1 이동
- Process On :
  Vacuum baratron set 값에 맞춰서
  자동으로 Throttle을 제어

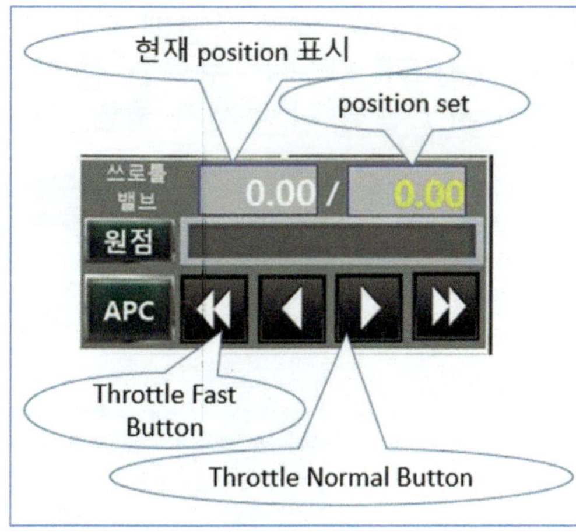

235

6-3. 실습

- Programing (총 10개 program각 10스텝으로 구성)

° 선택 program 번호 설정
° 불러오기 버튼으로 저장된 프로그램 로드
° 프로그램 이름 등록
° 저장버튼으로 설정된 recipe를 저장
° 확인 버튼으로 process 공정에 적용 (저장하지 않고 닫을 경우 작성된 값은 저장되지 않음)
° 현재 recipe 파일 이름 표시
° RF #1 W 전류 값을 선택 할 수 있음
° 각 스텝을 사용으로 선택 시 프로그램 진행

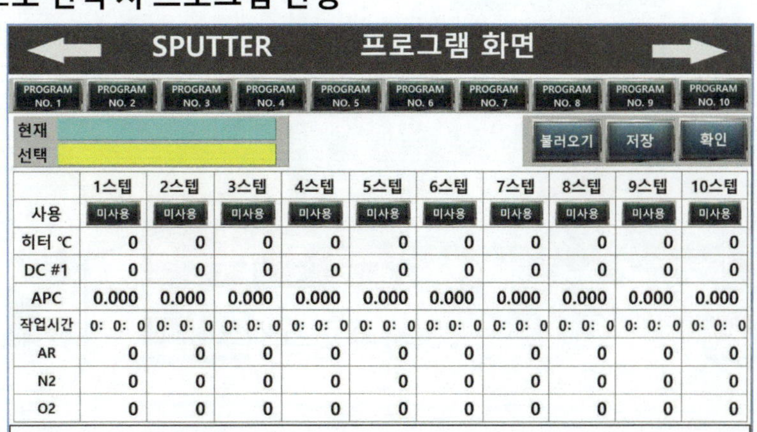

236

6-3. 실습

알람 시 팝업창이 열리고 문제의 섹션에 표시
- 문제 해결 후 "ERROR RESET" 누르면 정상작동
- Chiller는 시작 시 / 알람 시 부저가 울림

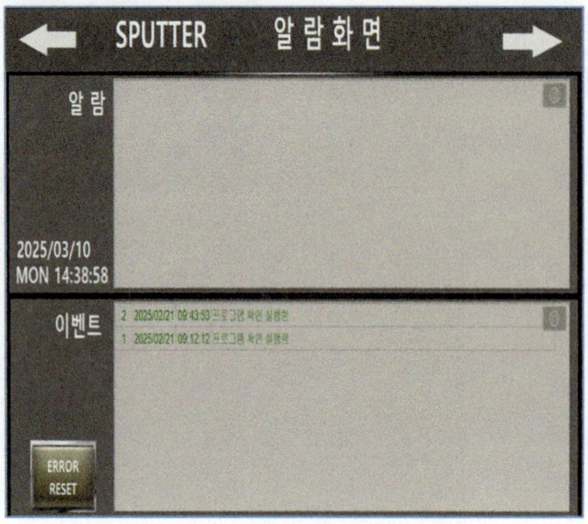

237

6-3. 실습

터보펌프 가동중 비상상황으로 중지될경우 FV밸브open으로 진공펌프1은 start
되어야한다.나머지 밸브는 닫혀 있어야한다.(수동으로 동작)

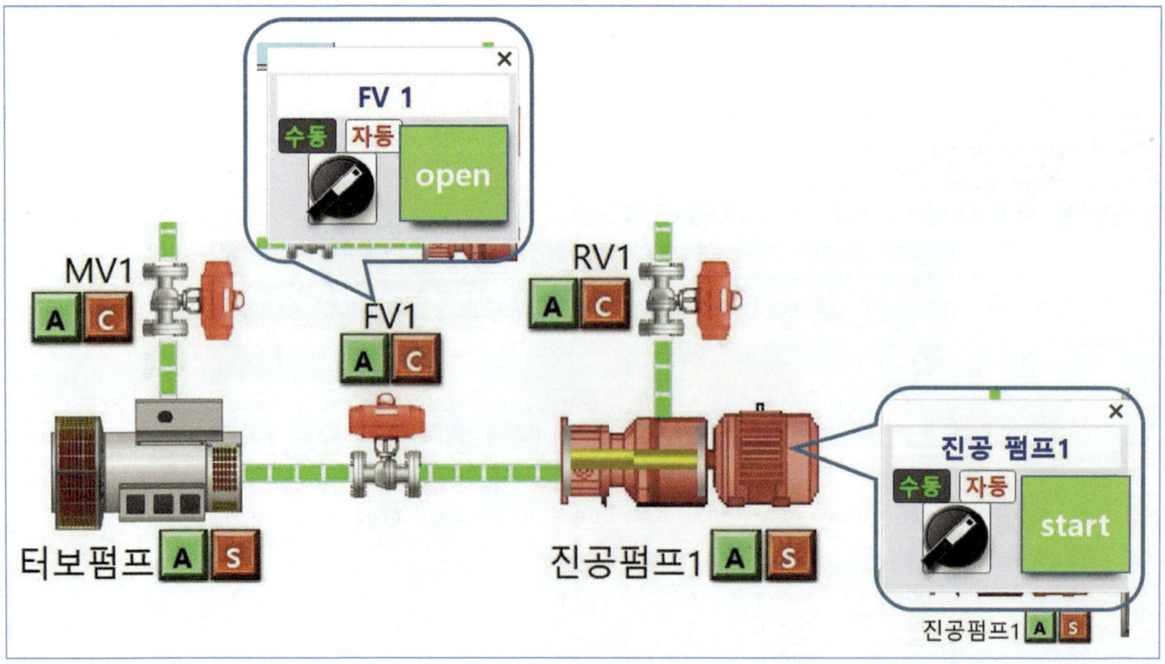

238

6-3. 실습

- **Recipe**

- Cu 스퍼터링

DC Sputter
Target : Cu (99.99%)
기판 : Si, SIO2, Glass
기판 온도 : 상온 ~ 200도 (보통 상온에서)
Power : 100 ~ 200W
Ar : 20 ~ 50%
Pressure : 5 ~ 10mTorr (0.005 ~ 0.010 torr)
Substrate temp : room temp ~ 150°C
Time : 약 1 ~ 20분 (두께 100nm ~ 수u)

239

6-3. 실습

- **Recipe**

- 일반적인 증착 두께 범위

용도	공정 방식	일반적인 두께
배선용 금속층 (Cu, Al 등)	PVD (스퍼터링, 증발)	200 nm ~ 1 μm
Seed layer for ECD	PVD	30 ~ 200 nm
Barrier layer (Ta, TiN 등)	PVD / ALD	5 ~ 50 nm
광마스크용 Cr 증착	Sputtering	50 ~ 150 nm
투명 전극 (ITO 등)	Sputtering / E-beam	50 ~ 200 nm
절연막 (SiO_2, Si_3N_4 등)	CVD / PECVD	200 nm ~ 수 μm
패시베이션 (보호막)	PECVD	500 nm ~ 1.5 μm
전기도금 구리 층(interconnect)	Seed + ECD	5 ~ 50 μm
MEMS 구조층 (Ni, Al 등)	전기도금 / PVD	수 μm ~ 수백 μm
광학 coating (AR, 반사막 등)	증발 / Sputtering / ALD	수십 ~ 수백 nm

240

6-3. 실습

- **Cu 증착 공정 레시피 (1 µm 두께 기준**

항목	설정값 또는 조건
증착 방식	DC Magnetron Sputtering (구리 타겟 사용)
Target 재질	고순도 Cu 타겟 (≥99.99%)
기판	Si, Glass, 또는 금속 (필요 시 Ti/TiN 등 adhesion layer 선증착)
기판 세정	O_2 plasma cleaning 또는 습식 세정 후 로드
Base Pressure	< 5 × 10^{-6} Torr (고진공, background gas 제거 목적)
작동 압력	3–5 mTorr (Ar gas 주입 후 안정화 압력)
Process gas	Ar: 30–50 sccm (주 이온화 gas) N_2: 0–5 sccm (응력 조절 목적, optional) O_2: 사용 안 함 (산화 우려 있음, cleaning용에만 사용)
Power	DC 1–2 kW (target 면적과 속도에 따라 조정)
기판 온도	RT (상온) ~ 150 °C (균일성 개선 시)
증착 속도기판 바이어스	약 50~150 nm/min (설비 및 parameter에 따라 상이)
총 증착 시간	약 8–20분 (1 µm 목표 두께 기준)
후처리	N_2 퍼지, 진공 냉각 또는 후열처리 (응력 완화, 결정성 개선 시 optional)

241

7. Doping

1. 이론
2. 장비
3. 실습

242

7-1. 이론

도핑(Doping) 공정이란 반도체 기판에 불순물 원자를 의도적으로 첨가하여 전기적 성질을 조절하는 공정

Doping은 전류의 흐름을 제어하기 위해, 즉 순수 silicon은 전도성이 낮기때문에 도전성을 조절하기 위해 사용

- **도핑 공정 방법**

- **확산(diffusion) : 고온에서 기체 형태의 불순물을 silicon wafer에 접촉시켜 천천히 확산하도록 함. 상대적으로 오래되었고 간단한 방식.**
- **이온 주입(ion implantation) : 이온화된 불순물을 반도체 기판에 고속으로 충돌시켜 박막에 주입. 정밀 제어가 가능.**

도판드(dopant)는 전기적 성질을 조절하기 위해 반도체에 주입하는 불순물 원소
도너(donor) : 자유전자(free electron)를 내놓아서 N-type 반도체를 형성
[4족 원소 Si에 5족 원소(N, P, As, Sb)을 주입]
억셉터(acceptor) : 정공(hole)을 내놓아서 P-type 반도체를 형성
[4족 원소 Si에 3족 원소(B, Al, Ga, In)을 주입]

243

7-1. 이론

N-Type Silicon

N은 negative(음의 전하)를 의미하며, 전자(electron)가 주된 전하 운반자(majority carrier)인 반도체

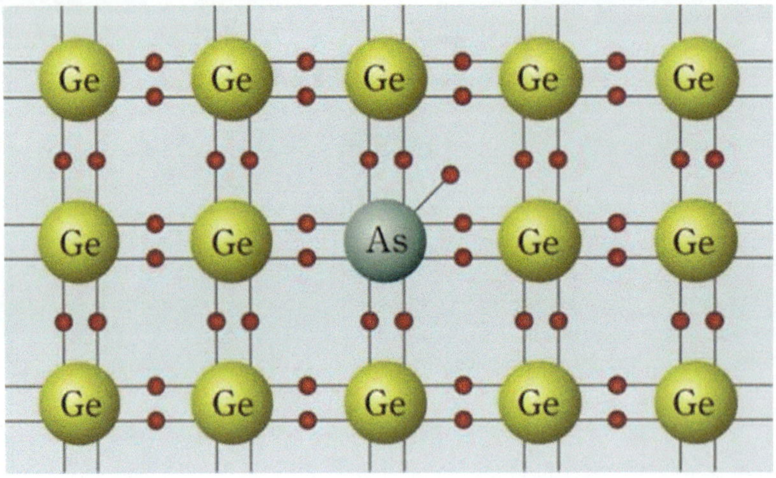

순수 반도체(Si)에 5족 불순물인 As(Arsenic_비소)를 doping

244

7-1. 이론

P-Type Silicon

P는 positive(양의 전하)를 의미하며, 정공(hole)이 주된 전하 운반자(majority carrier)인 반도체

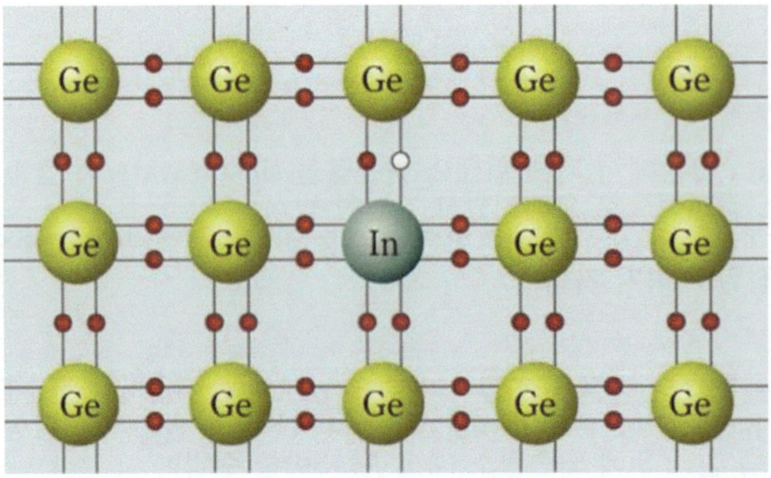

순수 반도체(Si)에 3족 불순물인 In(Indium_인듐)을 doping

245

7-1. 이론

1) 확산(Diffusion)

입자의 농도가 큰 곳에서 작은 곳으로 퍼져 나가는 현상 > 확산 현상

액체의 확산 (뜨거운 물) (미지근한 물) (차가운 물)

기체의 확산

고체(드라이아이스)의 확산

246

7-1. 이론

확산 공정이란 고온에서 반도체 기판에 dopant를 열에너지를 이용해 확산시켜 기판 내부에 doping하는 공정

- 확산 공정의 목적

- 전기적 특성 조절 : silicon은 원래 반도체 성질을 갖지만, dopant를 주입해 전기적 특성을 변화시켜 P형 또는 N형 반도체를 만듦
- PN 접합의 형성 : 확산 공정을 통해 PN 접합을 만들 수 있으며, 이는 diode, transistor 등 반도체 소자의 핵심 구조임

- 확산 공정의 원리

- Dopant 주입 : 기판 표면에 dopant(N, P, B, Al 등)를 도입함
- 고온 열처리 : 약 800~1,200℃의 고온에서 dopant가 silicon 결정 내부로 자연 확산됨
- 확산 깊이 및 농도 제어 : 온도, 시간, dopant의 종류에 따라 확산되는 깊이와 농도가 달라짐
  > 물에서 보다는 공기 중에서, 공기 보다는 진공에서 확산 속도가 빠름
  > 분자의 무게가 가벼울수록, 그리고 온도가 높을 수록 확산 속도가 빠름

247

7-1. 이론

대표적인 확산 공정 – 산화(Oxidation) 공정

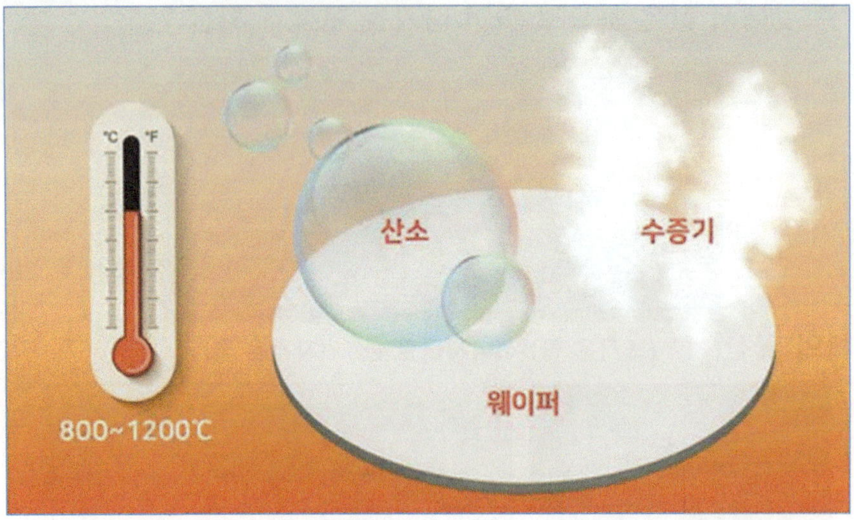

산소(O_2)나 수증기(H_2O)를 확산시켜 SiO_2(산화막)을 형성하는 공정

자료출처-삼성반도체이야기

248

7-1. 이론

열처리(Annealing)란 고온의 열을 가해 반도체 재료의 물리적·화학적 특성을 변화시키는 공정

- **목적 : 도핀 확산, 결함 복원, 산화막 형성, 접합 안정화 등**
- **방식 : 로(furnace) 열처리, RTA(Rapid Thermal Annealing), 레이저 annealing 등**
- **시기 : 도핑 후, 산화막 형성 시, 금속 접합 후 등**

예)

- **장비 : heater 사용**
- **타입 : batch type (125~150매)**
- **냉각 : 열 처리 후 자연 냉각 방식**
- **온도 : 10℃/min (1,000~1,200℃)**
- **방법 : wafer 전면에 고온으로 열처리**

249

7-1. 이론

2) 이온 주입(Ion-Implantation)

전기적으로 충전된 dopant ion을 가속시켜, 반도체 기판에 충돌시켜 삽입하는 공정

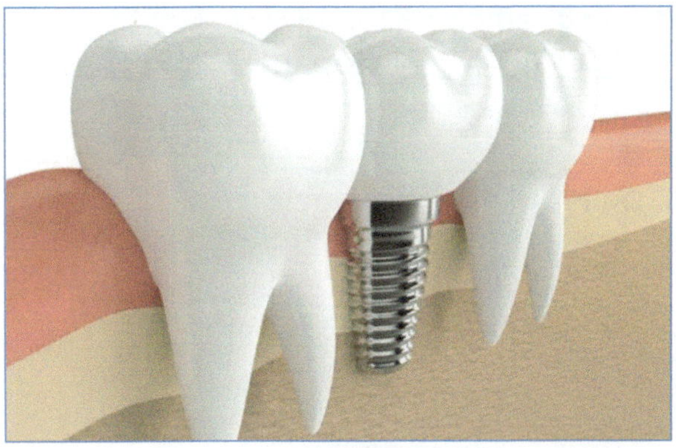

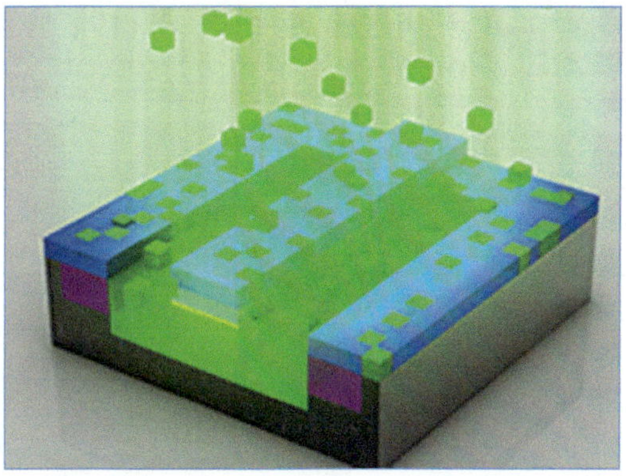

전통적인 확산공정보다 정밀하게 doping 농도와 깊이를 제어할 수 있어, 현대 반도체 제조에서 핵심적인 도핑 방법으로 사용됨

250

7-1. 이론

이온 주입 공정이란 고속 이온 빔(beam)을 이용해 dopant를 반도체 기판에 정확하게 주입하는 공정

● 장점

- 정밀한 doping 제어 : 농도, 깊이, 위치를 정확히 조절 가능
- 저온 공정 가능 : 확산 공정보다 열에 덜 의존적
- Pattern 도핑 가능 : photo mask와 photo resistor을 이용해 선택적 doping 가능
- 재현성 우수 : 균일하고 반복 가능한 공정 수행 가능

● 단점

- 결정 손상 : 고속 이온 충돌로 silicon 결정 구조에 결함 발생 가능
- 열처리 필요 : 손상 복구 및 dopant 활성화를 위해 추가 공정 필요
- 장비 비용 높음 : 고속 이온 장비가 고가이고 유지보수가 복잡

251

7-1. 이론

- 이온 주입 공정

- 이온화 : dopant 원소를 기체나 plasma 상태로 만든 후, 이온 상태로 전하를 띠게 만듦
- 가속 : 전기장을 이용해 이온을 수십 ~ 수백 keV의 에너지로 가속
- 주입 : 고속 이온을 실리콘 기판에 충돌시켜, ion이 silicon 결정 내부로 침투함
- 열처리 : ion 충돌로 손상된 silicon 격자를 복원하고, 주입된 dopant를 전기적 활성화

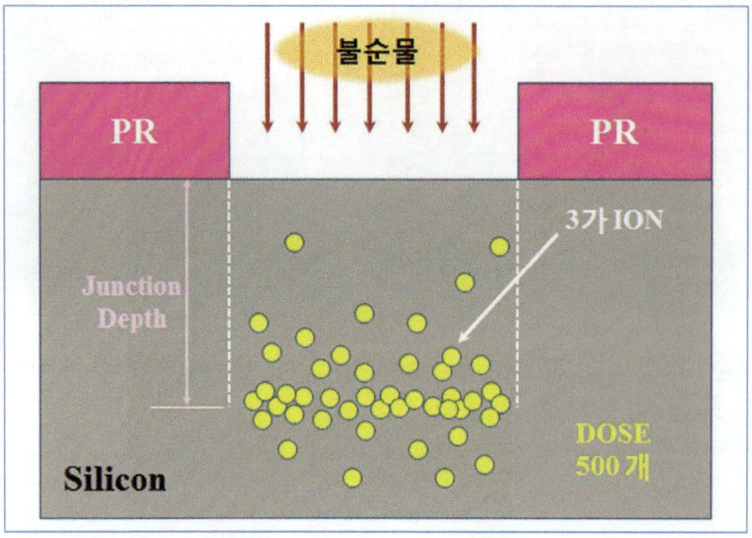

7-1. 이론

3) Diffusion vs Ion Implantation

- Dopant 주입 방식

- Diffusion : 고온에서 dopant가 silicon에 자연 확산
- Ion Implantation : 고속 ion beam으로 dopant를 강제로 주입

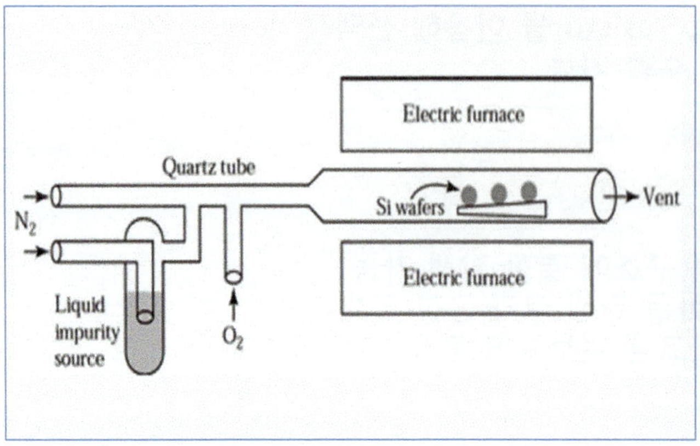

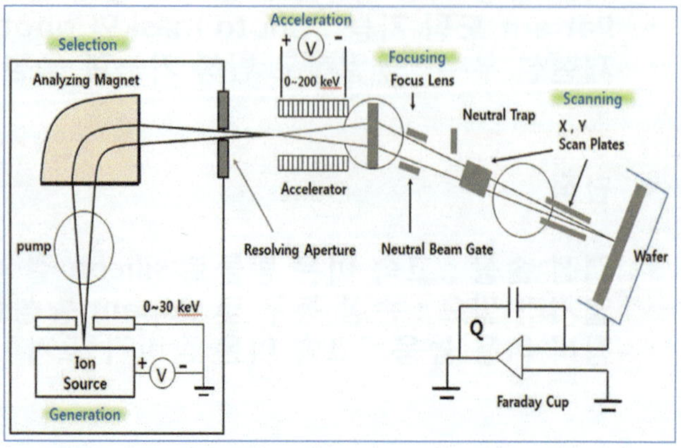

7-1. 이론

● 공정 온도

- Diffusion : 고온(800~1,200℃)에서
- Ion Implantation : 상대적으로 저온(후열처리는 필요)

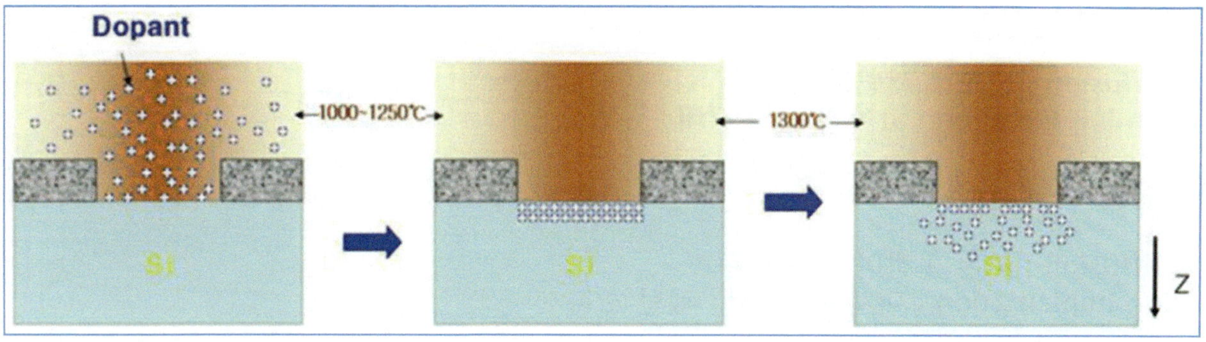

Pre Deposition Process Driver-In Process

254

7-1. 이론

● 정밀 제어

- Diffusion : 농도·깊이 제어가 어려움
- Ion Implantation : 농도·깊이·영역 제어 매우 정밀

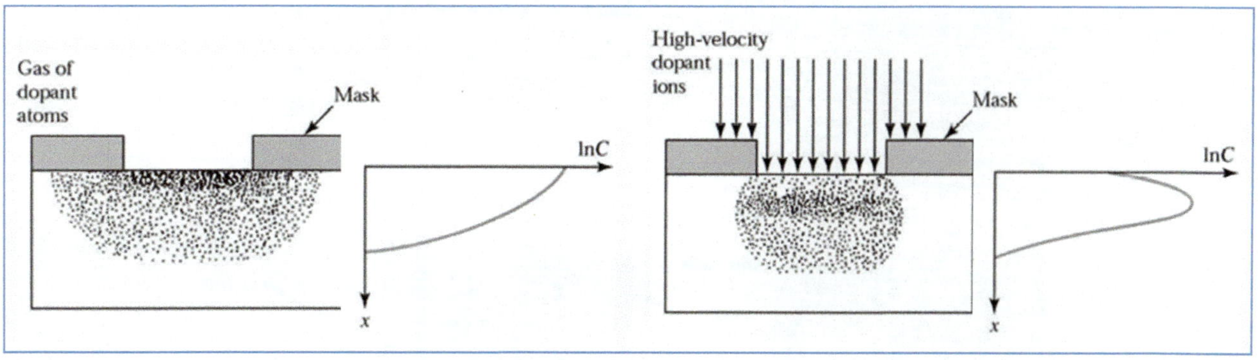

● 마스크 사용

- Diffusion : 가능하나 제한적
- Ion Implantation : photo resistor mask로 선택적 doping 가능

255

7-1. 이론

● 공정 속도

- Diffusion : 느림
- Ion Implantation : 빠름

● 장비 비용

- Diffusion : 비교적 저렴한 장비
- Ion Implantation : 고가의 정밀 장비

● 적합한 구조

- Diffusion : 고온 공정이 가능한 구조
- Ion Implantation : 미세구조, 정밀 패턴 소자

● 공정 상황

- Diffusion : 단순한 대면적 doping
- Ion Implantation : 미세공정, 얇은 doping, 정밀 제어

256

7-2. 장비

1) Diffusion

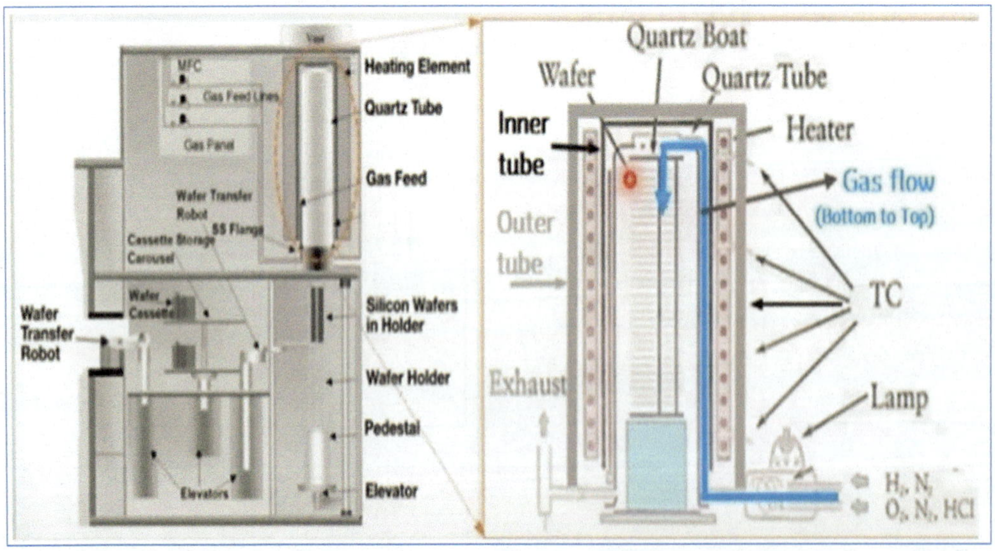

257

7-2. 장비

Horizontal type과 vertical type이 있으며, vertical type이 낮은 오염도, 큰 wafer 처리 용이, 좋은 균일성(uniformity) 때문에 더 많이 사용

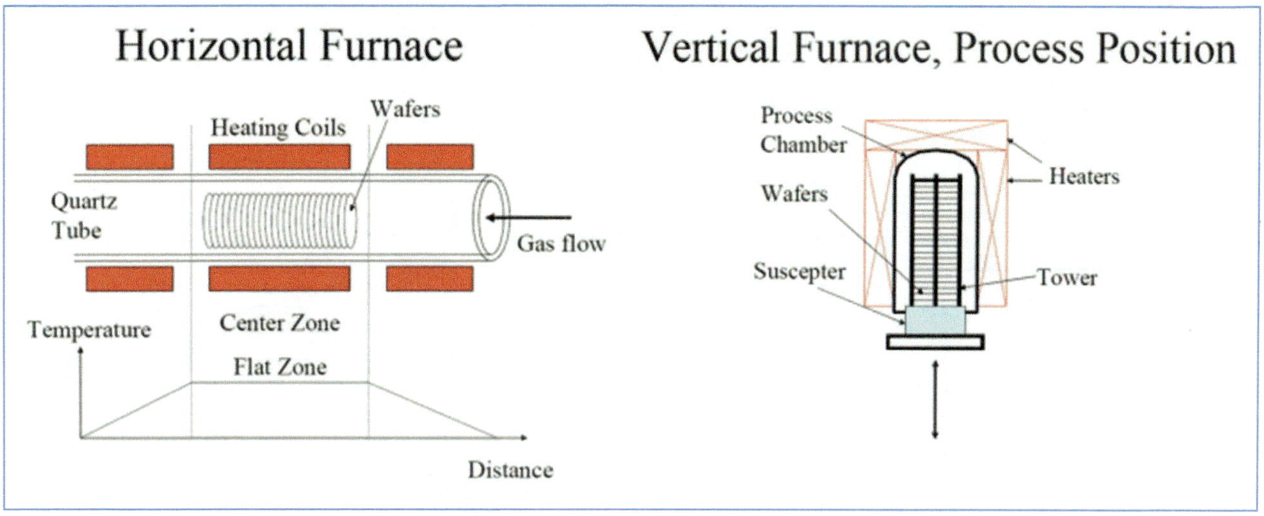

258

7-2. 장비

2) Ion Implantation

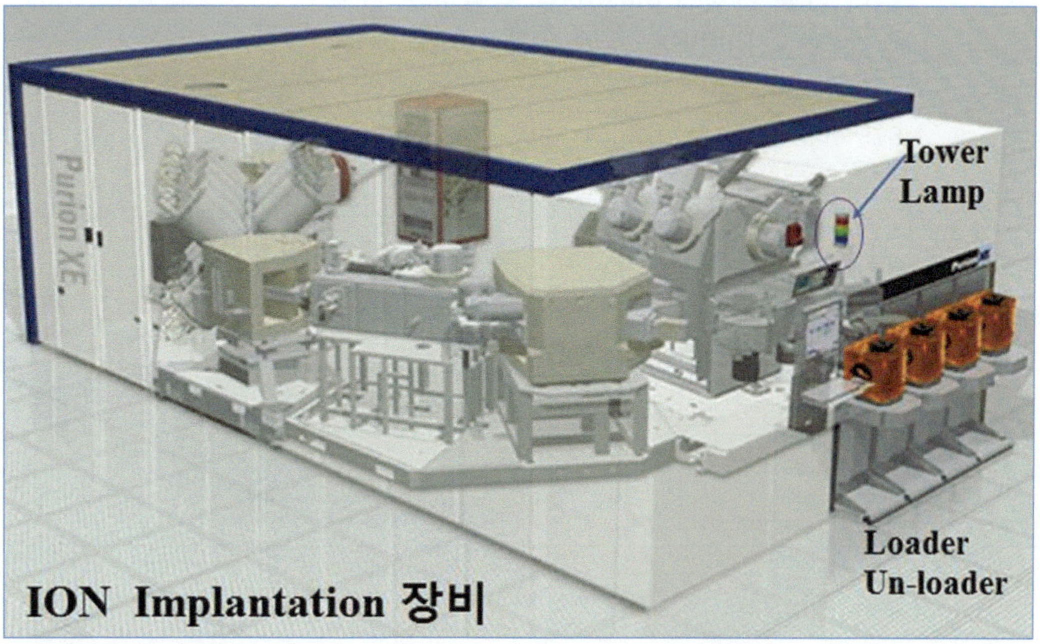

259

7-2. 장비

Ion을 생성하고 선택적으로 추출하는 ion source부, ion에 추가적인 에너지를 주어 ion을 더욱 가속시키고 깊이와 방향을 제어하는 beam line부, 가속화된 ion을 wafer 표면에 주입시키는 beam scan부로 구분됨

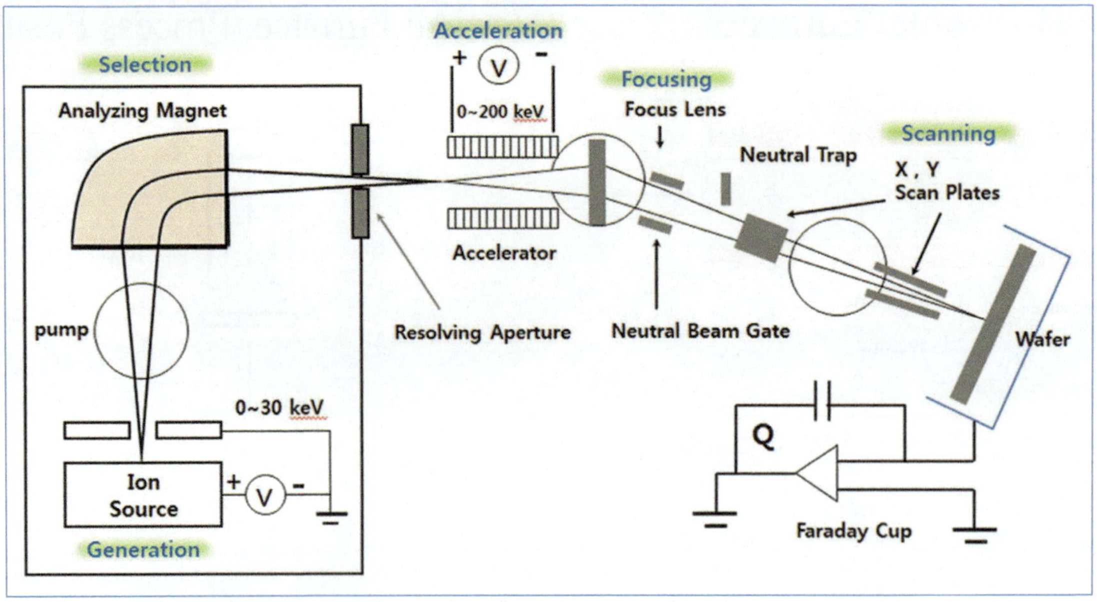

자료출처-NINT

260

7-2. 장비

① **Generation : 필요한 ion을 만들어 내기 위하여 plasma 생성 장치인 ion source로부터 반응 기체의 plasma를 형성하는 단계**
> Ion들만 pump를 통해 추출

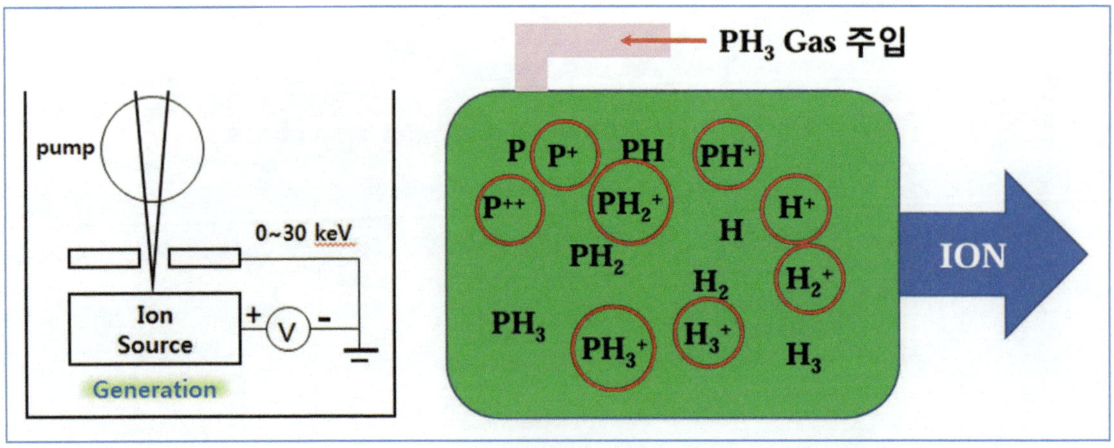

자료출처-NINT

261

7-2. 장비

② Selection : 원하는 ion 만을 추출하기 위해 90˚ 꺾여 있는 장치를 통과하게 하여 ion을 추출하는 단계
> Ion의 질량을 측정하여 원심력에 의한 ion 추출

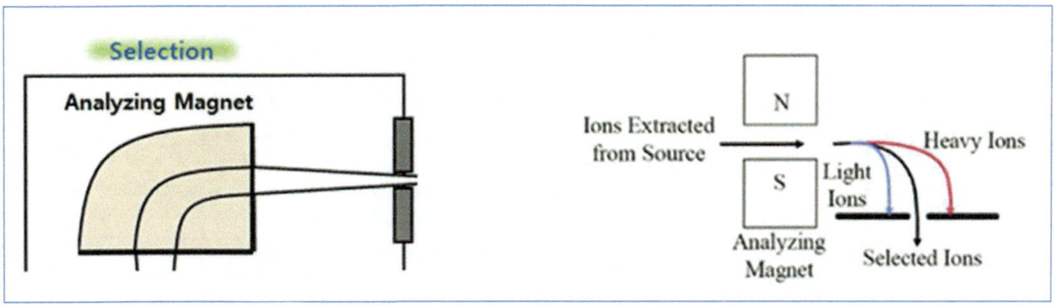

자료출처-NINT

262

7-2. 장비

③ Acceleration : ion에 에너지를 공급하여 전위를 높은 곳에서 낮은 곳으로 이동하게 하여 ion이 주입될 수 있는 에너지를 부여하는 단계
> 주입되는 ion의 깊이 결정

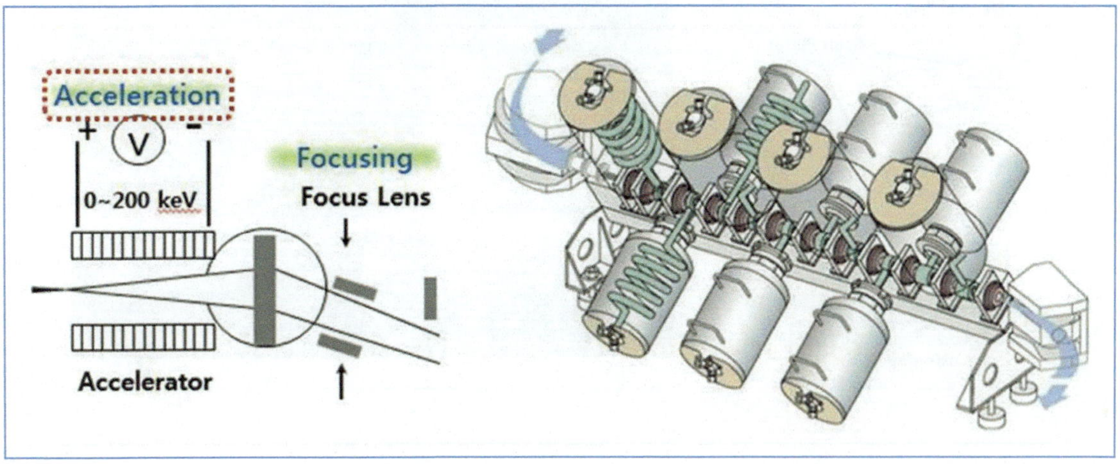

자료출처-NINT

263

7-2. 장비

④ Focusing : focus lens를 이용하여 가속되어 있는 ion을 주입할 수 있는 beam의 형태로 바꾸어 주는 단계
> 좌/우로 움직이게 하여 wafer에 ion을 주입하도록 함

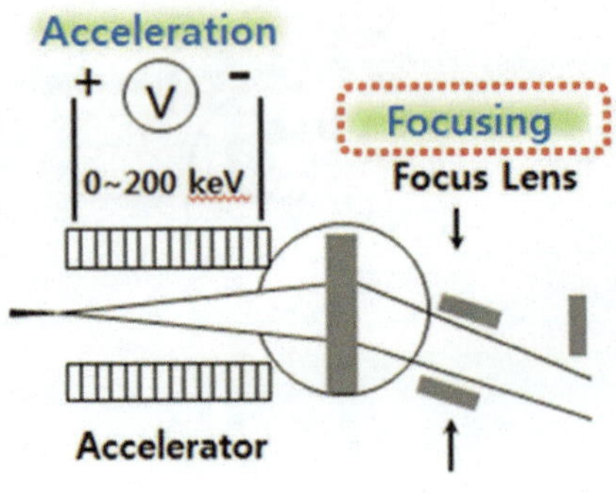

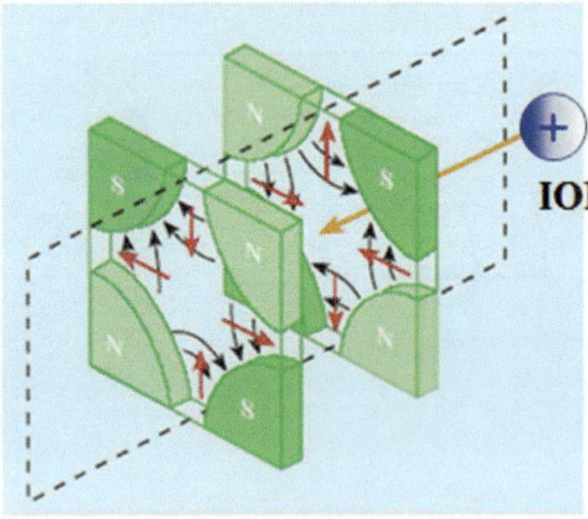

자료출처-NINT

264

7-2. 장비

⑤ Scanning : beam의 형태로 바뀌어진 ion beam을 wafer에 주입하는 단계
> wafer는 위/아래로 움직이고, ion beam은 좌/우로 움직임

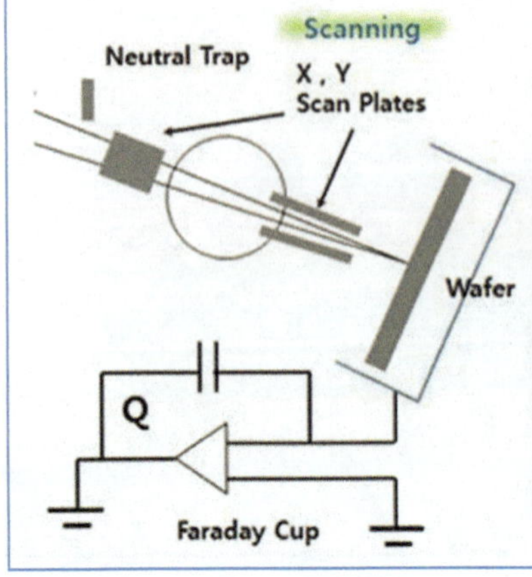

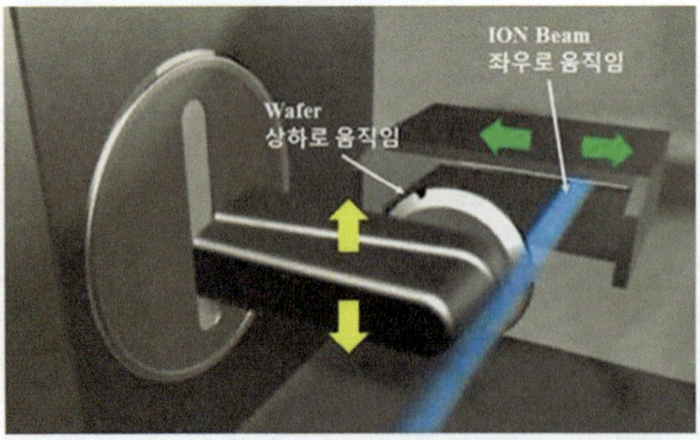

자료출처-NINT

265

7-3. 실습

- Ion Beam Set-up

(1) Dopant gas가 모두 Off 확인
(2) Source의 진공 값(spec range 내에 들었는지) 확인
(3) Arc Voltage 값(spec range 내에 들었는지) 확인
(4) FILAMENT-AMP 값(spec range내에 들었는지) 확인
(5) Extraction Voltage 값(spec range 내에 들었는지) 확인
(6) Source Magnet 값을 spec 값으로 조정
(7) FILAMENT-AMP 값(spec range내에 들었는지) 확인
(8) Arc Plasma가 동작 확인
(9) 원하는 dopant gas를 Turn On
(10) High Voltage를 Turn On
(11) Beam energy 값을 spec 값으로 조정
(12) Peak Beam current 값이 나타나도록 analyzer 값을 조정
(13) Beam Focusing을 조정
(14) Beam Scanner를 조정
(15) 원하는 Implant Dose 값으로 조정
(16) Beam Current 값 monitoring
(17) implant time을 계산하여 setting

266

7-3. 실습

- 이온주입(Ion Implantation)

(1) End Station Power가 'On' 확인
(2) Cassette로부터 wafer를(transfer robot을 사용) 이온주입 장치로 loading
(이때 wafer의 orientation을 정렬)
(3) Ion 주입 시작 버튼을 눌러 이온 주입
(4) 이온 주입 동작의 이상 유무를 확인

- 이온주입공정 Recipe 작성

(1) 이온주입 recipe 작성
(2) Wafer를 준비하여 장비에 loading
(3) 작성된 Recipe를 장비에 loading
(4) Run start 버튼을 눌러 공정 진행
(5) 공정 진행이 완료되면 wafer를 unloading하여 해당 공정에서 요구되는 측정
(예: sheet resistance 측정, Thermal-Wave 측정 등)을 실시한 후 측정값을 기록

267

8. CMP

1. 이론
2. 장비
3. 실습

8-1. 이론

CMP(Chemical Mechanical Planarization/Polishing) 공정

화학적 반응과 기계적 연마를 동시에 이용해 wafer 표면을 평탄하게 만드는 공정

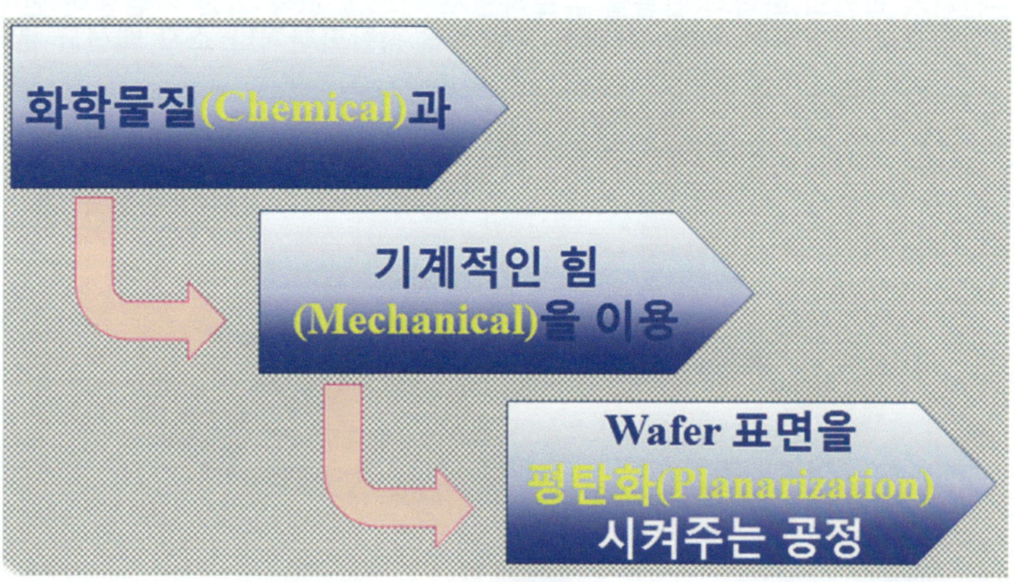

자료출처-NINT

8-1. 이론

연마(Polishing)란

270

8-1. 이론

CMP(Chemical Mechanical Planarization/Polishing) 공정

Wafer를 폴리우레탄 패드에 밀착시킨 상태에서 수백 nm 크기의 polishing slurry를 패드 표면에 분산시켜 박막의 화학적 반응을 유도하면서 패드를 고속 회전 > 성질이 변한 박막 표면을 기계적으로 제거하여 wafer 표면을 균일하게 평탄화하거나 소자 배선을 분리

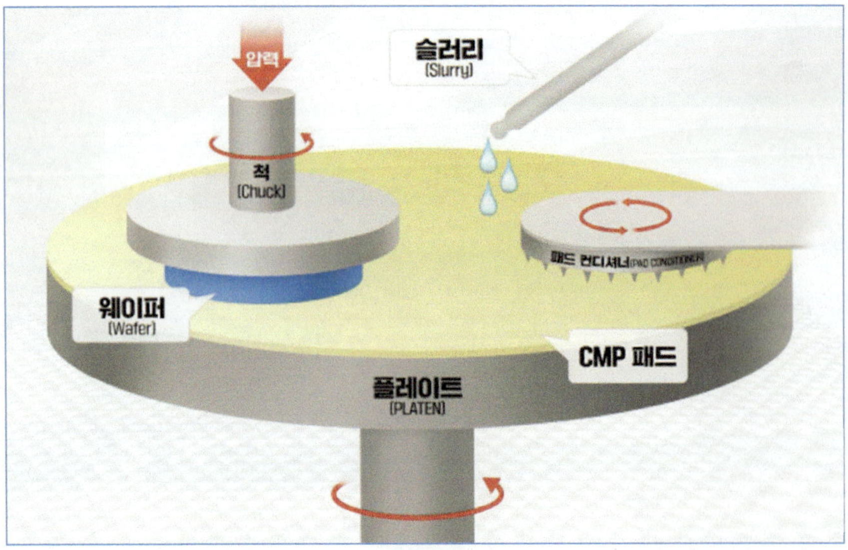

자료출처-skhynix

271

8-1. 이론

- **CMP 공정의 목적**

다중 금속 층 배선 공정 시 수백만 트랜지스터와 개별 IC 상의 필요 요소를 상호 연결해야하는 필요성이 있음

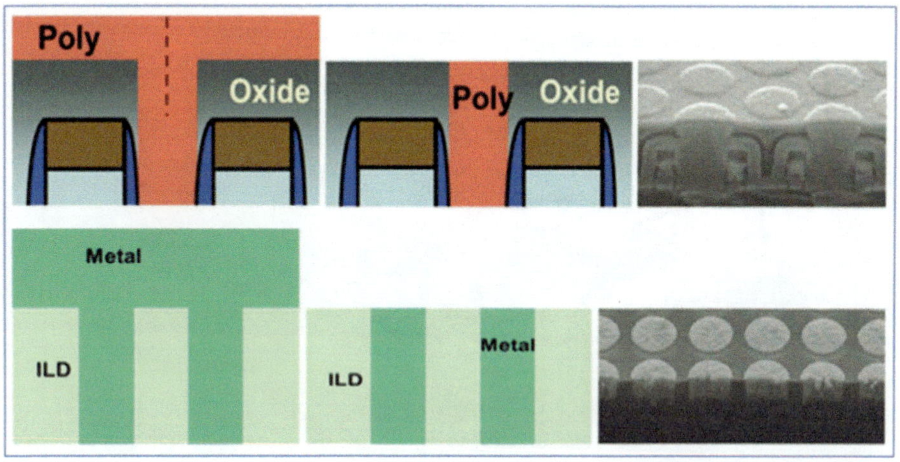

자료출처-반도체 산업과 기술의 이해_김주현

8-1. 이론

평탄화가 되지 않았을 경우, 표면상의 모습이 굴곡이 심한 계단 차가 형성 됨, 이는 photo 공정 시 노광기 렌즈의 초점 마진이 거의 없어 원하는 pattern을 형성할 수 없음

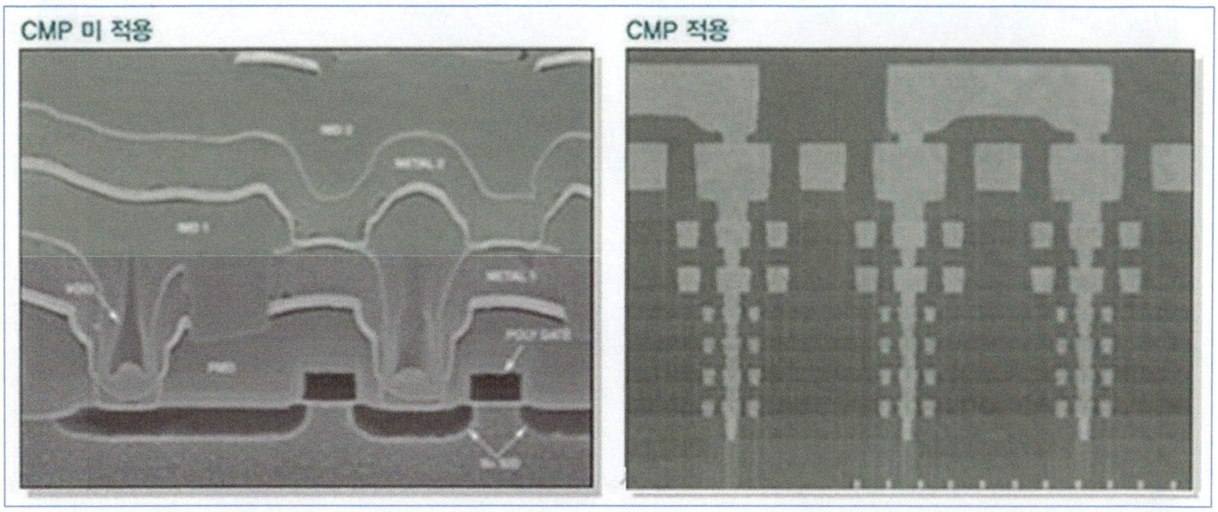

자료출처-Specialty abrasives for chemical mechanical planarization, 2005 - 2010

8-2. 장비

- **Wafer를 보관하는 Cassette**
- **Dry type Robot에 의해 Wafer를 이송하는 Load Port Module**
- **Dry/Wet 겸용 Wafer Handler에 의해 Wafer 이송이 가능한 Transport Module**
- **연마 Head를 이용하여 각 Platen부에서 CMP 공정이 가능한 Polishing Module**
- **연마 후 표면의 연마 잔류물들을 제거 하고 건조하기 위한 Post CMP Cleaning Module로 구성**

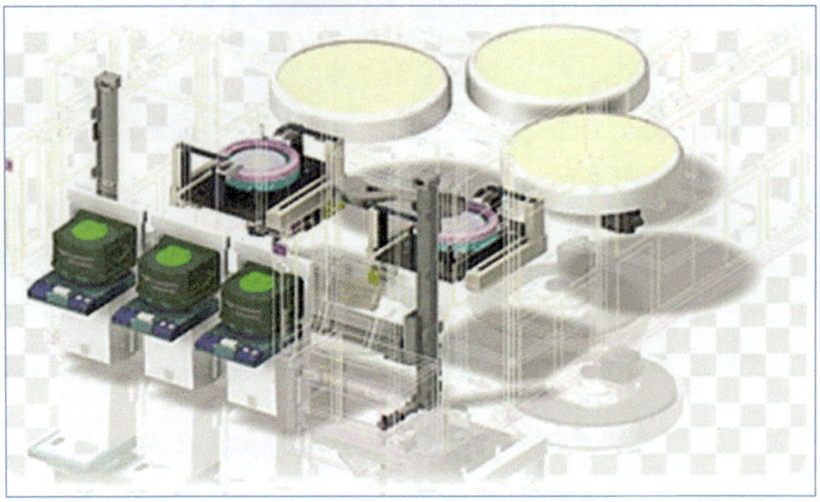

자료출처-Mirae TEC

274

8-2. 장비

- **CMP Head, CMP Slurry, CMP Pad, CMP Conditioner, Brush Module**

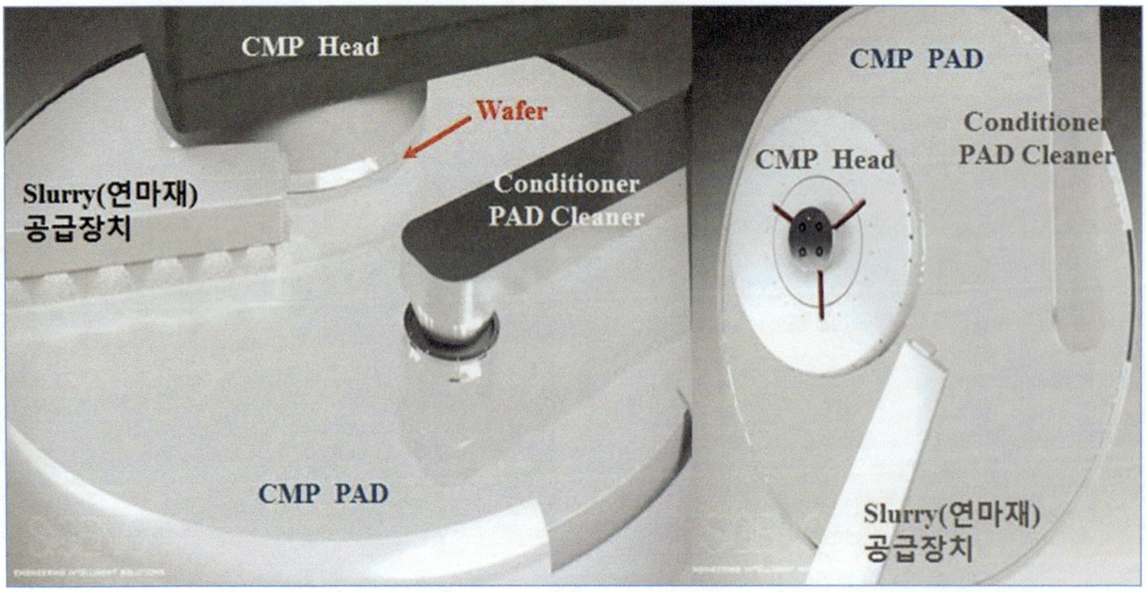

자료출처-SIGENC

275

8-2. 장비

① CMP Head

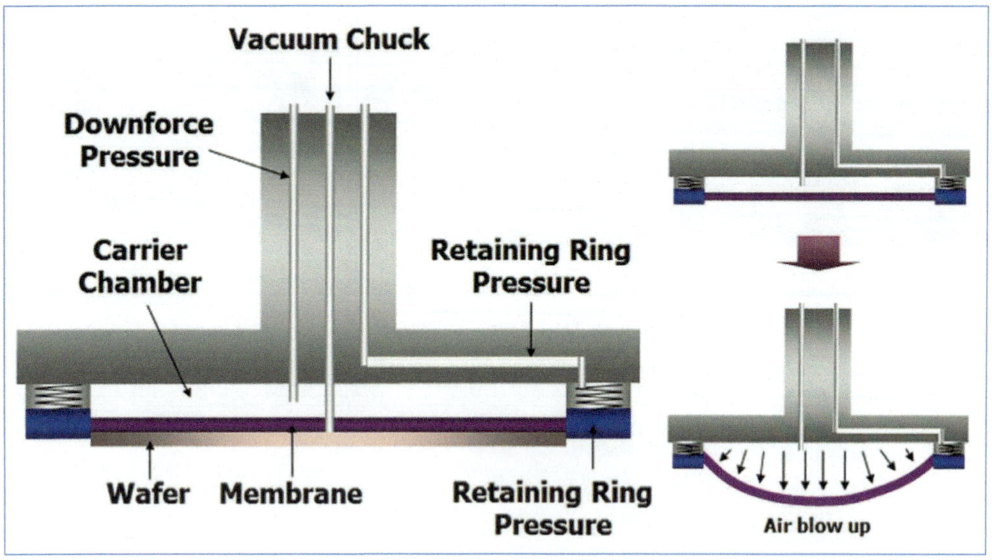

8-2. 장비

② CMP Slurry : DIW, abrasive(연마재), chemical로 구성
abrasive(기계적 연마에 첨가)
chemical(화학 반응물을 형성하기 위해 첨가)
> 1차 입자 size(수십 nm), 2차 입자 size(100~200nm)

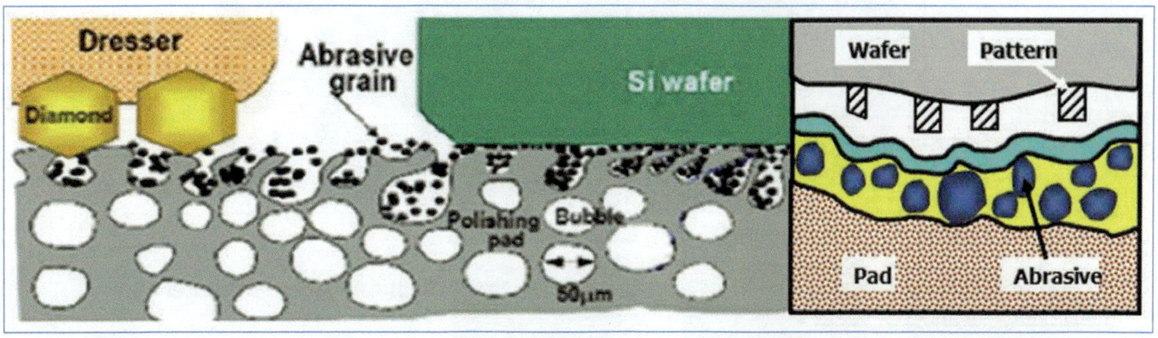

CMP slurry는 pad로부터 밀착된 wafer에 공급해주어 연마재가 wafer의 film과 화학작용을 통해 film을 제거할 수 있도록 도와 줌

8-2. 장비

③ CMP Pad : wafer와 맞닿는 물리로 slurry를 wafer에 공급해주는 역할을 함

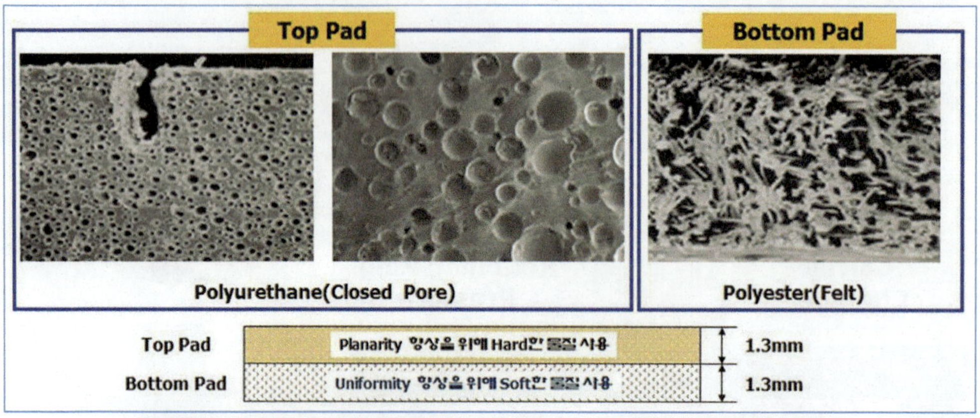

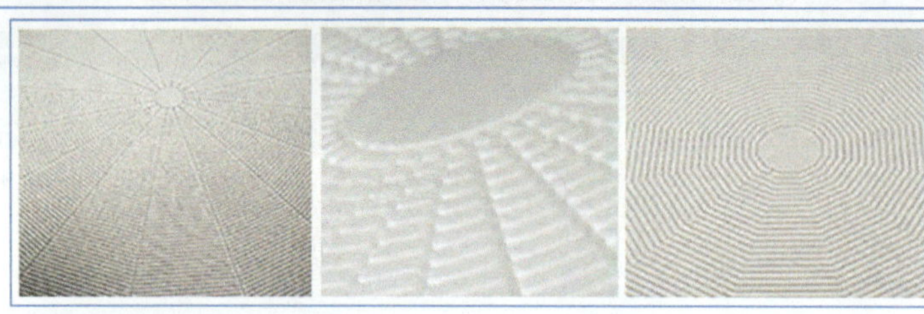

CMP pad는 돌기 모양의 무늬가 있도록 제작하여 밀착된 wafer에 slurry 공급을 도와줌

자료출처-NINT

8-2. 장비

④ CMP Conditioner (cleaner) : 패드의 표면 상태를 유지 (재생 역할)

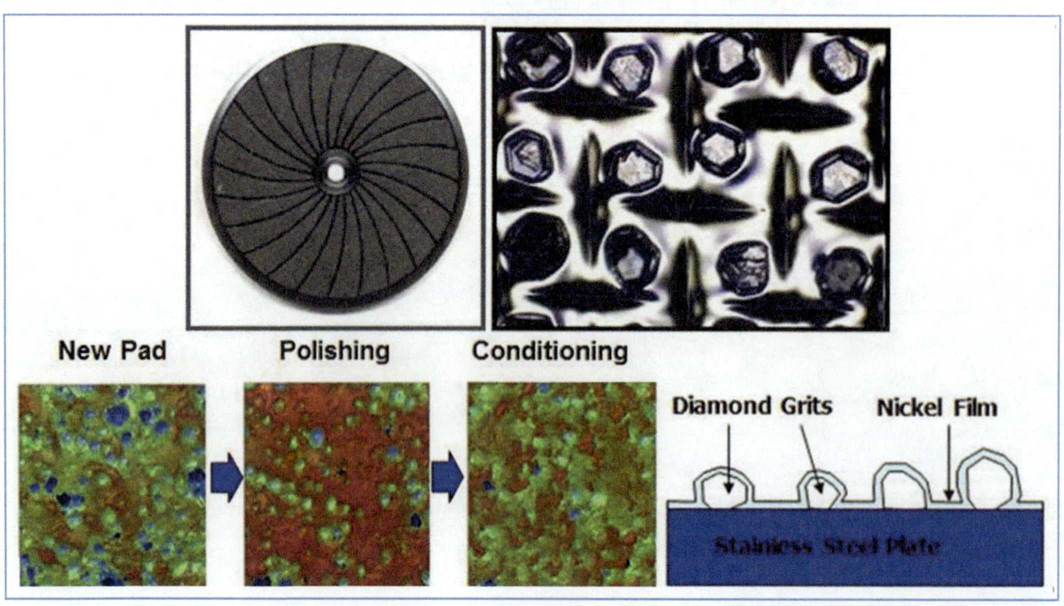

자료출처-NINT

8-2. 장비

⑤ **Brush Module : CMP 공정 진행 시 발생되는 slurry 찌꺼기를 물리적인 힘을 이용하여 wafer로 부터 제거하는 module**

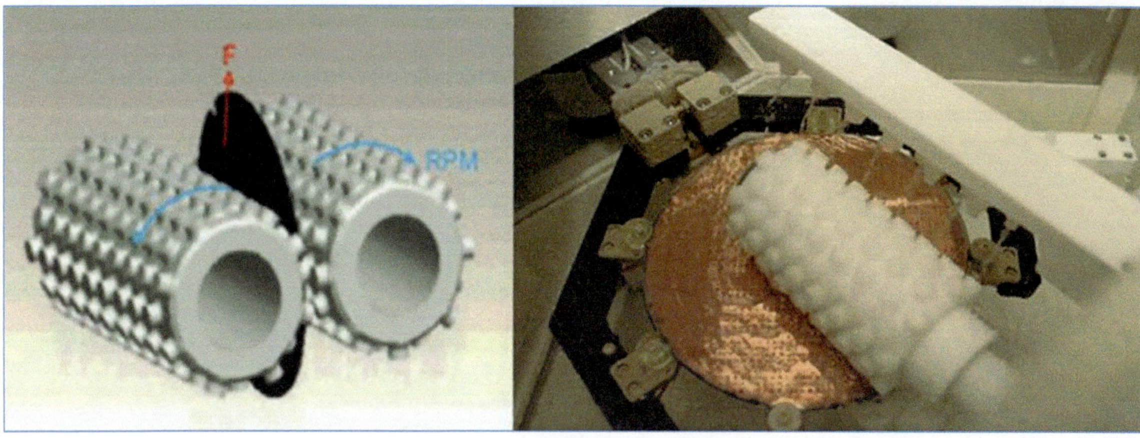

자료출처-NINT

8-3. 실습

- **CMP Process Set-up**

(1) **Cassette Loading : wafer가 담긴 cassette를 CMP 장비의 loading pot에 장착**
(2) **Wafer Centering & Pre-Clean : wafer의 중심을 자동으로 잡고 전처리 세정 수행**
(3) **Wafer Loading to Carrier Head : wafer를 carrier head에 흡착**
(4) **Slurry Dispense : 연마 입자(예: SiO_2, CeO_2 등) + 화학 용액 혼합, polishing pad 위에 일정한 유량으로 지속적으로 공급**
(5) **Polishing : carrier head가 wafer를 회전시키며 polishing pad에 압력을 가함, pad도 회전하며 slurry와 함께 화학적 + 기계적 평탄화 수행(연마 조건: 압력, 회전 속도, 시간, slurry 유량 등)**
(6) **End Point Detection : 평탄화 정도 또는 특정 두께 도달 시점 감지(시간 기반, 전류 센서, 광학 측정 등)**
(7) **Post-CMP Cleaning : 연마 후 남은 slurry, particle, 금속 잔류물 제거(backside cleaning, megasonic cleaning 등으로 수행)**
(8) **Wafer Drying : 세정 후 spin 건조 등을 통해 완전 건조**
(9) **Unloading : wafer를 carrier에서 분리하고 cassette로 복귀**

9. Cleaning

1. 이론
2. 장비
3. 실습

9-1. 이론

클리닝(Cleaning)공정

Wafer 제조 및 patterning 과정 중 발생하는 오염물(particle_이물질, organics_유기물, native oxide_자연 산화막, 금속 등)을 제거하는 공정
> Oxide film을 아주 얇게 etching 하여 그 위에 달라 붙은 오염물을 제거

자료출처-zorbanoverman

9-1. 이론

세정(Cleaning) 공정을 통해 공정 신뢰성과 수율을 확보하고, 장비 오염을 방지함

매번 단위 공정 시작 전과 종류 후 cleaning이 필수

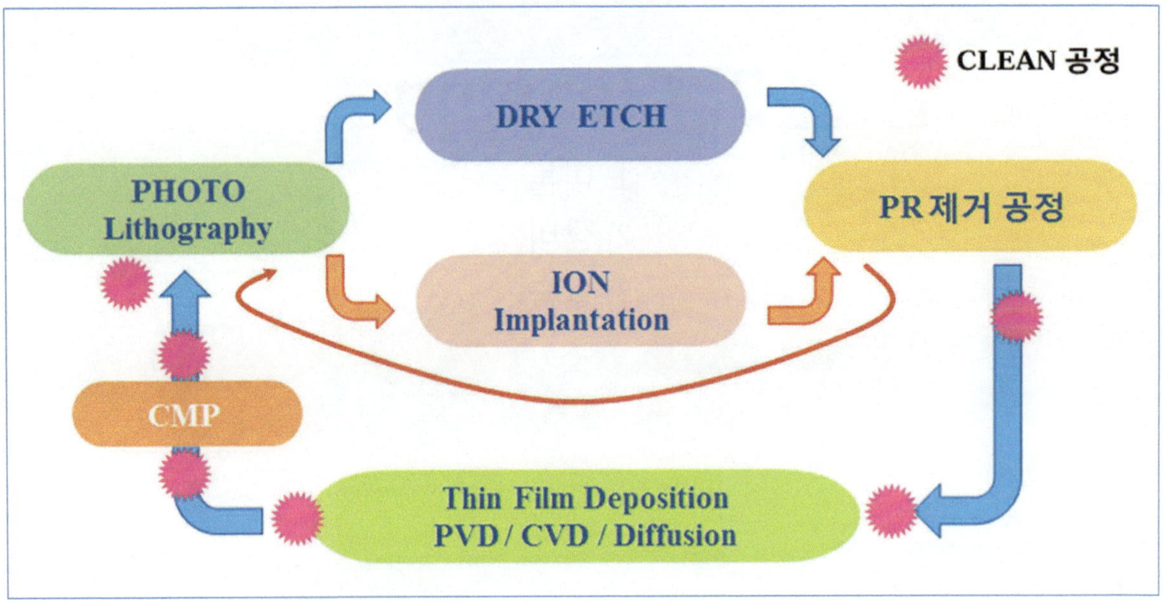

자료출처-NINT

9-1. 이론

- 오염물

- Particle : 환경이나 공정 중에 발생하는 이물
- Ion implantation 공정에서의 masking에 의한 공정 결함 야기
- Plasma dry etching에 의한 이물질
- 박막 형성 공정에서의 pinhole과 micro void와 같은 결함 야기
- Lithography 공정에서의 pattern 결함 야기
- 용액(H_2SO_4)에 의한 이물질
- 반도체 장비, 분위기, 각종 gas, 화학용액, 탈이온수 등에 의한 오염

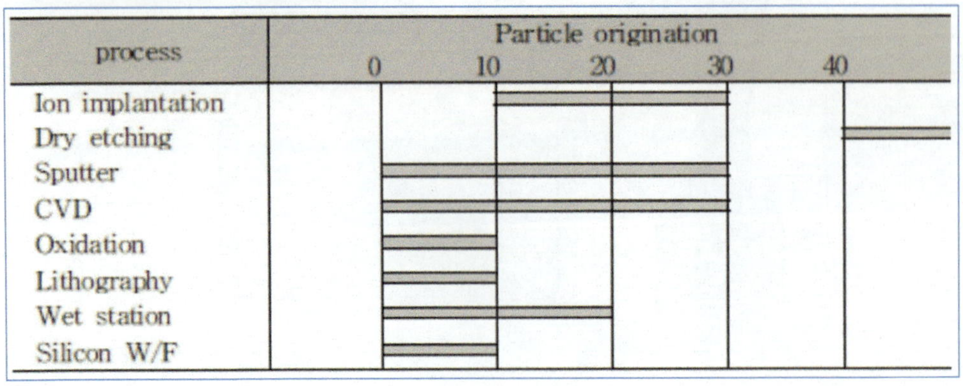

자료출처-NINT

9-1. 이론

- Organics : photo resistor 잔류물과 같은 분자형 유기 오염물
- 지문에 의한 grease(유분), 잔류 용매, 공기 중 보관 등으로 발생
- 소수성 표면 성질을 가지므로 세정효과 감소
- 산화막 성장 시 성장속도 저하
- 식각 공정 시 미세 masking 효과 발생
- 후속 공적에서 증착 되는 박막의 접착 저해
- 열 공정 시 wafer와 반응하여 탄화 규소(SiC) 화합물 생성

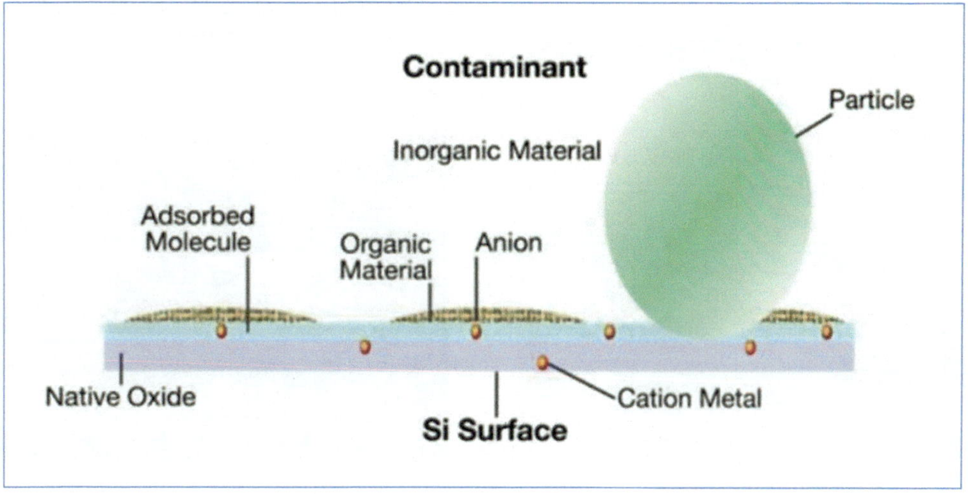

자료출처-NINT

286

9-1. 이론

- Native Oxide : 자연 대기 중 약 10Å 내외로 성장
- 얇은 gate oxide 성장 시 oxide 성능 저하
- Contact 형성 시 contact 저항을 높음

> 고품질 epitaxial 박막 형성 시 제거해야 함

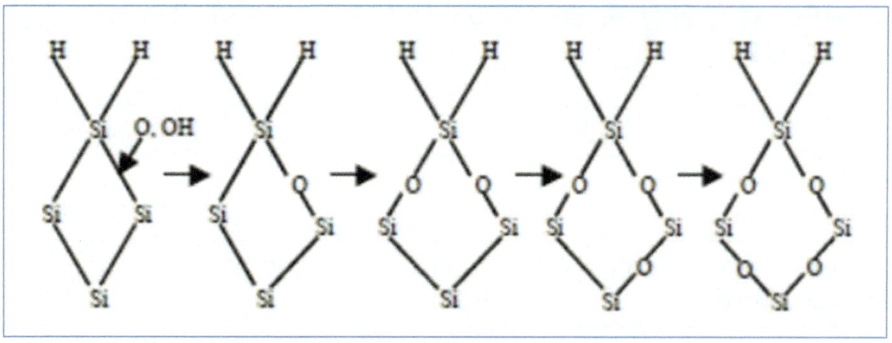

대기 중 기판 표면위의 자연 산화막 성장
산소가 Si-Si 결합을 끊고 oxide 형성

자료출처-NINT

287

9-1. 이론

● Cleaning 종류

• Wet Cleaning

- 화학약품 수용액 속에서 진행
- Particle 제거 효율 우수
- 하부 file에 영향을 주지 않음
- 환경 문제 유발
- 장시간 wafer dip 발생 시 장력이 떨어짐

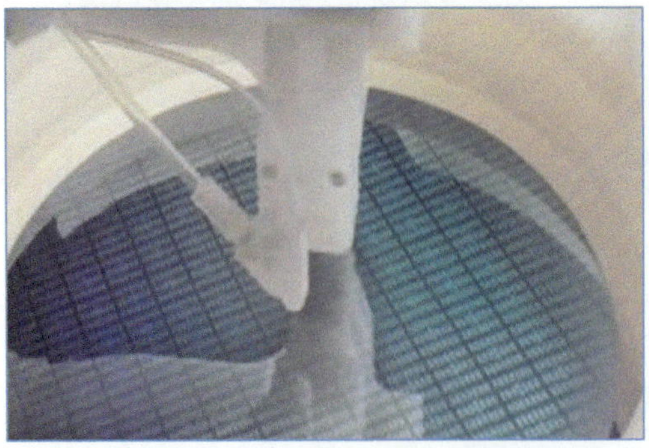

• Dry Cleaning

- Gas, plasma 사용
- Particle 제거 효율 나쁨
- Wet clean 대비 안전함
- Metal, 무기 오염 제거 요구
- Particle이 휘발성을 갖는 반응 절차 필요

자료출처-NINT

9-1. 이론

● Wet Cleaning

• RCA Cleaning(1970년 RCA사 개발)
- SC-1 : 과산화 수소에 의한 산화반응과 암모니아에 의한 etching 반응이 동시 발생
- SC-2 : 천이 금속(transition metal_4~7주기·3~12족) 오염물 제거
- Piranha : 유기 오염물 제거, 세정용액이 불안정하고 life-time 짧음
- DHF(Dilute HF) : 세정 공정 중 발생한 oxide 또는 oxide 내 금속 오염물을 희석한 불화수소산으로 제거

RCA solution	Chemicals and Conditions	Contaminant Removal
SC-1 (APM : Ammonium Peroxide Mixture)	$NH_4OH + H_2O_2 + H_2O$ = 1:1:5~1:1:50 (at 60~80℃)	Particles, Organic, Some Metals
SC-2 (HPM : Hydrochlric Peroxide Mixture)	NCL + $H_2O_2 + H_2O$ = 1:1:6~1:1:50 (at 60~80℃)	Metallic impurities (Al, Fe, Mg...)
Piranha (SPM : Sulfuric Peroxide Mixture)	$H_2SO_4 + H_2O_2$ = 2:1~4:1 (at 90~140℃)	Organic(grease), PR strip
DHF (Dilute Hydrofluoric Acid)	$HF + H_2O$ = 1:10~1:200 (at Room Temp.)	Native Oxide(SiO_2), Metal

9-1. 이론

- Megasonic Cleaning : 극 초음파를 이용하여 particle 제거 (화학세정과 병행할 경우 세정 효과 향상)

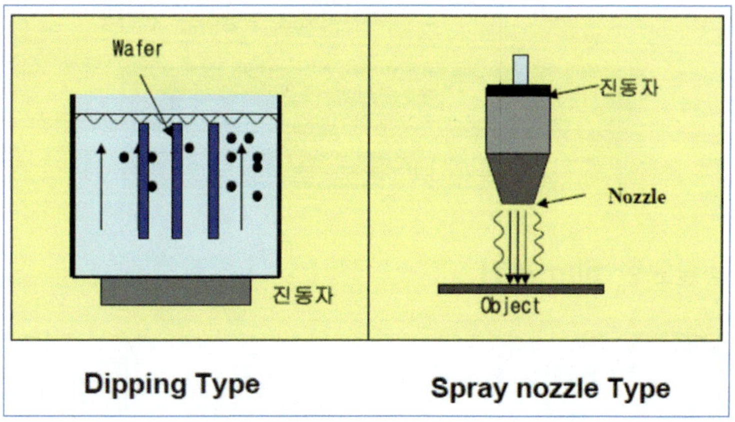

Dipping Type　　Spray nozzle Type

- IMEC(Interuniversity Microelectronics Centre) Cleaning : 황산 + ozone (SOM : Sulfuric Ozone Mixture) 혼합액 사용, SPM(Sulfuric Peroxide Mixture) 세정 공정 대체 가능, bath 수명 연장
- Single Wafer Cleaning : process 최적화 용이, cleaning uniformity 개선에 효과적
- Ozone(O_3), UV Cleaning : 환경 친화적임, 경제적인 세정

290

9-1. 이론

- Cleaning 목적

① 오염물질 제거 : 화학물질 처리, gas, 물리적 방법 등을 통해 wafer 표면에 있는 오염물질을 제거

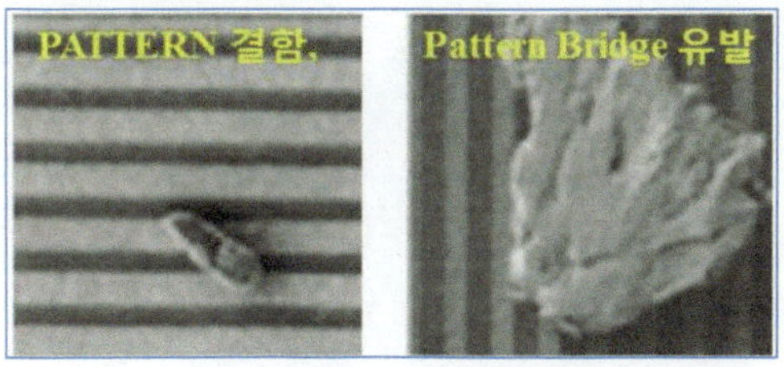

Particle

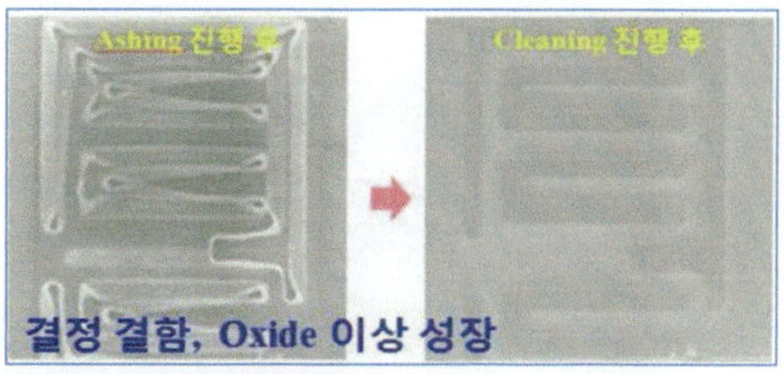

유기물

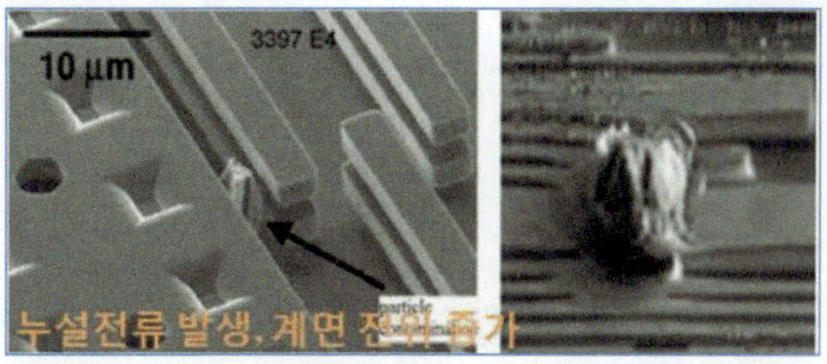

Metal 찌꺼기

자료출처-NINT　　291

9-1. 이론

② Native Oxide 제거

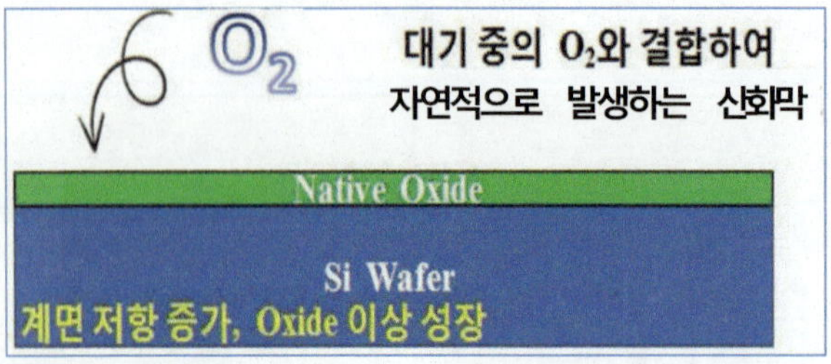

③ Wafer에 있는 불필요한 film 제거

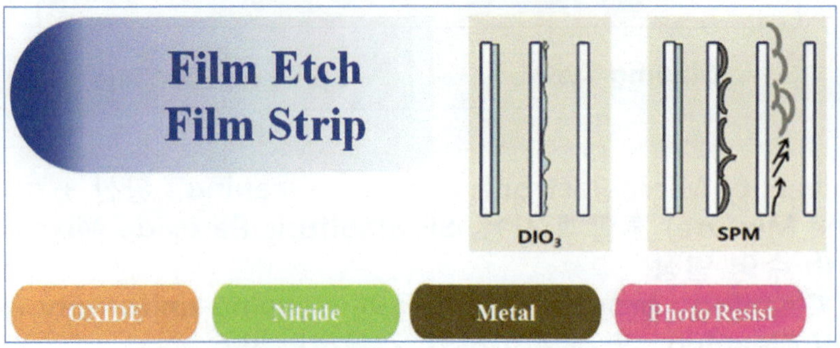

자료출처-NINT

292

9-1. 이론

④ Micro Roughness

> 평탄도가 좋아지면, gate oxide 불량 감소, carrier mobility 증가

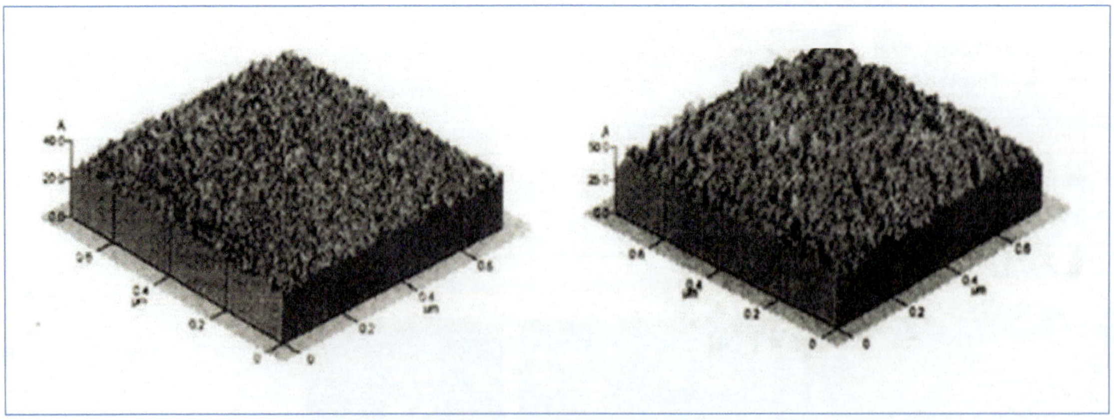

자료출처-NINT

293

9-1. 이론

⑤ Wafer 표면 처리 : 물과 친한 성질을 갖도록 표면을 바꾸어 주거나, 물과 친하지 않은 성질을 갖도록 표면을 바꾸어 줌

소수성 친수성

계면활성제 : 계면 간의 표면장력을 저하시켜 2개 이상의 물질을 잘 혼합 시키는 화학물질

자료출처-NINT

9-1. 이론

- 친수성과 소수성

고체 표면에 액체가 가해질 때 정도의 차이는 있지만, 크게 2가지 젖음 현상이 나타남. 액체가 표면에 넓게 퍼지면 친수성(hydrophilic), 표면과 쉽게 결합(젖지)하지 못하고 스스로 동그랗게 뭉치면 소수성(hydrophobic) 이라 함.

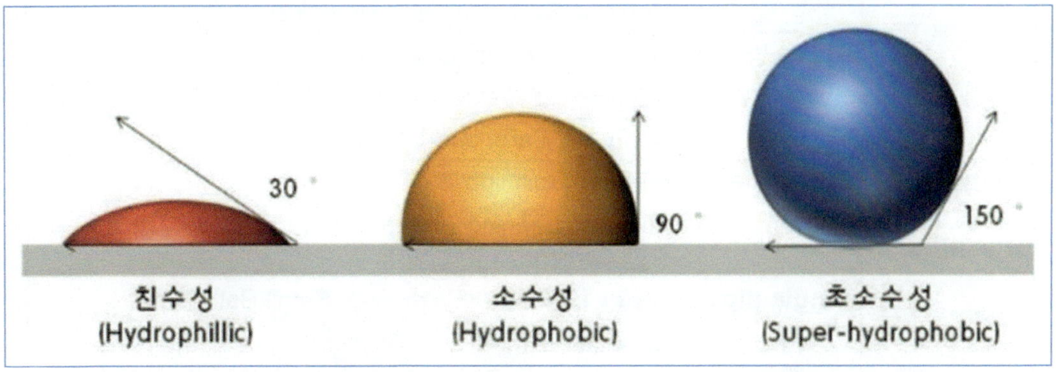

물방울이 넓게 퍼져서 90° 미만의 접촉각을 이루면 친수성이고,
물방울이 둥글게 뭉쳐서 90° 이상의 접촉각을 이루면 소수성 이다.

자료출처-LG화학

9-1. 이론

반도체 제조 공정에서 친수성과 소수성이 필요한 이유?

Wafer는 친수성의 성질을 가지므로, 표면에 어떤 공정을 하는지에 따라 친수성을 유지 또는 소수성으로 바꾸어 줌

Wafer 표면에 있는 오염물질을 제거하는 cleaning, slurry와 연마 pad의 균일한 작동을 위한 CMP 등의 공정에는 친수성 필요

유기물 기반인 photoresist의 균일한 코팅을 위해 wafer에 처리하는 HMDS(Hexamethyldisilazane), metal의 밀착력을 향상시키기 위한 금속 표면 처리 등 소수성 필요

296

9-2. 장비

- Cleaning 장비의 종류

Batch Cleaning	**Dip** 방식	- 가장 널리 쓰이는 방식 - Wafer 를 Batch로 Chemical 또는 DIW가 담겨 있는 조에 Dipping 하여 세정 공정을 진 행함. - Mega-sonic을 인가 세정력 극대화.
	Spray 방식	- 회전하는 wafer에 Chemical 을 분사 하여 세정 공정을 진행 - Compact, Safe, and Low cost.
Single Wafer-type Cleaning	**Spin-type**	- Wafer를 Spinning 하면서 Chemical 분사 - Physical cleaning (Mega-sonic, spray) 병행하여 강한 particle 세정력 보유
	Single-dip	- Wafer 1매씩 들어갈 수 있는 Small Bath Type - Backside 오염 제거력 우수
	Scan-type	- Chemical/Rinse/Dry를 1Head에 담아 Scan 방식으로 진행 - 짧은 노출 시간 가능

자료출처-NINT

297

9-2. 장비

- **Cleaning 장비의 구조 – Batch Dip Type**

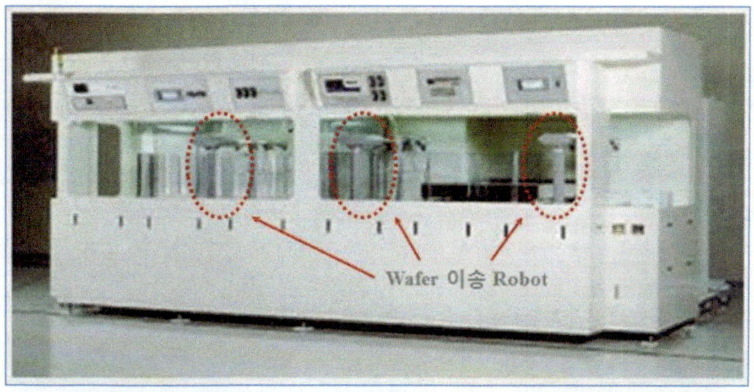

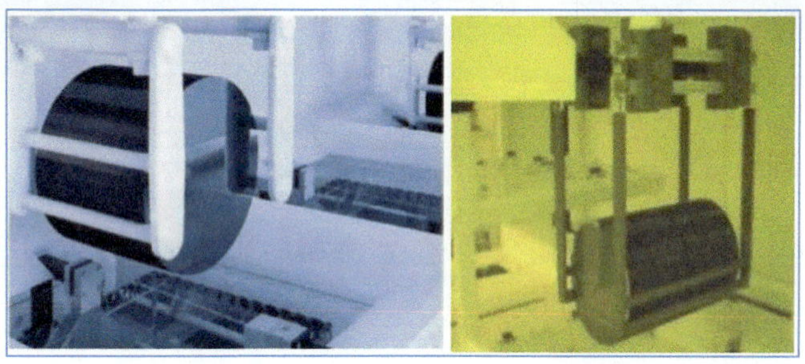

Wet cleaning 장비에서 wafer를 이송하는 robot 장치

자료출처-NINT

9-2. 장비

- **Cleaning 장비의 구조 – Batch Dip Type**

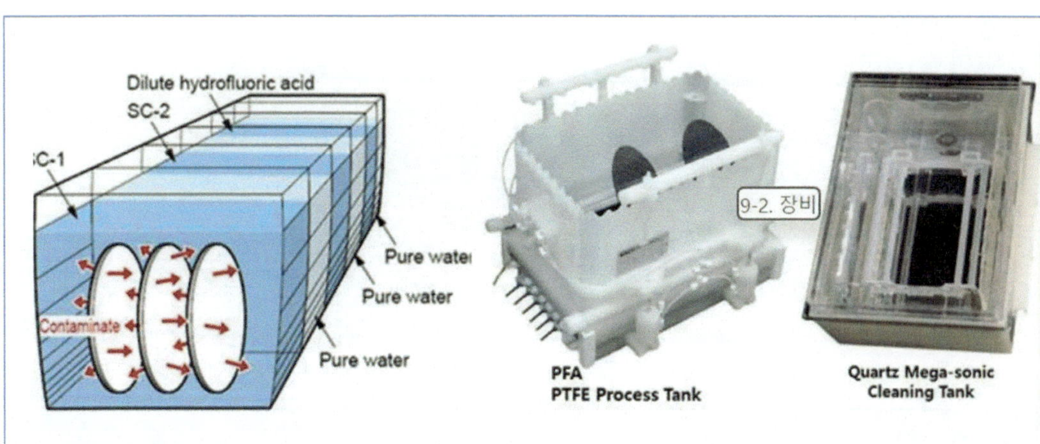

- **장점**
  25/50 매 wafer 동시 진행 가능, 화학약품 사용량 작음

- **단점**
  Footprint (fab 공간에서 차지하는 면적)가 크고, 오염에 취약

자료출처-NINT

9-2. 장비

● Cleaning 장비의 구조 – Batch Spray Type

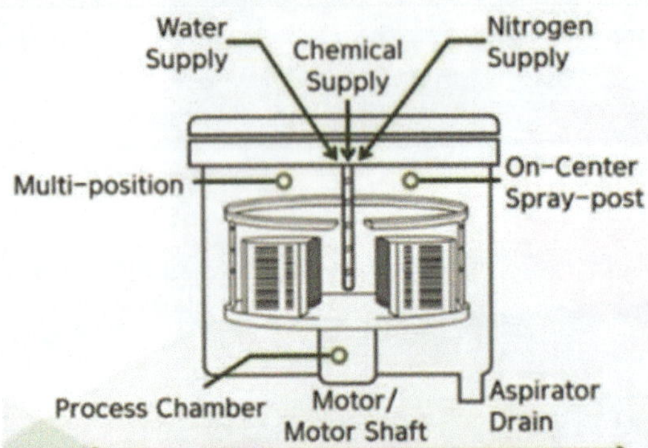

[Centrifugal Spray Type의 장비 모식도]

- 장점
  25/50 매 wafer 동시 진행 가능, 화학약품을 wafer에 spray 방식으로 진행

- 단점
  오염에 의한 취약점 없음

자료출처-NINT

9-2. 장비

● Cleaning 장비의 구조 – Batch Spin Type

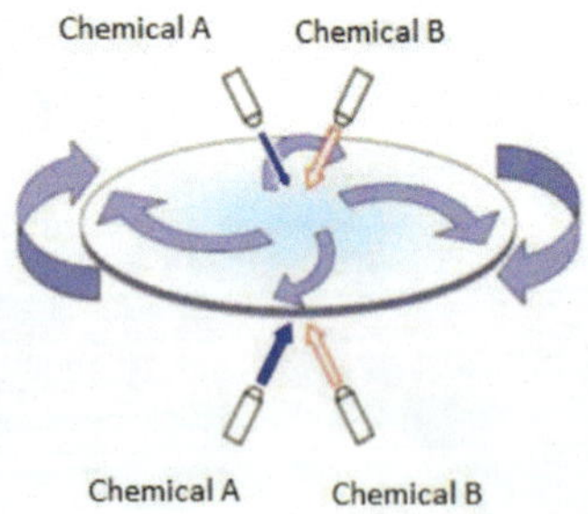

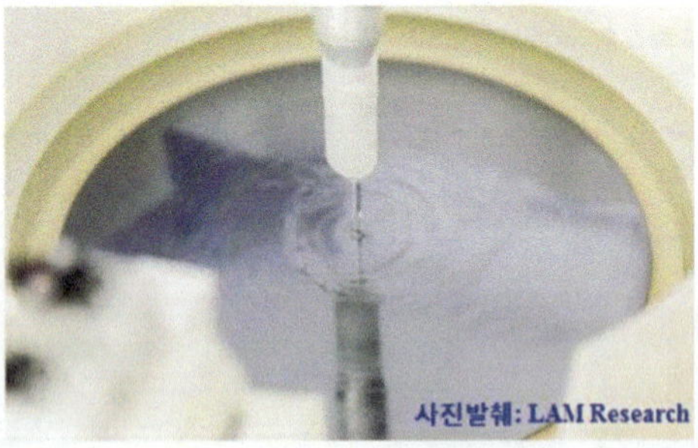

- 장점
  Wafer를 낱장으로 진행하므로 오염에 강함, chemical이 매우 빠르게 분사되어 etch rate uniformity가 좋음

- 단점
  건조장치가 없어 원심력에 의한 wafer 건조

자료출처-LAM Research

9-2. 장비

- Cleaning 장비의 구조 – Single Dip Type, Single Scan Type

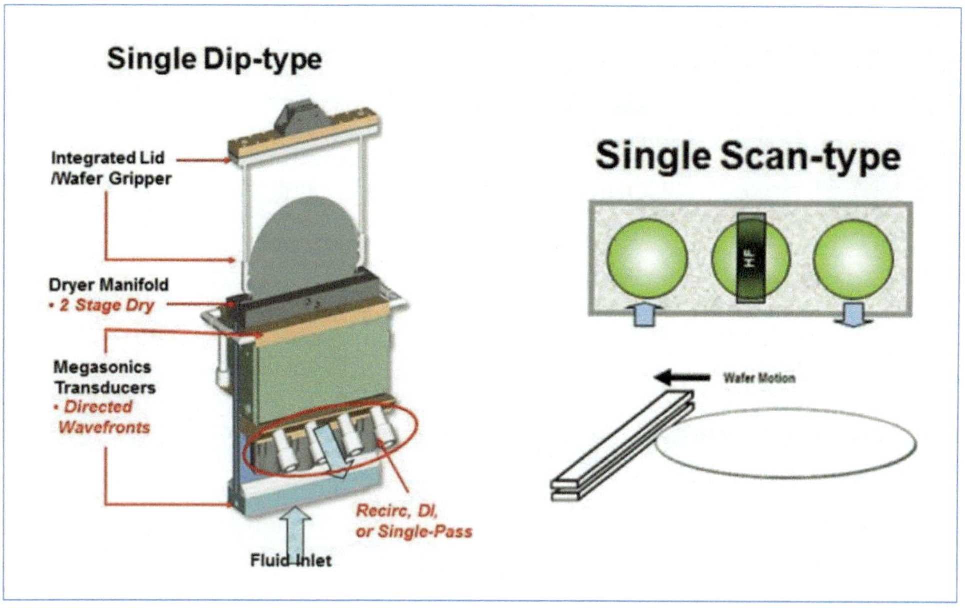

자료출처-NINT

9-2. 장비

- Cleaning 장비의 구조 – DI Sonic Type, Nano Spray Type

> Physical 방법이 적용됨

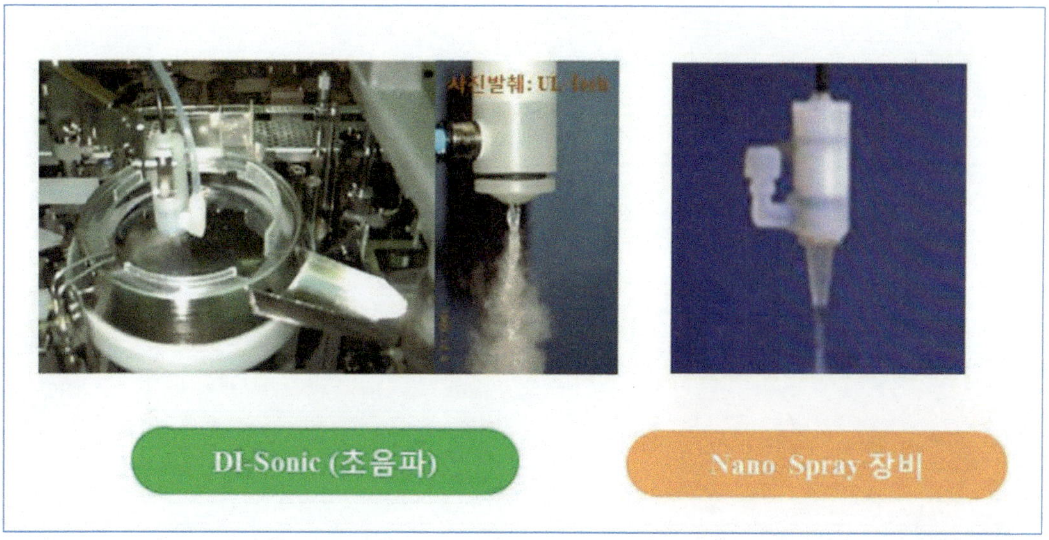

자료출처-UL Tech

9-3. 실습

- Cleaner Set-up

Tank 1	DIW	Pre-rinse 용
Tank 2	HF or BOE or HCl 등	Etch 용
Tank 3	DIW	DI rinse 1 용
Tank 4	Overflow rinse	DI rinse 2 용
Tank 5	고속 배수식 rinse	Quick dump rinse 용
Tank 6	IPA + N_2	IPA dryer 용
Tank 7	Hot N_2 or spin dry	Final dry 용

- Cleaning Process Set-up

(1) Quartz or carrier에 loading
(2) Pre-rinse를 위한 DIW 세정
(3) 원하는 etching 용액에 침투
(4) Etching 후 잔여 화학약품 제거를 위한 DIW rinse
(5) IPA 건조기 or N_2 dry
(6) Unloading

304

10. Test

1. 이론
2. 장비
3. 실습

305

10-1. 이론

반도체 제조 공정의 물리적, 화학적, 전기적 특성을 측정하고 분석하여, 공정이 정상적으로 작동하는지, 목표 규격을 만족하는지를 평가

● **테스트 목적**

- **공정 안정성 : 공정 편차를 최소화하여 생산품 일관성 유지**
- **수율 향상 : 불량원인을 조기에 분석 및 제거**
- **Spec 만족 : 고객이나 설계 요구 조건 충족 여부 판단**
- **공정 제어 및 개선 : DOE(Design of Experiments), SPC(Statistical Process Control, feedback 등 개선 작업에 활용**

● **분석 장비 / 측정 항목**

- **Ellipsometer / 막 두께, 굴절률**
- **SEM(Scanning Electron Microscope) / 표면 형상, pattern dimension**
- **TEM(Transmission Electron Microscope) / 원자 수준의 단면 분석**
- **FIB(Focused Ion Beam) / 단면 절단, 미세 가공, TEM 샘플 준비**
- **SIMS(Secondary Ion Mass Spectrometry) / 원자 조성, 불순물 농도 및 깊이**
- **XPS(X-ray Photoelectron spectroscopy) / 표면 원소 조성 분석**
- **4-point probe / 시트 저항**

306

10-1. 이론

- **Oxidation**

- Ellipsometer, TEM – 산화막 두께 측정 (산화 균일도 확인)
- SIMS – 막질 분석 (SiO_2의 순도 및 계면 특성)

- **Ion Implantation**

- SIMS – doping 농도/분포 분석 (junction 깊이)
- 4-point probe – 시트 저항 측정 (저항 균일도 측정)

- **Etching**

- SEM – etching 깊이 측정 (과 식각, 소 식각 여부 판단)
- TEM – selectivity 확인 (mask 대비 etching 선택성 확인)
- SEM – CD(Critical Dimension) 측정 (pattern 폭 측정)

307

10-1. 이론

- **Deposition/Metallization**

- Ellipsometer – 막 두께 측정 (증착 균일도 확인)
- XPS – 조성 분석 (화학 성분 분석)
- Wafer Bow Measurement – 응력 확인 (thin film으로 인한 휨 여부 확인)
- SEM – metal 두께 측정 (배선 저항 제어)
- TEM – Void/selectivity 확인 (채널 불완전 충전 확인)

- **Lithography**

- SEM – CD(Critical Dimension) 측정 (pattern 폭 측정)
- Profilometer – Photo resistor 두께 측정 (PR의 균일도 분석)
- Optical 측정기 – Overlay 확인 (층간 정렬 정확도 확인)

- **CMP**

- Profilometer – 평탄도 측정 (pattern 높이 편차 확인)
- Mapping – 두께 균일도 확인 (후공정 정렬 정확도 확인)

308

10-2. 장비

1) Ellipsometer

얇은 박막(thin film)의 두께나 광학적 특성(굴절률, 소광계수 등)을 비차괴적으로 측정하는 정밀 광학 측정 장비
물질의 표면에 광이 반사할 때 편광 상태의 변화(입사와 반사)를 관측하고, 그로부터 물질에 관한 정보를 해석

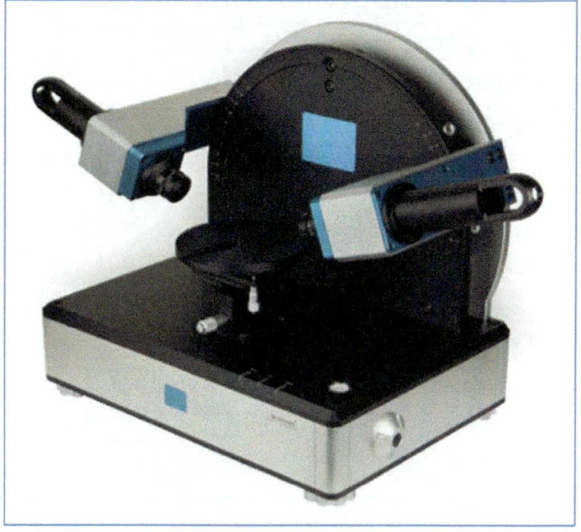

● 장점

- 비접촉, 비파괴 측정
- 매우 높은 정밀도
- 얇은 박막에 최적화

● 단점

- 흡수율이 높은 물질은 해석이 어렵기도 함
- 표면이 너무 거칠거나 불균일하면 정화도 저하
- 복잡한 구조에서는 모델링(시료의 구조, 층 별 굴절률과 두께를 설정하여 시뮬레이션) 능력이 중요

자료출처-nano view

309

10-2. 장비

● 측정 원리

- 입사광 : 선형 편광된 빛 - 입사광을 선형 편광 상태로 만들어 시료에 보냄
- 반사광 : 타원 편광 - 시료에서 반사된 빛은 편광 상태가 변해 타원 편광 상태가 됨

\> 반사된 빛의 s-편광(수직)과 p-편광(수평) 성분의 위상차(Δ) 및 진폭비(Ψ)를 측정

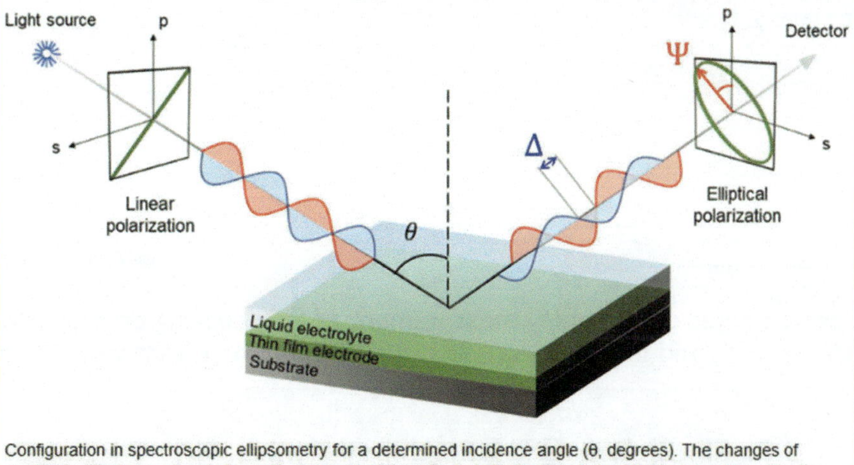

Configuration in spectroscopic ellipsometry for a determined incidence angle (θ, degrees). The changes of amplitude (Ψ, degrees) and phase (Δ, degrees) of the reflected elliptically polarized light are measured by the detector.

자료출처-Journal of The Electrochemical Society

310

10-2. 장비

● 구성 요소

- Light Source : 조사광 발생
- Polarizer : 입사광의 편광 제어
- Compensator : 위상차 보정
- Sample Stage : 시료 고정, 회전 기능
- Analyzer : 반사광의 편광 측정
- Detector : 빛의 세기/스펙트럼 측정
- Software : 측정 제어 + 모델링/피팅 분석

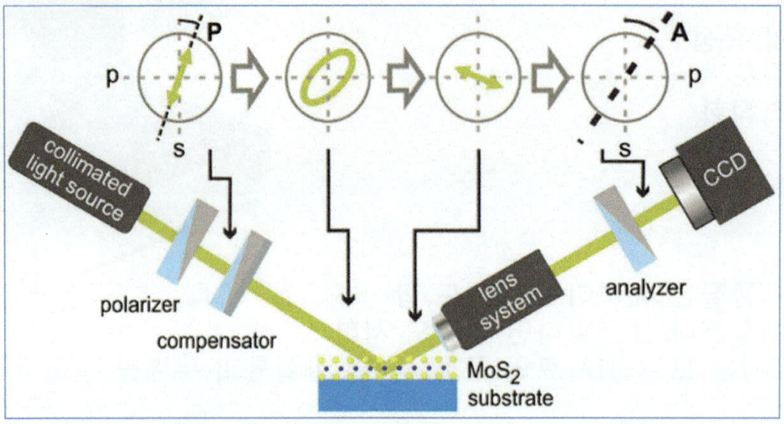

자료출처-Journal of Phyhsics

10-2. 장비

● 측정 Data

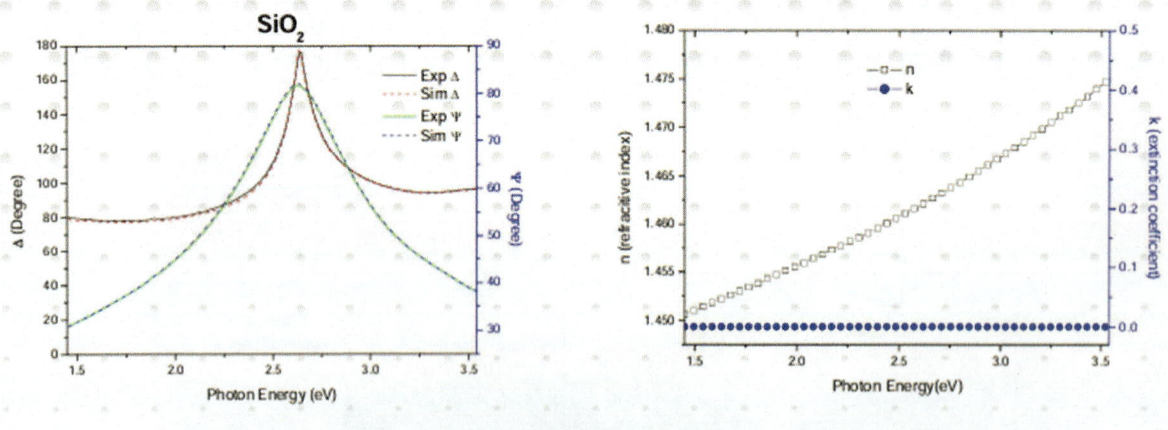

Spectroscopic ellipsometry measurement of SiO_2 coating on silicon wafer
The real (n) and imaginary (k) part of the complex refractive index of SiO_2 film

SiO_2 film의 복소 굴절률의 실제 부분(n)과 허수 부분(k)

자료출처-nano view

10-2. 장비

2) SEM(주사전자현미경)은 전자빔을 시료에 주사(scan)하고, 그 상호작용으로 발생한 2차 전자(secondary electron), 후방산란전자(backscattered electron) 등을 감지하여, 표면 구조 및 조성 정보를 시각화하는 장비

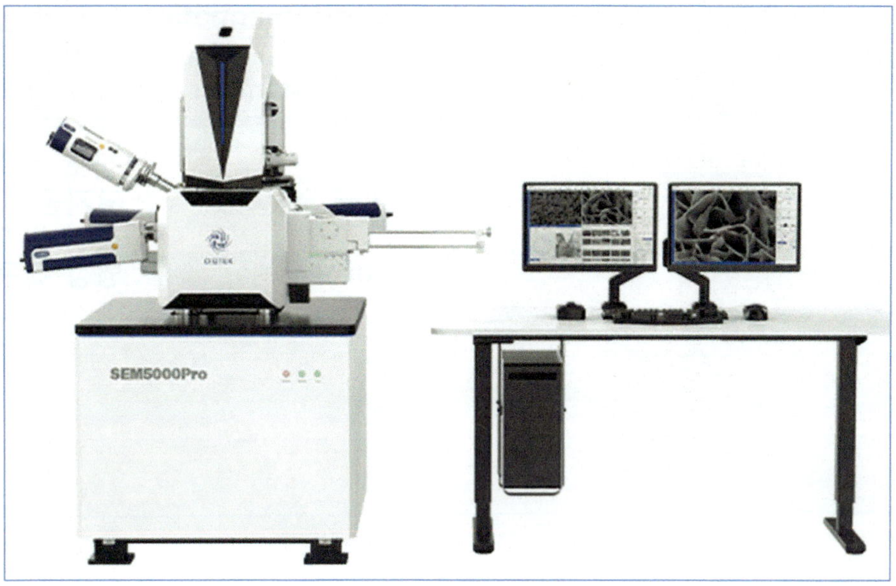

자료출처-디케이엔씨

10-2. 장비

● 측정 원리

- 전자총(Electron Gun)에서 고에너지 전자빔 생성 (수 keV ~ 수십 keV)
- 전자렌즈로 전자빔을 가늘게 초점 조절
- 시료 표면을 raster(자기적 or 정전기적) 방식으로 주사
- 시료 표면에서 방출되는 2차 전자 등을 감지
- 수신된 신호로 영상 생성

● 관찰 가능 정보

- 표면 형태 : 수십 ~ 수 nm의 미세 구조
- 입자 크기/형상 : 파우더, 나노입자 등의 크기/형상 분포
- 측간 계면 : 단면 단층 분석 가능
- 조성 분석 : 원소별 분포 확인
- 결함 관찰 : 박막 균열, 박리, void 등

자료출처-디케이엔씨

10-2. 장비

● 구성 요소

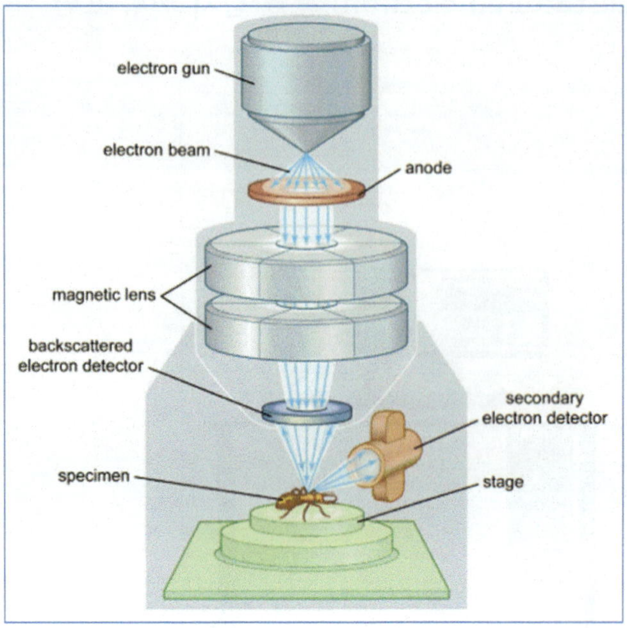

- Electron Gun : 전자빔 생성
- Electromagnetic : 전자빔 집속, 초점 조절
- 시료 Chamber : 시료 장착 및 이동
- Detector : SE, BSE, EDS 등 신호 감지
- 진공 System : 고지공 유지 (전자빔 산란 방지)
- Software : 영상 획득 및 분석

자료출처-Encyclopaedia Britannica

315

10-2. 장비

● SEM vs. TEM

<구분>	<SEM>	<TEM>
영상 방식	표면 주사(3D)	투과 이미지(단면/2D)
해상도	3 nm	~0.1 nm
시료 두께	수 nm까지 가능	수십~수백 nm로 아주 얇아야 함
조성 분석	EDS(표면)	EDS + EELS(내부)
난이도	상대적으로 쉬움	시료 준비 어려움, 높은 비용

자료출처-디케이엔씨

316

10-2. 장비

● 측정 Data

자료출처-반도체이야기

10-2. 장비

3) Probe Station

반도체 소자나 나노소자의 전기적 특성을 실시간으로 측정
주로 미세소자나 박막 소자의 전류-전압(I-V) 특성, impedance, 전압-전류 관계 등을 분석
또한, 전자 회로의 test와 pattern 분석

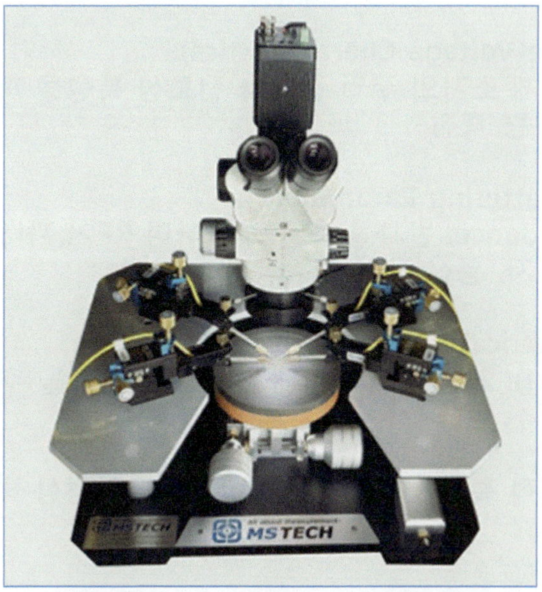

자료출처-MSTECH

10-2. 장비

● 구성 요소

- Probe : 시료에 전압을 인가하거나, 전류를 측정하는 전극
- Sample Stage : 시료를 고정하고 이동시켜 측정할 부위를 선택
- Probe Holder : probe를 고정시키고 시료에 정확히 접촉하도록 조정
- Control System : 측정 parameter 설정, data 기록 및 분석
- Vacuum System : 시료를 고정하고, 고온/저온 조건을 제공
- Software : 측정 data 분석, 그래프 출력, 결과 기록

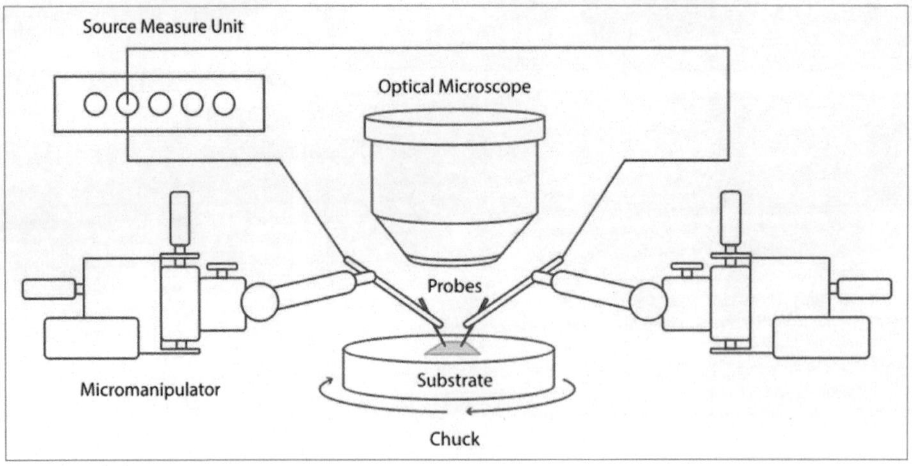

자료출처-Ossila

319

10-2. 장비

● Test 범위

- I-V 특성 (Current-Voltage Characteristics)
- 정확한 전류-전압 관계를 측정하여 반도체 소자의 동작 특성을 분석
- 예: 다이오드, 트랜지스터, 태양 전지, LED 등에서 사용

- C-V 특성 (Capacitance-Voltage Characteristics)
- 용량 측정을 통해 반도체 소자의 주입 전하나 전도성 특성을 파악
- 예: MOSFET의 gate 용량 측정

- S-parameter 측정 (Scattering Parameters)
- 고주파 신호에서 impedance, 반사율 등을 측정하여 RF 소자나 집적회로의 특성을 분석
- 예: 고주파 회로, 5G 소자, 통신 장비

- 전기적 손상 분석 (Electrical Failure Analysis)
- 전자 소자의 단락(short), 개방(open) 상태를 측정해 결함을 추적

- 온도 응답 측정
- 온도 변화에 따른 전기적 특성 변화를 측정하여 소자 안정성 및 열적 반응 분석

자료출처-디케이엔씨

320

10-2. 장비

- 측정 Data

• 면저항

시료 번호	전류 (I)	전압 (V)	면저항 (Ω/□)
Sample 1	1.0 mA	0.25 V	19.89 Ω/□
Sample 2	0.8 mA	0.20 V	20.00 Ω/□
Sample 3	0.5 mA	0.15 V	21.22 Ω/□
Sample 4	1.5 mA	0.30 V	19.48 Ω/□

• MOSFET

V_gs (V)	V_ds (V)	I_d (mA)	특성/설명
0	0.1	0	MOSFET OFF 상태 (전류 없음)
1	0.1	1.2	문턱 전압 아래 (상태 변화 없음)
2	0.1	5.8	온 상태, 전류 증가 시작
3	0.1	12.5	온 상태, 전류 급증
1	5	25.1	온 상태, 높은 V_ds에서 전류 증가
2	5	50.4	온 상태, 높은 V_ds에서 전류 증가

10-3. 실습

- Ellipsometer Set-up

(1) 입사광원 준비 : 수은 램프나 LED가 사용. 이 광원은 보통 가시광선 혹은 자외선(UV)을 방출. 이 광원에서 나오는 빛은 편광광(polarized Light)으로 변환되어 시료에 입사.
(2) 편광광 생성 : 편광기는 빛의 진동 방향을 특정한 방향으로 제한해 편광된 빛을 만듦.
(3) 빛의 입사 : 이 빛은 시료의 표면과 하부 층에서 반사. 빛이 시료 표면에서 반사될 때, 시료의 두께와 굴절률에 따라 반사된 빛의 편광 상태가 변화.
(4) 반사된 빛 측정 : 반사된 빛은 시료 표면에서 다시 ellipsometer로 돌아옴. 이 반사된 빛의 편광 상태를 분석기(analyzer)가 측정.
(5) 측정된 데이터 분석 : 분석기는 반사된 빛의 편광 상태 변화를 수치화하여 복소 굴절률(n, k), 두께, 반사율 등의 값을 계산. 이를 통해 시료의 두께, 굴절률, 흡수율 등을 정확하게 추정.
(6) 결과 출력 : 측정된 데이터를 기반으로 시료의 두께, 굴절률(n), 흡수율(k) 등과 같은 물리적 특성을 출력. 그래프, 표, 혹은 3D 모델로 시각화

10-3. 실습

- **SEM Set-up**

(1) 시료 준비 : 시료가 전도성이지 않으면 금속 코팅(예: 금, 팔라듐)을 해야함. 비전도성 시료는 전자빔이 시료에 충전 축적되는 현상을 방지하기 위해 전도성 코팅이 필요.
(2) 시료 장착 : 준비된 시료를 시료 홀더에 장착. 시료는 진공 챔버에 삽입.
(3) 진공 시스템 준비 : 저진공, 중진공, 고진공 단계가 있으며, 각 단계에 따라 진공 레벨을 맞추어 야함.
(4) 전자빔 생성 : 전자는 고전압을 통해 가속되어 시료 표면에 조사. 전자빔은 전자렌즈를 통과하며 집속되어 시료 표면에 정확하게 조사.
(5) 전자빔 조준 및 시료 스캔 : 전자빔은 X, Y 축 방향으로 스캔.
(6) 전자 감지 및 이미지 생성 : 전자빔이 시료 표면과 상호작용하면서 여러 종류의 전자(secondary electrons, backscattered electrons, X선 등)를 방출.
(7) 이미지 및 데이터 분석 : 이미지 분석 시스템이 생성된 이미지를 디지털 형태로 변환. 표면의 거칠기, 형상, 미세 구조 등을 분석.
(8) X선 : 전자빔이 시료와 상호작용하면서 X선이 방출되고, 이를 분석하여 원소 분석.
(9) 이미지 저장 및 출력
(10) 진공 상태 복원 및 시료 제거

323

10-3. 실습

- **Probe Station Set-up**

(1) 시료 준비 : 시료를 선택하고 표면을 준비
(2) 시료 장착 : 시료를 probe station에 정확하게 장착
(3) Probe 조정 : probe 위치를 조정하여 시료의 test 지점에 접촉
(4) 전기적 test 준비 : 전압/전류 입력 및 계측 장비 연결을 준비
(5) 측정 시작 : test를 수행하고 data를 기록
(6) 결과 분석 : 측정된 data를 분석하고 전기적 특성을 평가
(7) 결과 저장 및 보고서 생성 : data를 저장하고 결과를 출력
(8) Probe reset 및 시료 제거 : probe를 원위치로 돌리고 시료를 제거

324

부록 I.

MOSFET Process Flow

325

부록 I. MOSFET Process Flow

The positively doped silicon wafer is first coated with an insulating layer of silicon dioxide (yellow) through chemical vapor deposition.

An ultraviolet light-sensitive thin layer of photoresist (blue) is applied to the silicon dioxide surface and evenly spread across the wafer.

자료출처-http://micto.magnet.fsu.edu/electromag/java/transistor/index.html

326

부록 I. MOSFET Process Flow

The first mask is placed over the wafer and ultraviolet light is projected onto the mask. Areas of photoresist exposed to the light are hardened and those shielded remain soft.

The unexposed (and soft) photoresist is removed by washing with a solvent, leaving the hardened resist and underlying silicon dioxide layer intact.

자료출처-http://micto.magnet.fsu.edu/electromag/java/transistor/index.html

327

부록 I. MOSFET Process Flow

The upper layer of the silicon dioxide is removed by etching with hot gasses, leaving only a very thin layer for insulation.

The hardened photoresist is removed with a chemical solvent leaving an uneven silicon dioxide surface over the entire wafer.

자료출처-http://micto.magnet.fsu.edu/electromag/java/transistor/index.html

328

부록 I. MOSFET Process Flow

A layer of polysilicon is then deposited onto the silicon dioxide surface using chemical vapor deposition. This material will serve as the transistor's gate.

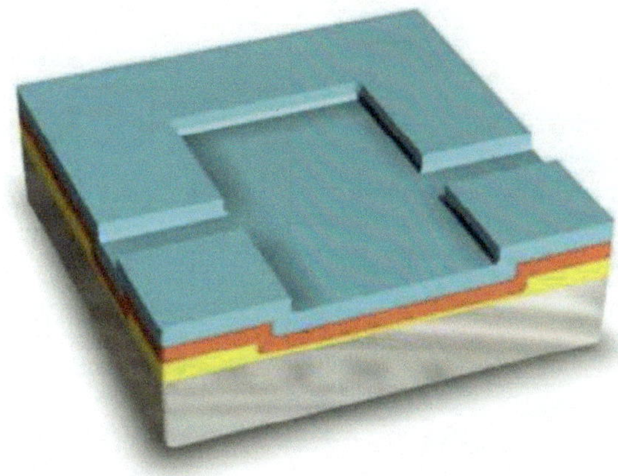

A second layer of photoresist is applied over the polysilicon to prepare the wafer's surface for a second photomask.

자료출처-http://micto.magnet.fsu.edu/electromag/java/transistor/index.html

329

부록 I. MOSFET Process Flow

The second mask is placed over the wafer and ultraviolet light is again projected onto the mask. The areas exposed to the light are hardened.

The unexposed photoresist is washed away with a solvent, leaving only the L-shaped hardened resist on the wafer.

자료출처-http://micto.magnet.fsu.edu/electromag/java/transistor/index.html

330

부록 I. MOSFET Process Flow

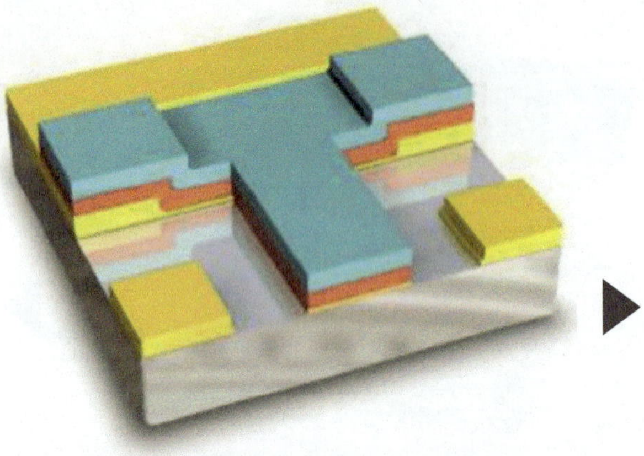

The next step is ion-beam milling (etching) to remove the excess polysilicon and another thin layer of silicon dioxide exposing the silicon wafer's surface.

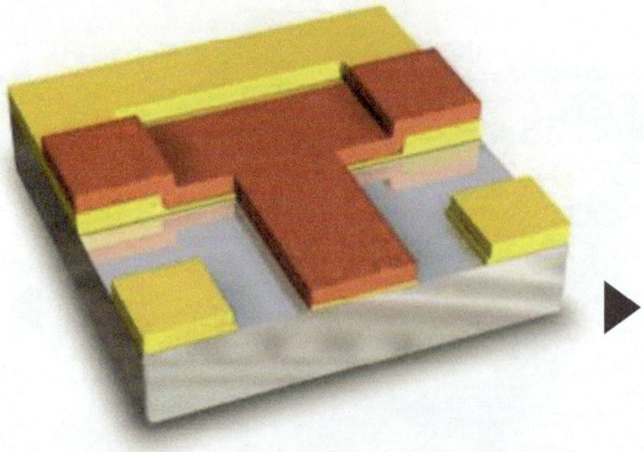

The photoresist is removed with solvent leaving a ridge of polysilicon (the transistor's gate), which rises above the silicon wells.

자료출처-http://micto.magnet.fsu.edu/electromag/java/transistor/index.html

331

부록 I. MOSFET Process Flow

Chemical doping implants phosphorous (green) deep within the silicon wells surrounded by the silicon dioxide and polysilicon layers to produce positively doped silicon.

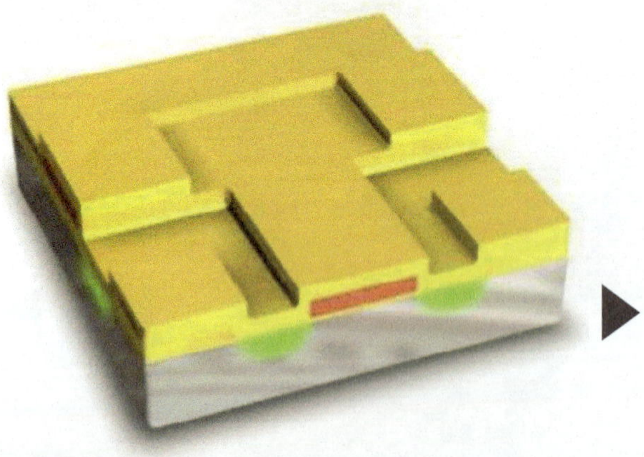

a second layer of silicon dioxide is applied to provide insulation of the basic transistor structure from metal contacts to be applied later.

자료출처-http://micto.magnet.fsu.edu/electromag/java/transistor/index.html

332

부록 I. MOSFET Process Flow

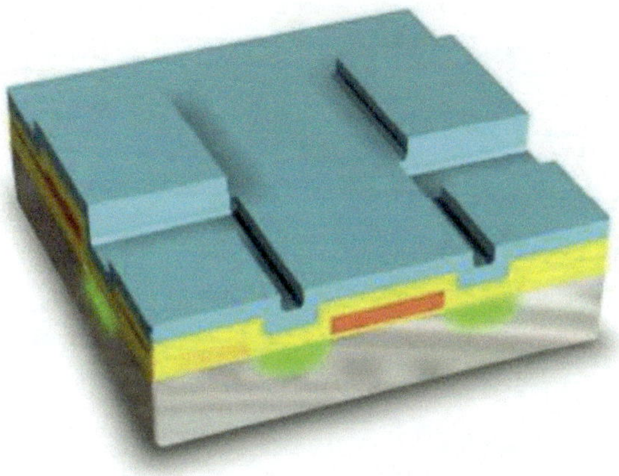

A third film of photoresist is added to prepare the formation of vertical shafts (vias) that will contain metal contacts for the polysilicon and the wells.

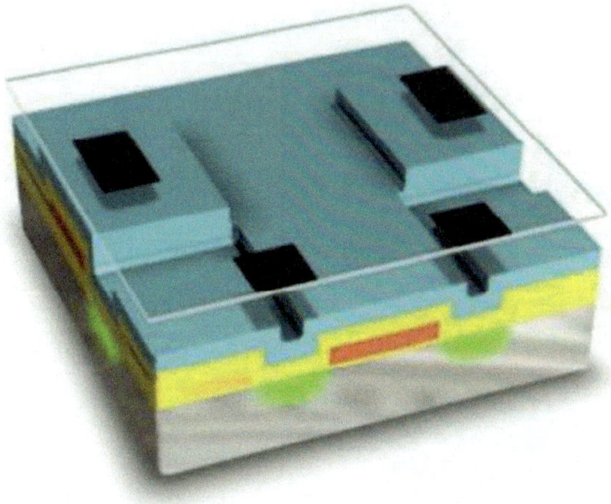

The third mask is illuminated with ultraviolet light, hardening the photoresist everywhere with the exception of small black rectangles that will become shafts.

자료출처-http://micto.magnet.fsu.edu/electromag/java/transistor/index.html

333

부록 I. MOSFET Process Flow

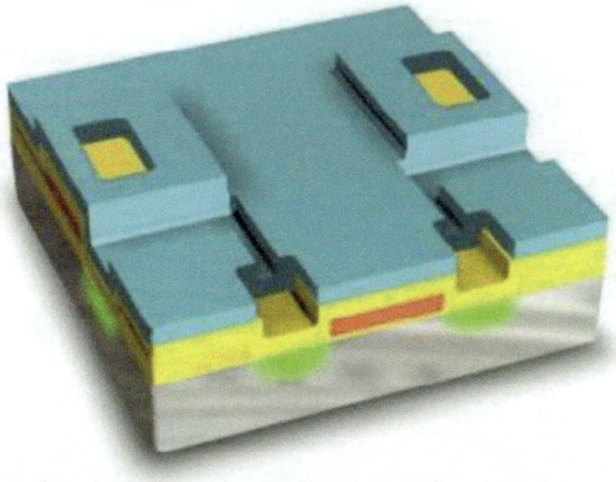

Removal of the soft photoresist with solvent exposes three areas of exposed silicon dioxide that mark the planned shafts.

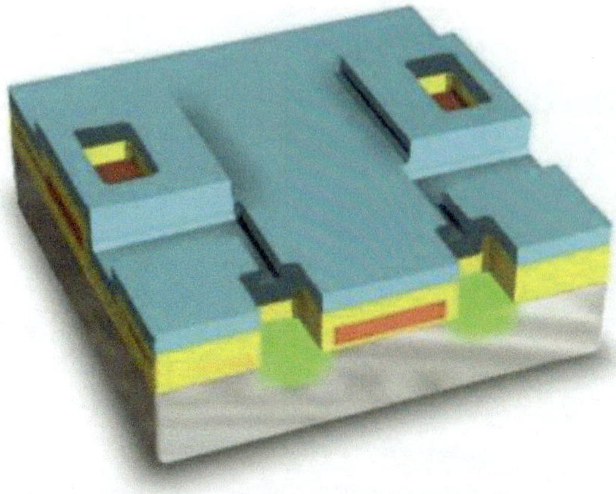

The wafer is next etched again to remove silicon dioxide and exposing the positively doped silicon and the polysilicon gate.

자료출처-http://micto.magnet.fsu.edu/electromag/java/transistor/index.html

334

부록 I. MOSFET Process Flow

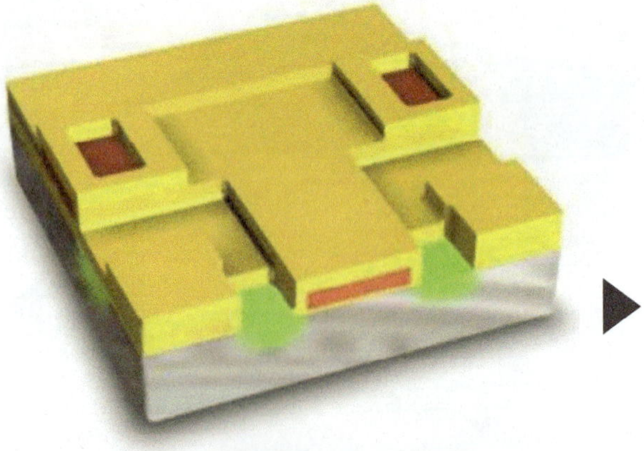

The remaining photoresist is then washed away with solvent. The positively doped silicon areas (green) will serve as the source and the drain.

The wafer is then sputter-coated with aluminum that fills the shafts and evenly coats the wafer's surface to provide electrical contacts.

자료출처-http://micto.magnet.fsu.edu/electromag/java/transistor/index.html

335

부록 I. MOSFET Process Flow

A fourth layer of photoresist is applied to the wafer to prepare the transistor for its final mask, which will produce the pattern for the aluminum "wiring".

Ultraviolet light shining through the metallization mask hardens the photoresist covering the aluminum, which will carry current to and from the transistor.

자료출처-http://micto.magnet.fsu.edu/electromag/java/transistor/index.html

336

부록 I. MOSFET Process Flow

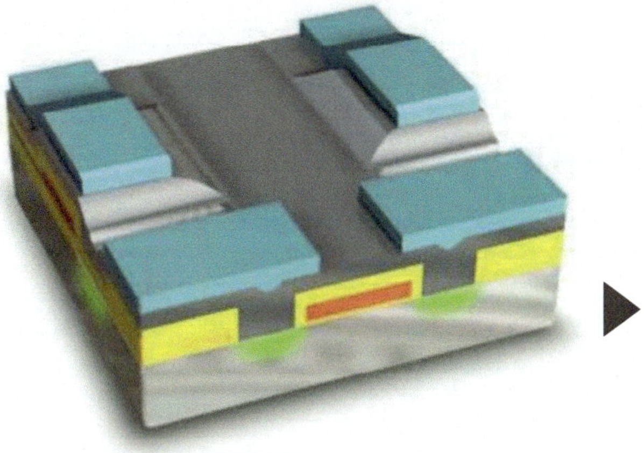

The unexposed photomask is removed with solvent, exposing many bare regions of aluminum that will be removed next.

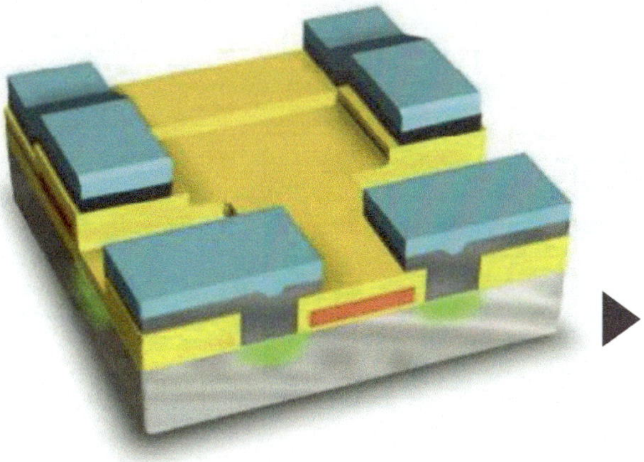

A final etching step removes exposed aluminum leaving only the metal necessary to make contacts in the shafts and connectors on the surface.

자료출처-http://micto.magnet.fsu.edu/electromag/java/transistor/index.html 337

부록 I. MOSFET Process Flow

The last resist is washed away with solvent and the transistor is finished, along with millions of its neighbors on the wafer.

자료출처-http://micto.magnet.fsu.edu/electromag/java/transistor/index.html 338

부록 I. MOSFET Process Flow

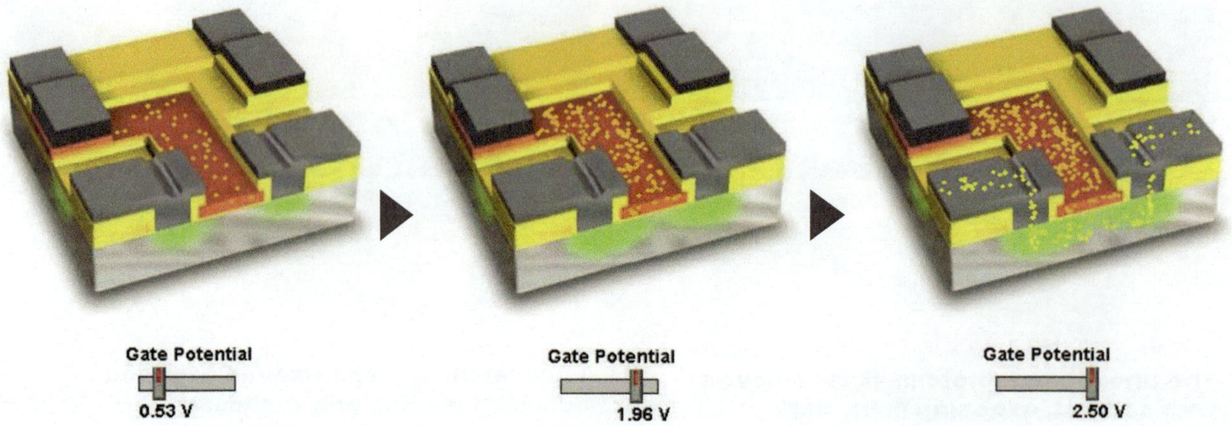

자료출처-http://micto.magnet.fsu.edu/electromag/java/transistor/index.html

부록 II.

반도체 용어집

부록 II

반도체 용어집

A

absolute maximum ratings - The range of voltages, currents, temperatures, etc., outside of which the device's performance or reliability is expected to seriously degrade or the device will cease to function. Unless otherwise specified, these ratings are given for TA = + 25℃. Combinations of maximum ratings may not be applied simultaneously.

absorption - To take up a substance into or throughout a material or fabric by physical or chemical means. A particular piece of protective clothing may act more like a sponge and absorb certain liquids rather than act active barrier.

accept number - The maximum number of devices which may fail a sample test without causing rejection of the lot.

acceptor - An impurity that can make a semiconductor P-type by accepting valence electrons, thereby leaving 'holes' in the valence band of the semiconductor device. The holes act like carriers of positive charge.

access control - The process of granting or denying specific requests to: 1. obtain and use information and related to information processing services; and 2. enter specific physical facilities (e.g., Federal buildings, military establishments, and border crossing entrances).

access control system format - The algorithm that specifies how data transmitted by the system is to be interpreted. The format specifies how many bits make up the data stream and which bits represent different types of information. For example, the first few bits might transmit the facility code, the next few the unique ID number, the next few parity, and so on.

access management - The processes and technologies for controlling and monitoring access privileges to resources, consistent with governing policies. Access management includes authentication, authorization, trust, and security auditing.

access right - The privilege or permission for an individual to access a controlled resource or entity(physical or logical).

ac signal - A signal that has alternating polarity, typically a sinusoidal wave of constant frequency.

active circuit area - All areas from outside edge of the bond pads inward, except where there is an active line in the device located beyond the outside edge of the bond pads.

active Components - Semiconductor devices, such as transistors and diodes, that can change its basic characteristics in an powered electrical circuit, such as amplifiers and rectifiers.

active device - A device which, when subjected to a current or voltage, exhibits either gain(amplification) and/or control characteristics, or a device which converts input signal energy into output signal energy through interaction with the energy from an auxiliary source(s).

active filter - An electronic filter that combines active devices such as operational amplifiers with passive components like resistors and capacitors; active filters are typically better than purely passive filters.

active load - A programmable circuit that can serve as a pullup or pulldown load for a DUT(device under test) pi.

active test site - an operational test site that has its tester channel numbers included in the test program's pin lists.

a/d or d/c - Analog-to-Digital donverter. this device is what all digital imaging systems use to get real-world pictures from a TV camera, for example into a computer.

adapter card - Circuit board or other hardware in data terminal equipment(DTE) that provides the physical interface to the communications network.

ADC - See 'Analog-to-Digital Converter'.

ADM - Acronym for 'Add/Drop Multiplexer'; A device that adds(inserts) or drops(removes) lower-data-rate channel traffic from a higher-rate aggregated channel.

ADPCM - Acronym for 'Adaptive Differential Pulse Code Modulation'; A compression technique that encodes only the difference between sequential samples.

ADSL - Acronym for 'Asymmetric Digital Subscriber Line'; A method of moving data over regular phone lines faster than a modem.

Advanced Substrates - Printed circuit board materials with superior thermal properties for products requiring high-frequency transmission.

AES - 'Advanced Encryption Standard', also known as Rijndael. A block cipher adopted as an encryption standard by the U.S. government.

AFE - Acronym for 'Analog Front End': the analog portion of a circuit which precedes analog-to-digital conversion.

AGC - Acronym for 'Automatic Gain Control'; A circuit that modulates an amplifier's gain in response to the relative strength of the input signal in order to maintain the output power.

air(coupling) bridge - A raised layer of metallization used for interconnection that is isolated from the die surface by only air.

algorithm - A set of rules with a finite number of steps for solving a problem or performing a task, Such as testing.

aliasing - The phenomenon wherein a signal is falsely represented as a lower-frequency signal by digital data obtained from digitization of the signal using an insufficient sampling frequency.

alias frequency - A false lower-frequency component that emerges when an analog signal is digitized at an insufficient sampling rate.

align - Position mask or reticle with respect to pattern on wafer.

alloy - A substance that exhibits metallic properties and is composed of two or more chemical elements, at least one of which is a metal.

alloy42 - An alloy composed of about 57.7% Fe, 41% Ni, 0.8% Mn, and 0.5% Co.

alpha particles - Helium nuclei emitted as a result of the radioactive decay of trace amounts of naturally occurring uranium and thorium found in semiconductor packaging materials. Alpha particles, if not properly controlled, can cause soft errors in dynamic memories.

ambient level - The intensity of noise and signals that are present at a test location when the device under test is not active.

ambient temperature - The temperature of the environment(air) around a suite, object or individual.

AML - 'Approved Manufacturer List'.

amplitude modulation(AM) - A modulation method in which the carrier amplitude changes with the input signal amplitude.

analog Circuit - An electrical circuit that provides a continuous quantitative output as a response from its input.

analog device - A microcircuit in which the output is a mathematical function of the input.

analog integrated circuit - A type of integrated circuit in which the signals are continuous and can take on any value within a range, instead of just one of two possible values(digital). Analog chips are often used for applications like multimedia and communications. Testing of analog chips must be done on a test designed to be able to handle analog signals.

analog signal - A variable and non-discrete electrical signal that can be transformed to represent something in the physical world for processing, transmission, amplification.

analog-to-digital conversion - The process of representing an analog signal with digital data.

analog-to-digital converter(ADC or A/D converter) - A semiconductor device or electronic circuit that converts an analog signal input into a digital code output.

anechoic chamber - An enclosure especially designed with walls that absorb sound or radiation, creating an essentially free-field environment for testing.

analog signals - Analog is a continuous signal, measuring features that are difficult to break into digital components, such as pressure, temperature, voltage, current and air and water-flow. The circuits are used in products that involve sound(radios, TVs) and pressure(automotive air bags, anti-lock brakes).

angstrom - One ten-billionth of a meter. Some chip layers are only 100 angstroms thick.

anode - 1. The electrode where oxidation takes place; 2. In lead finish, the source material for the metal plating.

annealing - A baking process typically used to incorporate doping atoms into the silicon crystal lattice.

annular rings - The conductive copper rings around the holes in a printed circuit board.

ANSI - 'American National Standards Institute'.

anti-alias filter - A low-pass filter that removes or attenuates noise and aliased high-frequency components of an analog signal prior to its conversion into a digital value

AOI - 'Automatic Optical Inspection' uses technology to inspect an object.

API - See 'application programming interface'.

APM - Acronym for 'Advanced Power Management'; Power management standard for computers that provides five power states: Ready, Stand-by, Suspended, Hibernation, Off.

applicant - An individual applying for an identity card/credential. In context of the Federal Personal Identity Verification(PIV) card, the applicant may be a current or prospective Federal hire, a Federal employee, or a contractor.

application - A hardware/software system implemented to satisfy a particular set of requirements. In the context of FIPS 201, an application incorporates a system used to satisfy a subset of requirements related to the verification or identification of an end user's identity so that the end user's identifier can be used to facilitate the end user's interaction with the system.

application authority - The entity that defines the rules of the application and attribute disclosure required from a subject to be disclosed in order to provide the service which may be delegated to a service provider.

application programming interface(API) - A source code interface that a computer system or program library provides in order to support requests for services to be made of it by other computer programs, and/or to allow data to be exchanged.

AQL - 'Acceptable Quality Level'. The maximum percent defective that can be considered acceptable as an average for all lots screened. The sample size used with a given AQL will prevent acceptance of 95% of all lots having a greater percent defective.

ARAM - 'Audio-grade DRAM' with 'bad bits'. an 'ARAM' can be mapped to avoid using bad bits, and therefore deliver good performance.

architecture - The functional design of a complex component, circuit or system, including both its hardware and its compatibility with external hardware and software.

ARM - 'advanced RISC machines'.

array - A set of elements(usually referring to leads or balls in the context of semiconductor assembly) arranged in rows and columns.

artwork - The design of a circuit board.

ashing - Removal of photoresist through dry processing.

ASIC - 'Application Specific Integrated Circuits'. designed to suit a customer's particular requirement, As opposed to DRAMs or microprocessors, Which are general-purpose semiconductors.

ASM - 'application-specific memory'.

ASPN - 'application-specific passive network'.

aspect ratio - The ratio of a video picture's width to its height.

ASQ - 'American Society For Quality'.

assembler - A program that translates mnemonic codes into binary data that can be executed by a computer.

assembly - The process of putting a semiconductor device or integrated circuit in a package of one form or another; It usually consists of a series of packaging steps that include: Die preparation, die attach, wirebonding, encapsulation or sealing, deflash, lead trimming/forming, and lead finish.

assembly file - A drawing indicating where components are placed on a 'PCB'.

ASSP - 'Application-Specific Standard Products'. An integrated circuit that performs functions for a single application.

assurance level - The degree of certainty that the user has presented an identifier (e.g., a credential) that refers to his or her identity. In the context of FIPS 201, assurance is defined as 1) the degree of confidence in the vetting process used to establish the identity of the individual to whom the credential was issued, and 2) the degree of confidence that the individual who uses the credential is the individual to whom the credential was issued.

ASTM - 'American Society for Testing and Materials'. Guidelines for safety and standardization of manufactured goods. Organized into 140 committees. Co F23 is made up of individuals representing both producers and users of protective clothing. The group develops test methods and voluntary standards assessing the performance of protective clothing against occupational hazards.

ASTM F1001 - Standard chemical test battery used to compare material resistance across like chemicals. Currently consists of 15 liquids and 6 gases with each chemical representing a different family of chemicals.

ASTM F1052 - Standard practice for pressure testing of 'Level A' totally encapsulating chemical protective suits. Test if suit has 'air leaks' which could possibly allow entry of hazardous substances.

ASTM F739 - Standard test method for resistance of protective clothing materials to permeation. Fives consistent and repeatable method to determine if material 'X' provides sufficient barrier to chemical 'Y'.

asymmetric cryptographic technique - A cryptographic technique that uses two related operations: a public operation defined by public numbers or by a public key and a private operation defined by private numbers or by a private key. (The two operations have the property that, given the public operation, it is computationally infeasible to derive the private operation.)

asymmetric keys - Two related keys, a public key and a private key, that are used to perform complementary operations, such as encryption and decryption or signature generation and signature verification.

asynchronous - An action that takes place at an arbitrary point in time, without being synchronized with a reference timer or event.

asynchronous transfer mode(ATM) - A fast-packet switching technology that uses asynchronous time-division multiplexing.

ATAPI - PC driver interface

ATE - 'Automatic Test Equipment'. Equipment designed to automatically analyze functional or static parameters in order to evaluate performance degradation. It may also be designed to perform fault isolation.

ATF - 'Automatic Track Finding'.

ATG - 'Automatic Test Generation'. Computer generation of a test program based solely on the circuit technology, requiring little or no manual programming effort.

ATM - 'Asynchronous Transfer Mode'.

atmospheric downstream plasma(ADP) - Direct current plasma in Argon flow in an atmospheric pressure chamber. Downstream means that the wafer is not subjected to the charged particles of typical plasmas. Applications include silicon wafer thinning, backside wafer etching for silicon oxide, silicon nitride and polysilicon film removal, backside damage and stress removal after grinding or lapping and isotropic etching through a mask.

atmospheric oxidation - A process of oxidation of silicon carried out at atmospheric pressure. The equipment used for thermal oxidation is the same as that used for thermal diffusion.

atomic force microscope(AFM) - A microscope that works by bringing a fine needle right up to the surface of a semiconductor and tracing the topography o f the material. AFM's are an alternative to scanning electron microscopes as a means of measuring and monitoring the widths and heights of critical geometries(critical dimensions - CDs) on a circuit.

ATP - 'Acceptance Test Plan'. A document developed for the purpose of detailing all of the testing involved in device and/or lot acceptance.

attenuation - The reduction of a signal's intensity or power from the time of its transmission to the time of its receipt.

attribute - A quality, characteristic or entity that defines properties of a subject (e.g., person), object or element.

attributes data - Gross quantitative data indicating the total number of devices subjected to and passing or failing the various screening steps in a test sequence.

audit - Random surveillance of processes, specifications, etc.

authenticate - To verify(guarantee) the identity of a person or entity. To ensure that the individual or organization is really who it says it is.

authentication - The process of validating the identity of a person or other entity.

authentication factors - Pieces of information used to verify a person's identity for security purposes. The three most commonly recognized factors are: Something you know, such as a password or personal identification number(PIN). Something you have, such as a credential, card or token. Something you are, such as a fingerprint or other biometric.

authorization - The assignment of a privilege or privileges (e.g., access to a building or network) verifying that a known person or entity has the authority to perform a specific operation. Authorization is provided after authentication.

automated test equipment(ATE) - Equipment that tests the PCB normally in its assembled state for functionality.

autorange - The automatic adjustment of the measurement range of a measuring instrument to maximize the accuracy of the measurement taken of a quantity at its input.

averaging - Mathematical smoothing of the results of several measurements by summing them up and dividing the sum by the number of samples.

AVL - 'Approved Vendor List'.

AWG - 'Arbitrary Waveform Generator'; An instrument that can be programmed to provide signals with special waveform characteristics.

axis - A plane through a device established for the purpose of orienting the application of force during such stresses as constant acceleration. The most widely used axis is the Y1 axis, in which the application of force is such it will tend to lift the die off the mounting surface or the wires off the die.

B

back-end - Refers collectively to later assembly process steps from molding to all steps succeeding it; Also known as 'end-of-line'.

back end manufacturing - The portion of semiconductor manufacturing that happens after the wafer has left the cleanroom. This includes testing the chips at wafer level, repairing the chips if necessary, dicing the wafers and putting the individual chips into packages. In short, back end manufacturing is test and assembly. There is a growing trend among semiconductor manufacturers to outsource the assembly, and often the testing too, to independent assembly houses.

backgrinding - The process of grinding the back side of a wafer until the wafer attains the desired thickness.

backlapping - Fine grinding or polishing of the bottom side of wafers prior to diffusion to reduce wafer stress and provide uniform thickness and planarity.

backplanes or backpanels - Multi-layer printed circuit boards typically used to connect other boards.

backside abrasion - A process whereby the backside of a finished wafer is cleaned using a fine-granular powder under air pressure in order to remove all oxidation or any other materials. The resulting level of wafer cleanliness allows better die attach of dice from the wafer.

ball bond - A bond that looks like a ball, having originated from a molten sphere at the end of the bond wire.

ball bonding - A thermocompression bonding technique. the wire end is melted to form a ball, which provides a larger area of contact than otherwise possible.

ball grid array(BGA) - 1. A packaging technology similar to a pad grid array, in which a device's external connections are arranged as an array of conducting pads on the base of the package. However, in the case of a ball grid array, small balls of solder are attached to the conducting pads: 2. A surface-mount package that utilizes an array of metal spheres or balls as the means of providing external electrical interconnection, as opposed to the pin-grid array(PGA) which uses an array of leads for that purpose.

ball lifting - A failure mechanism wherein a ball bond either becomes detached from its bonding site or fails to attach to it.

ball shear test(BST) - A process for testing the shear strength of a ball bond's adhesion to the bond pad that employs a needle to push the ball bond horizontally(parallel to the plane of the bond pad).

band-pass filter - A filter that passes only those signals with frequencies falling between two predefined frequencies.

bandwidth(BW) - A range of frequencies over which a system works without degrading the original signal.

bare board - An unpopulated 'PCB'.

bare die - an unpackaged discrete or integrated circuit.

bare die have bond pads on the upper surface suitable for interconnection to the substrate or package by wire bonding or soldered wiring.

bare PCB - An unassembled printed circuit board.

base - The lower half of a ceramic dual-in-line package.

baseband - The signal that is unmodulated in video and audio transmissions.

baseline - A detailed definition of a device's electrical and mechanical configuration, assembly, processing and testing used as a base from which to track subsequent changes.

BBT - 'Bare Board Test'. A test carried out on the PCB for continuity before any parts are assembled to the PCB

BCD - Aacronym for 'Binary-Coded Decimal'; Representation of a number in which each decimal digit(0-9) is encoded in binary, with four bits per decimal digit.

BCDMOS - 'bipolar/CMOS/DMOS'.

BECMOS - 'bipolar enhanced CMOS'.

BER - Acronym for 'Bit Error Rate'; A measure of the number of erroneous bits which can be expected in a specified number of bits in a serial stream.

BiCMOS - 'Bipolar Complementary Metal Oxide Semiconductors'. This relatively new process combines both bipolar and 'CMOS' technologies on the same chip, yielding products with the benefits of both technologies.

bidirectional - The ability to accommodate signals traveling in either direction though a single channel.

bill of materials(BOM) - A detailed list of all the necessary subassemblies, components, and raw materials for an assembly.

bimetallic contamination - A corrosion that results from the interaction of gold with aluminum that contains more than 2% silicon. At temperatures greater than 167°C, the silicon will act as a catalyst to create an aluminum-gold alloy. The resulting metallic migration results in gaps(called Kirkendall voids) in the gold-aluminum interface. Bimetallic contamination can decrease bond wire adhesion and can lower current carrying capability at the interface. In extreme cases, bond wires will actually lift from the pad. Bimetallic contamination is frequently referred to a 'purple plague'.

binary - Characteristic of having only two states, such as current on and current off. The binary number system uses only ones and zeros.

binary logic - Logic using two logic states(ON and OFF, or Logic '0' and Logic 'V').

binning - Classifying chips by their performance (usually speed) the analogy is to physically drop things into different bins. This happens at the final test. Once the chops have been packaged, they are tested one more time to see if they work and how well they perform.

biometric - A measurable, physical characteristic or personal behavioral trait used to recognize the identity, or verify the claimed identity, of an individual. Facial images, fingerprints, and iris scan samples are all examples of biometrics.

biometric data - Data encoding a feature or features used in biometric verification.

biometric information - The stored electronic information pertaining to a biometric. This information can be in terms of raw or compressed pixels or in terms of some characteristic (e.g., patterns).

biometric reference data - Data stored on the card for the purpose of comparison with the biometric verification data.

biometric system - An automated system capable of the following: Capturing a biometric sample from an end user. Extracting biometric data from that sample. Comparing the extracted biometric data with data contained in one or more references. Deciding how well they match. Indicating whether or not an identification or verification of identity has been achieved

biometric template - The formatted digital record used to store an individual's biometric attributes. This record typically is a translation of the individual's biometric attributes and is created using a specific algorithm.

biometric verification - The process of verifying, using a one-to-one comparison, the biometric verification data against biometric reference data.

bipolar - 1. A signal that includes positive and negative values; 2. A type of semiconductor device whose operation depends on the movement of two types of carriers, i.e., electrons and holes; 3. A device that can operate with both positive and negative voltages.

bipolar mode - The mode of operation of a converter

wherein both positive and negative analog values are used.

bipolar offset - The deviation of the actual value of a converter's major carry transition from '011111111111' to '100000000000' from its ideal value, i.e., an analog input value that is 1/2 LSB below the analog common.

BIST - Acronym for 'Built-in Self Test'; the technological approach of building tiny tester models onto the integrated circuit so that it can test itself.

bit - Binary digit. The basic unit of all digital communications. A bit is a '1' or '0' in a binary language.

bit error ratio - The number of erroneous bits divided by the total number of bits transmitted, received, or processed over a specified duration.

bit map - A set of data that define the colors or gray levels in an image.

blackpad - Poor solderability caused by contamination between the gold and nickel plating.

blind or buried vias - Holes within complex PCBs which connect inner layers.

blob - A continuous region in an image in which all pixels have the same gray level.

blooming - Saturation of light-sensing elements in a TV camera, leading to clipping when the camera is at the maximum brightness level.

bluetooth - A technology that allows voice and data connections between a wide range of mobile and stationary devices through short-range digital two-way radio.

bluetoothtm - A wireless personal area network(PAN) technology from the bluetoothtm special interest group, founded in 1998 by ericsson, TBM, Intel, Nokia and Toshiba. It is an open standard for short-range transmission of digital voice and data between mobile and desktop devices.

board cleaner - A production line machine used to remove solder residue and other foreign material acquired during assembly from the 'PCB'.

boat - Pieces of quartz joined together to form a supporting structure for wafers during high -temperature processing steps. OR A Teflon or plastic assemblage used to hold wafers during wet processing steps.

body box test - This is a test to determine how particle shed a garment has. During the body box test, a subject is placed in a Class 10 room and performs a series of activities during a 10 minute test period. The activities include arm extensions for 3 minutes, walking for 3 minutes and doing 5 deep knee bends in 1 minute. These activities are separated by 1 minute intervals of standing still. The data is reported as the average number of particles .5 micron and larger counted per minute during the 10 minute test period.

boiling point - The temperature at which a liquid turns to gas in standard atmospheric pressure. For example, the boiling point of water at sea level is 100°C, 212°F.

bonding diagram - A diagram showing how a device is to be wire-bonded.

bonding die - Attaching of a semiconductor die to the package or substrate. Also called die attachment.

bonding pad - An expanded metallization area on the surface of a die where the bonding wire will be placed.

bonding wire - Fine wire used for making electrical interconnection between various bonding pads to device terminal.

bond-off - An extra bond attached to the edge of the post or land area of a package (but never to the bonding pad on the die) for the purpose of clearing the bonding machine.

bond pull - Pulling of the bond wires to destruction to determine the strength of the bonds. (See MIL-STD-883, Method 2011.) See also Nondestructive bond pull.

boost - To produce an output voltage that is higher than the input voltage.

bootie - A sock-like extension of the suit leg designed to protect the wearer's feet. Allows the wearer to use his own boots while ensuring the chemical protection provided by the primary suit material.

boron - The P-type dominant dopant commonly used for the isolation and base diffusion in standard bipolar integrated circuit processing.

bottom-brazed flat - A flat pack with the leads brazed to feedthroughs on the bottom of the package rather than passing through the package side.

boundary scan - A generic term for IEEE 1149.1, Which is a methodology allowing complete controllability and observability of the boundary (I/O) pins via a standard interface.

bound seam - A clean-finished binding that

encapsulates the raw edges of two plies of fabric. All layers are sewn through with a chain stitch.

breakthrough time - The time that elapses between the time the challenge chemical first contacts the test specimen (e.g. suit fabric) and the time at which the chemical is detected on the collection side of the permeation cell. Basically, how long dies the suit material 'X' holds out challenge chemical 'Y'. This is determined by permeation testing. Also referred to as 'Chemical Detection Time'.

breeder document - A document used as an original source of identity to apply for (or breed) other forms of identity credentials.

brightener - An electroplating additive that promotes the formation of fine crystal deposits that make the lead finish look brighter.

brittle fracture - A type of fracture that exhibits minimal or no amount of plastic deformation prior to the rupture; usually induced by 'fast-acting' forces such as impact stresses.

broadband - A transmission medium with enough bandwidth to carry multiple voice, video, or data channels simultaneously.

buck - To produce an output voltage that is lower than the input voltage.

buckyball - A sphere of 60 carbon atoms in an arrangement that looks like a soccer ball. A popular name for a buckminsterfullerene(named after buckminster fuller, inventor of the geodesic dome). This nanostructure's unique properties could be useful in nanotechnology.

buffered oxide etch - A mix of hydrogen fluoride and ammonium fluoride used to allow oxide etching to occur at a slow controlled rate.

built-in self test - An electrical testing method that enables devices to test themselves.

bulk CMOS - Conventional CMOS integrated circuit processes so called because they are diffused into bulk silicon rather than on a substrate such as sapphire.

bulk impurities - Random impurities of uncontrolled location and density present in the bulk silicon of the wafer prior to the diffusion processes. Bulk impurities are of concern because of the growth of the various oxide layers employed during the diffusion process can result in impurity relocations and concentrations. Concentrated impurities(which are typically oxygen, carbon, or sulphur) can create unwanted parasitic or various types of latent defects that can lead to premature failure.

bump processing - A method of placing 'bumps', typically solder or other conducting material, onto IC bond pads so that the IC is mounted to either a package or printed circuit board directly.

buried layer - The N+ diffusion in the P-type substrate done just prior to growing the epitaxial layer. The buried layer provides a low resistance path for current flowing in a device.

burn-in - The application of electrical biases to a device while operating it at an elevated temperature (usually 125°C), normally as a 100% screening test. Standard burn-in durations are 160 hours for Class B devices and 240 hours for Class S. This test is designed to 'weed out' devices subject to infant mortality or excessive parametric drift. (See MIL-STD-883, Method 1015.)

burn-in testing - A product functionality test that powers products for an extended period of time.

burst mode - A temporary very high-speed data -transfer mode.

burst radiation - Large amounts of rapid dose rate ionizing radiation [normally in excess of 108 rads (Si)/sec] resulting in device latch-up, data upset, threshold shift or other performance degradation. Burst radiation is usually associated with nuclear weapon detonation.

bus - Electrical connections between integrated circuits and peripheral semiconductors.

byte - A data unit of eight bits.

butyl - Synthetic or man-made rubber. Invented during the 1950's for use in everything from car tires to chemical warfare suits. Considered a durable fabric, it has good barrier to a limited number of chemicals.

C

cable - A term that refers to any of a number of wires or wire groups capable of carrying voice or data transmissions.

CAD - 'Computer Aided Design'.

CAE - 'Computer Aided Engineering'.

CAM - 'Computer Aided Manufacturing'.

CAM files - Files provided for manufacturing 'PCB'.

candidate device - A term used by MIL-M-38510 to designate a device which has been or will be subjected to a specified test or screening flow but has not yet successfully completed that testing.

cap - 1. The upper half of a ceramic dual-in-line package; 2. The cover of a metal can or header package.

capacitive decoupling - Protection of a device from voltage transients or 'spikes', or the isolation of a device from an AC voltage by decoupling the voltage source(s) to ground through a capacitor.

Capacitors - Simple, non-semiconductor electrical components.

capillary - A tool employed by the wirebonding machine to form ball bonds.

capture - The method of taking a biometric sample from an end user.

card - A type of physical form factor designed to carry electronic information and/or human readable data. Under FIPS 201, a dual interface smart card-based ID badge for both physical and logical access that contains within it an integrated circuit chip.

card issuer - The organization or entity that issues cards. Card management system (CMS). A smart card/token and digital credential management solution that is used to issue, manage, personalize and support cryptographic smart cards and PKI certificates for identity-based applications throughout an organization.

card reader - Any device that reads encoded information from a card, token, or other identity device and communicates to a host such as a control panel/processor or database for further action.

card serial number - An identifier which is guaranteed to be unique among all identifiers used for a specific purpose (see unique identifier).

cardholder - An individual to whom an ID card is issued or assigned.

carrier gas - An inert gas which will transport atoms or molecules of a desired substance to a reaction chamber.

CATE - 'Computer Aided Test Engineering'. The use of computer automation for the preparation of electronic test programs.

CATV - 'cable television'.

cathode - 1. The electrode where reduction takes place; 2. The material to be plated, i.e., in lead finish, the leads of the package are the cathode.

cavity - 1. The open space inside a hermetic package; 2. The recession in a mold chase that holds the leadframes for molding.

cavity device - A semiconductor device containing an internal cavity (as opposed to a molded device).

CBA - 'Cell Based Array'.

CBGA - Acronym for 'Ceramic Ball Grid Array'.

CBP - 'Complementary Bipolar'.

CCD - 'Charge-Coupled Device'.

CD - 'Compact Disk'.

CDC - 'Clock Distribution Circuits'.

CDMA - 'Code Division Multiple Access', also called spread spectrum, a term for a form of digital spread spectrum cellular phone service that assigns a code to all speech bits, sends a scrambled transmission of the encoded speech over the air and reassembles the speech into its original format. 'CDMA' has up to 20 times the capacity of analog cellular service and is best known for its superior call quality and long battery life.

CD_R/E - 'Recordable and Rrasable Compact Disk'.

CD-R - 'Recordable Compact Disk'.

CD-ROM - 'CD Read Only Memory'.

CD-RW - 'Rewritable Compact Disk'.

cell array - An integrated circuit formed through the positioning and interconnection of a number of functional blocks, or cells, on a die.

centralized processing - In digital data systems, a system which utilizes a single large processor, normally in multiprocessing or multiprogramming modes, to perform all required system computations.

centrifuge - See 'Constant acceleration'.

ceramic - An organic, non-metallic material processed and used at high temperatures.

ceramic ball grid array(CBGA) - A ball grid array package with a ceramic substrate.

cerdip - Ceramic dual-in-line package; a hermetic package consisting of leads sandwiched by a ceramic base and a ceramic cap sealed together by glass.

cerpac - Ceramic flat package with a glass seal. (The conventional metal flat package and the bottom-brazed flat pack have solder seals.)

certificate - See 'digital certificate'.

certificate authority(CA) - A trusted third party that is responsible for issuing and revoking digital certificates within the public key infrastructure.

certificate of conformance - A certificate provided by a manufacturer's QA department to the procuring activity with a lot of material to confirm that all material in the lot conforms with all applicable specifications.

certificate revocation list(CRL) - A list of certificates that have been revoked before their expiration by a certificate authority.

CF - 'Compact Flash'.

CFC - 'Chlorinated Fluorocarbon'; illegal to use.

chain of trust - An attribute of a secure ID system that encompasses all of the system's components and processes and assures that the system as a whole is worthy of trust. A chain of trust should guarantee the authenticity of the people, issuing organizations, devices, equipment, networks, and other components of a secure ID system. The chain of trust must also ensure that information within the system is verified, authenticated, protected, and used appropriately.

challenge - The demand for disclosure of one or more attributes related to a subject made by service authority.

challenge/response - A family of protocols in which one party (e.g., a reader) presents a question ("challenge") and another party (e.g., a credential) must provide a valid answer ("response") in order to be authenticated.

challenge agent - The chemical or mixture to which a material is exposed. Also called 'attacking chemical'.

change control - See Configuration control.

channel - A single testing path dedicated by an automatic test equipment to one device-under-test (DUT) pin.

channeling - A phenomenon in which an ion beam will penetrate into the crystal planes of the wafer.

channel-to-channel skew - A phenomenon wherein the signal on one channel has a different phase than the same signal on another channel.

characterization - Electrical testing performed for the purpose of determining typical device performance characteristics and/or parametric limits.

characterization test - A test or series of tests designed to determine the operating regions and reliability of a device under varied operating conditions.

charge carrier - A carrier of electrical charge within the crystal of a solid state device, such as an electron or a hole.

checksum - The sum of a group of data values usually transmitted with the data to assist in error detection.

chemical etching - Selective removal of material by means of liquid reactants. The precision of the etch is controlled by the temperature of the etchant, the time of contact and the composition.

chemical mechanical planarization(CMP) - A polishing process, which utilizes a chemical slurry formulation and mechanical polishing process to remove unwanted conductive or dielectric materials on the silicon wafer, achieving a near-perfect flat and smooth surface upon which layers of integrated circuitry are built.

chemical vapor deposition(CVD) - A gaseous process that deposits insulating films or metal onto a wafer at elevated temperature. Often, reduced pressure is used to promote the chemical reaction.

chip - See 'die'.

chip carrier - A leadless package used in the construction of both hybrids and boards. The chip carrier has a body configuration similar to a flat pack, but electrical connection is made through contacts on the package base rather than through conventional leads.

chip on board(COB) - Technology where bare die are bonded to boards/substrates and wire bond connections are made from board to die.

chip-on-lead(COL) - A packaging technology wherein the die is mounted directly on the leadframe.

chip-out - A failure attribute wherein a small piece or block of the die(or package) breaks off from the die(or package).

chip-scale package(CSP) - 1. Any package whose dimensions do not exceed the die's dimensions by 20%; 2. A way of packaging integrated circuits without using epoxy that takes up less board space.

chrominance - the color information of a video signal that defines the hue and saturation, but not the brightness or luminance, of the signal.

CHUID - 'Cardholder Unique Identifier'. Part of the standardized data model for cardholder identification data for FIPS 201.

circuit board - Same as printed circuit board. A board with microprocessors, transistors and other electronic components. also called a circuit card.

claim - An assertion by a subject about the value of an attribute.

clamp voltage - the maximum limit for voltage excursions exhibited at a node, usually set by a clamping circuit.

CLASIC - 'Custom Linear ASIC'.

class (electrical classification testing) - Post assembly 100% electrical sort testing; not to be confused with the product assurance classes defined by MIL-STD-883.

class (product assurance class) - Per MIL-STD-883, there are two product assurance classes representing different levels of anticipated device reliability: Class B, which is intended for airborne equipment; and Class S, which is intended for space flight. For further details on these classes, see Chapter 4.

class 10, 100, etc - See Particle count.

cleaning - Removal of unwanted material(residues, polymers) from the wafer surface.

clean room - An area in which a high degree of cleanliness is achieved and maintained by controlling the generation and distribution of particulate matter inside the room. Cleanliness is achieved by air filtering and/or dilution systems in a controlled environment.

cloning - The process of creating an identical copy of something.

Cm^2 - Square centimeter. Measure of area about equal to the size of a standard shirt button.

CMOS - 'Complementary Metal Oxide Semi-conductors'. combine both positive-and negative -channel transistors on the same circuit design. 'CMOS' circuits consume relatively low amounts of power.

CMRR - See 'Common-Mode Rejection Ratio'.

coating - A thin layer deposit on a substance surface.

COB - 'Chip-on-Board'. A situation where the silicon IC chip is mounted directly to the electronic assembly substrate or PWB without an intermediate packaging step. Connections between the chip and the board are generally made with bond wired (also sometime called chip and wire), but the terminology is occasionally used for any chip connection technique such as flip chip (solderable bumps or tape automated bonding).

C of C - 'Certificate of Compliance'.

codec - An abbreviation of coder-decoder; A device that can encode and as well as decode information.

coefficient of thermal expansion(CTE) - The fractional change in dimensions of a material per unit change in its temperature; Usually expressed in parts per million per deg C; Also known as 'Thermal Coefficient of Expansion'(TCE).

cold-junction compensation - An artificial reference level that compensates for ambient temperature variations in thermocouple circuits.

collet - A tool for picking up die for die attach.

color bars - Standard test pattern on a display screen of fully saturated colors(red, green, blue, magenta, cyan, and yellow) plus black and white.

combo lid - A piece of metal that covers certain types of ceramic packages by being soldered onto the seal ring of the package.

common-mode rejection ratio(CMRR) - A measure of a device or instrument's ability to ignore or reject a signal that is common to its inputs, relative to ground.

comparator - A circuit or device whose output is a digital logic state that depends on whether its input signal is above or below a given threshold level during a specified time interval.

compiler - A program that translates high-level -language statements into machine language codes that a computer can execute.

complex hybrid - A hybrid having an inner seal perimeter(that is, cavity perimeter) of greater than 2 inches (as defined in MIL-STD-883, Method 5008).

compliance voltage - The voltage range that a current source or sink can produce within its constant current specifications.

component - An element of a larger system. In the FIPS 201 context, a component can be an identity card, PIV issuer, PIV registrar, card reader, or identity verification support, within the PIV system.

component side - The side of a printed circuit board which has the most mounted components.

composite(Films/Materials) - Refers to materials constructed with two or more layers of dissimilar (different) materials. Generally exhibit broad chemical resistance. Adding more layers increases the barrier protection of chemical protective clothing.

composite sync - A video signal that contains horizontal-sync pulses, vertical-sync pulses, and equalizing pulses only, with a no-signal reference level.

composite video - A video signal composed of luminance(black and white) information, chrominance (color) information, blanking pulses, sync pulses, and a color-burst signal.

compound bond - In hybrids, the monometallic bonding of one band on top of another.

concurrent testing - The process of performing different tests simultaneously on one or more devices that may be different from each other; see also 'parallel testing'.

conductive adhesive - An adhesive material(usually epoxy) that has metal powder(usually silver) added to increase electrical conductivity.

cone of logic - The combinational logic in a circuit that resolves to a single observe point.

conducted emission - Electromagnetic energy that is propagated along a conductor.

conducted interference - Conducted emission that is undesired.

conductors - A material which has a high conductivity and low resistivity. Examples of common conductors include copper, gold and silver.

confidence level - The degree of likelihood that an identifier refers to a specific individual.

configuration control - A requirement that a vendor notify the procuring and/or qualifying activity of a change in product manufacture or test. In some cases, the requirement will include delay of change implementation until after formal approval of the change.

contact angle(wetting angle) - The angle created on the contact surfaces when two objects are bonded together.

contact smart card - A smart card that connects to the reading device through direct physical contact between the smart card chip and the smart card reader. (See ISO/IEC 7816.)

contact step - The drop from the surface of the passivation to the surface of the contact itself.

contact window - The opening in the surface passivation through which the device metallization makes contact with the circuit elements.

constant acceleration - The subjection of devices to a G force(typically 30,000 G's) in a centrifuge for a short duration in order to test die-attach, lead bond and package integrity. (See MIL-STD-883, Method 2001.)

contactless smart card - A smart card that communicates with a reader through a radio frequency interface.

control panel - The access control system component that connects to all door readers, door locks and the access control server. The control panel validates the reader and accepts data. Depending on the overall system design, the control panel may next send the data to the access control server or may have enough local intelligence to determine the user's rights and make the final access authorization. The control panel can be called the controller or panel.

control point - Any device which is controlled by a physical access system (for example, doors, turnstiles, gates, lights, cameras, elevators). There may be multiple control points for a single access requirement.

convection - Reflow Soldering using forced hot air

conversion time - The time required by an ADC or DAC to provide its final output.

convolution - The integration of the product of two functions in time; Convolution in the time domain is equivalent to multiplication in the frequency domain.

copper foil(base copper weight) - Coated copper layer on the board measured by weight or thickness.

coprocessor - A processor that operates with the CPU to boost speed.

corrosion - Electrochemical degradation of metals.

counter - 1. In hardware, a circuit that counts pulses; 2. In software, a memory location used to store a count of event occurrences.

counterpoise - The reference-plane portion (grounded or ungrounded) of an unbalanced antenna.

CPLD - 'Complex PLD'.

CPU - 'Central Processing Unit'.

cratering - A failure mechanism wherein the silicon under a bond pad becomes fractured and, in extreme cases, experiences displacement that leaves a crater behind.

crazing - The propagation of small cracks in the glassivation layer of a semiconductor device.

CRC - See 'Cyclic Redundancy Check'.

credential - Evidence attesting to one's rights, privileges or evidence of authority. In FIPS 201, the PIV card and data elements associated with an individual that authoritatively binds an identity (and, optionally, additional attributes) to that individual. A smart card can store multiple digital credentials.

cross assembler - A program that runs on one computer and generates instructions for another type of computer.

cross coupling - The coupling of a signal from one channel, circuit, or conductor to another, where it becomes an undesired signal.

cross modulation - Modulation of a desired signal by an undesired signal.

crossover - The operating region of an output stage(that uses a high-side device to pull up the signal and a low-side device to pull down the signal) wherein the high-side device is turning on and the low-side device is turning off, or vice versa.

crosstalk - A phenomenon wherein one or more signals interfere with another signal.

crowbar current - Short-circuit current from the positive or the negative supply that occurs when both the P- and N-channel drivers of a complimentary output driver are 'on' simultaneously.

CRT - 'Cathode Ray Tube'.

cryptographic key - See 'key'.

cryptographic smart cards - Advanced smart cards that are equipped with specialized cryptographic hardware that lets algorithms such as RSA be used on the card. Today's cryptographic smart cards are also able to generate key pairs on the card, to avoid the risk of having more than one copy of the key(since by design(usually) there isn't a way to extract the keys from a smart card). Cryptographic smart cards are often used for digital signatures and secure identification.

CSA - 'Customer Structured Array'.

CSAM - 'C-Mode Scanning Acoustic Microscopy'; an acoustic microscopy mode wherein the scanning is done across a horizontal (X-Y) plane of the sample at a given depth (Z); CSAM is useful for inspecting delaminations between layers.

CSIC - 'Customer Specific Integrated Circuit'. An integrated circuit designed for one specific application for one customer. With the growth of semi-custom devices, such as gate arrays, this term has been discarded in favor of ASIC.

CSP - 'Chip Scale Package'. Active, multi-I/O package that is no larger than 125% of the size of the silicon IC.

CTE - See 'Coefficient of Thermal Expansion'.

current carrying edge - That portion of metal over a contact window that is closest to the point at which the metallization stripe enters the contact window.

current density - The amount of current flow per unit of cross-sectional area within device metallization. For example, a 1 mA current flowing through a metallization stripe that is 3 wide and 1 thick would result in a current density of 0.33×10^5 A/cm^2.

curing - A heat treatment step to promote molecular cross-linking in an adhesive or molding compound to harden it into its final form.

curing time - The time needed for an epoxy to fully cure at a given temperature.

current loop - A communications method that transmits data as current flow over relatively long distances and through environments with relatively high noise.

current-sense amplifier - A device that measures a current through a low-value sense resistor and outputs a proportional voltage or current.

CUT - Acronym for 'Circuit Under Test'; The target device or circuit undergoing electrical test; almost synonymous with DUT.

cycle time - The duration from the start of one cycle to the start of the next.

cyclic redundancy check(CRC) - A mathematically generated number that data receivers use to verify the proper bit arrangement in a bit stream.

cyclization - The process by which discrete time signals(such as supplied in VCD) are mapped to a representation amenable to automatic test equipment.

D

DA - 'Digital-to-Analog'.

DAC - See 'Digital-to-Analog Converter'.

DAC - 'Digital Access Cross Connect Systems'.

damage - Effects which can adversely impact the functionality and performance of the IC.

damascene process - A way of making metal lines which involves depositing an insulator(oxide), etching a trench in the oxide, depositing metal everywhere and then polishing back with CMP so there is just metal left in the trench. This is the opposite of the traditional sequence that has metal being deposited first, the metal being patterned through etching, and the oxide being deposited to try to fill the gaps between the metal.

data acquisition(DAQ) - The process of gathering information from sources such as sensors and transducers.

data collection - The process of collecting selected information in a file during a specified operation.

data check - Analysis and review of data after devices have been read-and-recorded to ensure that all readings have been properly performed and all rejects have been removed from the lot.

data integrity - The condition in which data is identically maintained during any operation, such as transfer, storage, and retrieval.

data logging - The recording of selected information during a specified operation, such as actual test parameter measurements and data for each device tested during automatic electrical testing.

data pack - The operation during which all of the various data generated during the process of screening a lot is verified and organized for shipment to the customer.

data reduction - The transformation of raw data, such as those logged during a device-test run, to human usable forms, such as graphical representations and tables.

data upset - The loss of stored data in a memory device as a result of burst radiation. The radiation either causes the activation of a parasitic circuit or the reversal of the stored data state.

date code - A three- or four-digit number identifying the inspection lot from which material was selected. The first two digits(or first digit for a three-digit code) identify the year, the last two the week. Normally, the date code is based upon week of seal for the first sublot of the inspection lot.

DBS - 'Direct Broadcast Satellite'.

DBT - Acronym for 'Defect-Based Test'; A test development philosophy that considers fab defect densities and device circuit layout in the development of tests which are focused primarily on uncovering defects that will most impact the yield.

DC/DC - 'Direct Current to Direct Current'.

debounce - To remove any ripple signals created by a mechanical switch, key, or pushbutton, thereby resulting in a cleaner output from the switch.

decibel(dB) - A logarithmic measure of the ratio of two signal levels, i.e., dB = 10 log(Power1 / Power2) or dB = 20 log(Voltage1 / Voltage2).

decoupling-network - An electrical circuit that prevents signals used on a device or system from affecting other devices or systems.

DECT - 'Digital European Cordless Telephone'.

defect - A chemical or structural irregularity that degrades the product. Defects can affect the product over time or interfere with manufacturing the chip correctly. Common causes of defects are flakes from skin or cosmetics, and droplets from a person's sneeze.

defective - A manufactured product that has one or more defects.

defect level - The proportion of electrical rejects inadvertently shipped to customers due to the inherent imperfection of any testing or inspection process; See also 'dpm'.

deflash - An assembly process step that removes flashes from a package; See 'DTFS'.

degradation - An unwanted change in the performance of a device or system. An unwanted change in a package or product.

delamination - An unwanted partial or complete loss of adhesion or separation between two layers or features; A term usually employed to refer to loss of adhesion between the plastic molding compound of the package and the leadframe or die.

delta - A limit applied to the amount of parametric drift that a unit may display across a screen or series of screens (usually applied to burn-in).

depletion layer - The region in a semiconductor where essentially all charge carriers have been swept out by the electrical field which exists there.

deposition - The next layer on the wafer. In chemical vapor deposition, gaseous or vaporous chemicals are used to deposit a thin film on a wafer surface. Physical vapor deposition uses a high voltage electrical charge to attract a thin layer of material from a target, usually metal, onto the wafer's surface.

DES - 'Data Encryption Standard'.

design for manufacturability(DFM) - An initial process to determine the feasibility of creating electronic products.

design rules - A set of rules(usually dimensional and lay-out rules) that governs how an integrated circuit must be fabricated(wafer fab design rules) or assembled(assembly design rules).

destructive physical analysis(DPA) - A series of destructive steps performed on test rejects to check for any physical damage or defects on the package or die.

destructive testing - Sample testing which is sufficiently severe to make further use of the tested devices questionable. Devices subjected to destructive testing may not actually be destroyed, but are sufficiently degraded that they should not be used in any system.

detectability - The degree to which it is possible to observe a faulty output behavior of a failing component.

devitrifying glass - Glass that crystallizes upon cooling making them unreworkable.

DFE - 'Decision-Feedback-Equalizer'.

DFM - 'Design for Manufacturability'.

DFP - 'Digital Filter Processor'.

DFP - Acronym for 'Dual Flat Pack'.

DFSM - 'Dry Film Solder Mask'.

DFT - Acronym for 'Design for Test'; The practice of adding hardware hooks or features to integrated circuits in order to facilitate effective and inexpensive testing.

DI - 'De-Ionized' water.

DI - 'Dielectric Isolation'.

diagnostic tests - Tests performed to check if a system(such as a test system) is malfunctioning and if so, to determine the possible cause(s) of the malfunction and the corresponding repair strategy.

dice - Plural of die. see 'Die'.

dicing - Cutting up the wafer into individual chips. This is usually done with a circular saw called a dicing saw.

die - 1. A single chip from the wafer; 2. A small block of semiconductor material containing the device circuit: 3. A single square or rectangular piece of semiconductor material into which a specific electrical circuit has been fabricated.

die attach - The assembly process step wherein the die is mounted on the support structure of the package, e.g., the leadframe die pad, cavity, or substrate.

die attach - Bonding of die to a substrate or package. Attaching a die to its mount in its package. This is often done with a metal-based glue-like silver epoxy for good conduction of heat way from the chip. Chips get hot when they are running in normal operation, so packages must be designed to help dissipate the heat.

die bonder - The machine placement of IC chips onto a chip-on-board substrate.

dielectric breakdown - The damage occurring within an oxide layer when a voltage greater than its breakdown strength is applied across it.

dielectric - The insulating medium between conductors.

dielectric isolation - A semiconductor fabrication process in which each circuit element is enclosed within an oxide barrier that completely isolates the element from all other diffused elements.

die lifting - The detachment of the die from its mounting.

die-on-tape - Dice mounted on flexible ribbon tape by bonding the bonding pads of each die to contacts on a lead frame on the tape, thus allowing electrical and other testing prior to assembly of the die into packages or onto hybrid substrates.

die overcoat - The assembly process step wherein the die is covered completely or selectively with a silicone layer to protect it from package stress and moisture.

die pad - The part of a leadframe or package substrate where the die is mounted.

die preparation - The assembly process step wherein

each die is singulated from the wafer in preparation for die attach.

die products - Includes IC devices that are sold on the open market in bare die, flip chip or wafer level chip scale package formats.

die shear - The application of sufficient force to shear a die from the die attach medium in order to demonstrate die attach integrity. (See MIL-STD-883, Method 2019.)

die shear test(DST) - A process for testing the shear strength of the die's adhesion to the die pad that employs an indenting tool that pushes the die horizontally(parallel to the plane of the die pad).

die sort - Electrically, a probe to sort the dice on a wafer according to predetermined electrical limits. Visually, a sort into Condition A, Condition B, or commercial grade dice.

differential non-linearity - The maximum deviation between two adjacent steps(a transition of 1 LSB) that is exhibited by a DAC or ADC.

diffused area - A portion of the die where impurities have been diffused into the surface of the silicon at high temperature to change its electrical characteristics through the creation of a concentration of N or P charge carriers.

diffusion - The process of baking or bonding new thin layers onto the silicon wafer. This is done using diffusion furnaces, high-pressure oxidation and rapid thermal processing.

digital - The method of representing information as numbers with discrete (non-continuous) values, usually expressed as a sequence of binary digits(ones and zeros).

digital cellular - State of the art in cellular communications technology, up to 15 times the capacity of analog technology with significantly less static, loss/interruption of the signal when passing between cells and connection problems because of congested relays.

digital certificate(or public key certificate) - Digital documents (e.g., information such as the name of the person or an organization and their address) attesting to the binding of a public key to an individual or other entity. Digital certificates allow verification of the claim that a specific public key does in fact belong to a specific individual.

digital device - A microcircuit in which the inputs accept logic states (such as 0 or 1) and convert these to logic states at the output(s) according to a predetermined set of logic equations or function tables.

digital modem - A term given to a piece of equipment that joins a digital phone line to a phone, PC or other hardware. It allows for testing, conditioning, circuit timing and other analysis of a phone line and is not used for communications purposes.

digital signal processing(DSP) - Digital circuits designed to address a broad class of problems in signal reception and analysis that have traditionally been solved using analog components. DSP is used to enhance, analyze, filter, modulate or otherwise manipulate standard analog functions, such as images, sounds, radar pulses, and other such signals by analyzing and transforming wave-forms (e.g., transmitting data over phone lines via modem).

digital signature - Digital information used for the purpose of identification of an electronic message or documents. Digital signatures provide a way of authenticating the identity of creators or producers of digital information.

digital-to-analog conversion - The process of changing digital data or discrete values into an analog voltage or current.

digital-to-analog converter(DAC or D/A converter) - A semiconductor device or electronic circuit that converts digital information into a corresponding analog voltage or current.

DiNOR - 'Divided bitline NOR'.

DIP - Acronym for 'Dual-In-Line Package'; a through-hole rectangular package consisting of two parallel sets of leads arranged along its two sides.

dipole - an antenna made of a straight conductor (usually not longer than half a wavelength) that is divided at its electrical center and connected to a transmission line.

diode - a signal and switching device that allows current in one direction and blocks it in the opposite direction. one use: regulating load voltages.

direct chip attach(DCA) - A name applied to any of the chip-to-substrate connections used to eliminate the first level of packaging: See also 'Chip-on-Board'.

direct memory access(DMA) - The direct transfer of information between a computer's memory and a device while the computer's CPU does something else.

discrete - A semiconductor or semiconductor die containing only one active device, such as a transistor or a diode.

discrete device - A device that contains one active element, such as a transistor or diode, although a hybrid might contain more than one active element. In comparison, an integrated circuit could contain millions of active elements on a single chip.

discretionary access control(DAC) - Access restriction based solely on an individual's identity.

distributed processing - In digital data systems, the utilization of a number of dedicated processors distributed throughout the system for the purpose of doing computation locally.

dithering - A technique for improving digitization when quantization noise or error can no longer be treated as random.

DMA - 'Direct Memory Access' .

DMOS - 'Dallas Metal Oxide Semiconductor', facility name for TI fab

DMOS - 'Double-Diffused MOS'.

DOE - Acronym for 'Design of Experiments'; A process for systematically designing a factorial experiment usually aimed at optimizing a process by varying its critical process inputs and determining which combination of input settings or values will give the most desired process output response.

doffing - Taking off a protective suit.

donor - An impurity that can make a semiconductor N-type by donating extra 'free electrons'.

donning - Putting on a protective suit.

door reader - The device on each door that communicates with a card or credential and sends data from the card to the controller for decision on access rights.

door strike - The electronic lock on each door that is connected to the controller.

dopant - An element that alters the conductivity of a semiconducting material by contributing a free-hole (P-type) or electron(N-type) to the crystal. Boron is commonly used for P-type and phosphorous, arsenic and antimony is used for N-type doping.

doping - A wafer fabrication process in which exposed areas of silicon are bombarded with chemical impurities to alter the way the silicon conducts electricity in those areas.

double-sided assembly - 'PCB' assembly with components on both sides of the board.

down bonding - A wire bond operation carried out from a higher to a lower level or plane.

downstream - As related to plasma processing, the wafer is located in a separate or isolated environment from the plasma region.

DPA - See 'Destructive Physical Analysis'.

DPM - 1. Acronym for 'defective parts per million' or the defect level expressed as the number of defective parts per million units produced; 2. Acronym for 'defects per million' or the defect level expressed as the number of defects observed per million units produced.

DPMO - 'Defects Per Million Opportunities'.

DRAM - 'Dynamic Random Access Memory'. A type of memory component. 'dynamic' means the device's memory cells must be recharged periodically. Information stored in the memory cells is accessed randomly. Memory is a key component of most electronic products.

DRC - 'Design Rule Check'. Carried out to make sure the data given to manufacture a 'PCB' follows good practise before the artworks are made to produce the printed circuit board.

driver - 1. A circuit that amplifies and conditions input signals for application to a DUT pin 2. Software that controls a specific piece of hardware or device.

dry etching - A process resulting in the selective removal of material achieved by use of gas.

dry-film resist - Photosensitive film is used on the copper foil of the 'PCB'. This film is resistant to the chemicals used in 'PCB' manufacture.

dry Ox - The growth of silicon dioxide using oxygen and hydrogen, which form water vapor at process temperatures, rather than using water vapor directly.

DSA - 'Digital Signature Algorithm'.

DSL - 'Digital Subscriber Line'. A technology that increases the digital speed of ordinary phone lines by a substantial factor over common dial-up modems. Offers symmetrical and asymmetrical operation. Asymmetrical versions(ADSL, RADSL, VDSL, etc.) provide higher downstream transmission than upstream and are better suited for Internet usage and video on demand applications. Symmetric DLS (HDLS, SDSL, IDSL, etc.) provide the same speed in both directions. All DSL have distance limitations of around two or three miles between the telephone company's central office and the customer site.

DSP - 'Digital Signal Processors'.

DTADS - 'Digital Tapeless Answering Devices'.

DTFS - Acronym for 'Deflash Trim Form Singulate'.

DTMF - 'Dual Tone Multi-Frequency'.

dual-in-line package - A package(either hermetic or molded) with its leads emanating from both sides of the package, then turning downward. (See also Side-brazed dip.)

dual interface card - A smart card that has a single smart card chip with two interfaces–a contact and a contactless interface–using shared memory and chip resources.

ductile fracture - A type of fracture characterized by a considerable amount of plastic deformation prior to the rupture; Usually induced by 'slow-acting' forces such as thermal stresses.

DUT - Acronym for 'Device Under Test'; The target device undergoing electrical test.

DUT fixture or DUT board - A circuit board that interfaces the test head of the tester to a device-under-test(DUT) socket, a probe card, or a connector for the device handler.

DVD - 'Digital Video Disks'.

dynamic RAM - See 'RAM'.

dynamic range - The ratio of the full-scale range(FSR) of a data converter to the smallest step that the converter can resolve.

E

EAROM - 'Electronically Alterable Read Only Memory' Functionally similar to EEPROM.

eavesdropping - The interception of communications between a reader and a credential during transmission by unintended recipients. Messages can be protected against eavesdropping by employing a security service usually implemented by encryption.

E-beam - 'Elect ron Beam' refers to a machine that produces a stream of electrons that can be used to expose photoresists directly on a wafer or on a mask. Electron-beam lithography is a microprinting technique.

ECC - 'Elliptic Curve Cryptography'.

ECL - 'Emitter Coupler Logic'.

EDA - Acronym for 'Electronic Design Automation'; A system consisting of design tools and environment utilized to render the logic, schematics, insert scan, insert BIST, etc. for a new chip design.

edge - An abrupt voltage or current change, i.e., the step transition point of a pulse.

edge clearance - The smallest distance from any conductors or components to the edge of the PCB.

edge connector - A connector on the circuit-board edge used to connect to other circuit board or electronic device.

edge clearance - The smallest distance a component or track is from the edge of a PCB.

edge detection - A technique that locates an edge by examining an image for abrupt changes in pixel values.

edge-placement accuracy - A measure of how close an edge can be positioned on a desired point with respect to a reference.

EDRAM - 'Enhanced DRAM'.

EDX analysis - Stands for 'Energy Dispersive X-ray analysis'; A SEM-based technique for identifying elements present on a sample often used in semiconductor manufacturing for distinguishing contaminants; Also known as EDAX or EDS analysis.

EEPROM - 'Electronically-Erasable Programmable Read-Only Memory'. A memory device whose content can be established through a programming process (usually the tunneling of electrons across a thin layer of silicon dioxide to a floating gate. Each memory cell of an EEPROM can be individually erased by imposing a voltage to reverse the flow of electrons to move them away from the floating gate. That cell can then be reprogrammed. Both programming and erasing can be performed without removal of the device from the system in which it is used.

effectivity date - The date upon which a new military document or a new revision of an existing document goes into effect (see Implementation date).

EIA - 'Electronic Industries Alliance'.

EL - 'Electroluminescent Lamp'.

elastomeric - 'Rubber' based materials; e.g. Butyl, Neoprene, and Viton. Typically durable but have limited chemical resistance.

electrochemical potential - The voltage needed for electroplating to proceed.

electroless deposition - The coating of normally Gold or Silver on to the track of a PCB by the reduction of metal ions in a chemical solution without using electrodes.

electromagnetic compatibility(EMC) - The ability of an electronic equipment to operate in its intended operating environment without any degradation caused by ambient electromagnetic interference, and without interfering with other equipment in the same environment.

electromigration - The diffusion of electrons in electric fields set up in the lead while the circuit is in operation. It occurs in aluminum and is exhibited as a field nature, not as a process defect. The metal thins and eventually separates completely, causing an opening in the circuit.

electroplating - The process of depositing a metal coat or layer by passing current through a conductive medium.

electrostatic sensitivity - Susceptibility to damage or degradation as the result of subjection to electrostatic discharge. Typically much higher for MOS devices than for bipolar.

electrostatic discharge - The discharge of accumulated static charge (typically of high voltage at low current) from one collector to another, usually by jumping the air gap between the two. Element: A topographically distinguishable part of a microcircuit which contributes directly to its electrical characteristics.

elongation - Stretching without breaking. One of the physical properties used to compare fabrics.

embedded processor - A computer chip that controls the function of its product. while embedded processors sometimes refer to the type of chips used in simple electronic toys, 'talking' greeting cards and similar consumer products, they are also high-functioning microcontrollers that are the brains of products such as laser printers.

EMI - 'Electromagnetic Interference'.

EMV - 'Europay MasterCard Visa'. Specifications developed by Europay, MasterCard and Visa that define a set of requirements to ensure interoperability between payment chip cards and terminals.

encapsulate - Sealing or covering of a microcircuit to provide mechanical and environmental protection.

encapsulation - See 'molding'.

encryption - The process of translating information into a code that can only be read if the reader has access to the key that was used to encrypt it. There are two main types of encryption—asymmetric(or public key) and symmetric(or secret key).

end-of-line(EOL) - See 'back-end'.

endothermic - (Reactions) A process or chemical reaction that is characterized by the absorption of heat.

end point products - As defined in NIST SP 800-73, products that employ a unified card edge interface that is technology independent and compliant with current international standards.

enhanced global alignment - Alignment performed at a few pre-selected sites on the wafer, before blindly stepping and exposing the rest of the wafer.

ENIG - 'Electroless Nickel / Immersion Gold'.

enrollment - The process of entering the appropriate identity data for an individual into a system and associating the identity with the privileges being granted by the system.

enterprise single sign-on(ESSO) - A system designed to minimize the number of times that a user must type their ID and password to sign into multiple applications. The E-SSO solution automatically logs users in and acts as a password filler where automatic login is not possible. Each client is typically given a token that handles the authentication; in other E-SSO solutions each client has E-SSO software stored on their computer to handle the authentication. An E-SSO authentication server is also typically implemented into the enterprise network.

environmental stress screening - A way for detecting defects using extreme high and low temperatures and/or voltages.

EOL(end-of-line testing) - Those tests performed in assembly after the seal operation in order to confirm the quality of the device assembly. Testing would normally include such screens as stabilization bake, constant acceleration, temperature cycle, and hermeticity testing.

e-passport - A travel document that contains an integrated circuit chip based on international standard ISO/IEC 14443 and that can securely store and communicate the ePassport holder's personal information to authorized reading devices.

epitaxy(epi) - The deposition of a thin film of silicon on a silicon wafer, in such a way that the deposited layer forms a single continuous crystal with the underlying wafer. This method is used to create a high quality, low doped surface in which to make transistors and other devices on top of a highly doped substrate with a low electrical resistance..

epitaxial layer - A monocrystalline layer of material deposited onto a substrate in such a manner that the layer being formed has the same crystal orientation as the substrate material. (Often referred to as 'epi'.)

EPLD - 'Electrically Programmable Logic Device'.

epoxy - A low-temperature cure, high-strength adhesive; Used extensively as die attach material.

EPROM - 'Erasable Programmable Read Only Memory'. Allows stored information to be erased by exposure to ultraviolet light.

error - A discrepancy between the actual or real value and the measured value.

ESD - 'Electrostatic Discharge'. A transfer of electrostatic charge between bodies at different electrostatic potentials caused by direct contact or induced by an electrostatic field.

ESDRAM - 'Enhanced Synchronous DRAM'.

ESR - 'Electro-statically applied Solder Resist'.

ESS - 'Environmental Stress Screening'. Manufacturing stage in which all assemblies are subjected to thermal stresses, with the aim of forcing all early failures to occur. Also known as reliability testing.

etch - The removal of selected portions of materials to define patterned layers on chips. The process of removing material(such as thin films or oxides) by chemical, electrolytic, or plasma(ion bombardment). The high tech version of photographic print developing

ethernet - A local area network used for connecting computer, printers, workstations, terminals, servers and other computer hardware within the same company. Ethernet operates over twisted wire and over coaxial cable at speeds up to 10 million bits per second(Mbps).

eutectic - An alloy of two or more metals with the lowest melting point that is possible from any combination of those metals. The melting point of the eutectic will normally be lower than the melting point of either metal in its pure state.

eutectic alloy - The alloy with the lowest possible melting point that can be formed from a given combination of metals.

eutectic die attach - A die attach process that uses a eutectic alloy as die attach material.

eutectic temperature - The temperature at which a eutectic alloy solidifies or melts.

evaporation - One of the final steps in processing a wafer during which conductive metal, usually aluminum, is deposited on the surface of the wafer in order to provide electrical interconnection of the various active elements on each die. Metallization may also be accomplished through sputtering.

event counter - A circuit that counts the occurrences of a certain condition.

excite field - The RF field or electromagnetic field constantly transmitted by a contactless door reader. When a contactless card is within range of the excite field, the internal antenna on the card converts the field energy into electricity that powers the chip. The chip then uses the antenna to transmit data to the reader.

exothermal (reactions) - A process or chemical reaction that is characterized by release of heat, for example, combustion reactions.

expose - Transfers pattern to mask blank using electron beam or laser writing system.

extreme ultraviolet technology - A technology for extending ultraviolet lithography by manufacturing a lens with concave and convex mirrors. This type of manufacturing allows the lens to focus patterns on a chip that are too small to be lithographed.

F

fab - The fabrication facility, or fab, is the manufacturing plant where the front-end process of making semiconductors on silicon wafers is completed. The package and assembly(back end) stages are typically completed at other facilities.

fabless - A semiconductor company with no wafer fabrication capability.

fabrication - The process of making devices in semiconductor wafers, but usually does not include the package assembly(back-end) stages.

failure - The inability of a product to meet any of its specifications, whether electrical or visual-mechanical.

failure analysis - A post-mortem examination of failed devices for the purpose of verifying the reported failure and identifying the mode or mechanism of failure. Failure analysis techniques may range from simple electrical and/or visual examination to some of the more advanced techniques of physics, metallurgy, and chemistry. (See MIL-STD-883, Method 5003.)

failure rate - The calculated rate at which device failures will occur within a total device population (normally expressed in terms of percent per thousand hours or devices per 106 unit hours).

fair information practices - The basis for privacy best practices, both online and offline. The Practices originated in the Privacy Act of 1974, the legislation that protects personal information collected and maintained by the U.S. government. The Fair Information Practices include notice, choice, access, onward transfer, security, data integrity, and remedy.

false accept - A unit that is electrically bad but nonetheless accepted by the test equipment for one reason or another, e.g., incorrect test guardbands, poor test designs, insufficient test coverage, equipment problems, etc.

false color - Color added to an image to call attention to details that aren't readily perceptible or to create special effects.

false reject - A unit that is electrically good but nonetheless rejected by the test equipment for one reason or another, e.g., contact issues, incorrect test guardbands, equipment problems, etc.

faraday cage - An enclosure formed by conducting material, or by a mesh of such material, that blocks out external static electrical fields. Any electric field will cause the charges to rearrange so as to completely cancel the field's(RF signal) effects in the cage's interior.

far field - The region in which the power flux density from an antenna obeys the inverse-square law, e.g., for a dipole antenna, distances beyond L/2 are far-field regions.

FASC-N - 'Federal Agency Smart Credential Number'. The data element that is the main identifier on the PIV card and that is used by a physical access control system.

fatigue failure - Failure due to the application of repeating or cyclical loads or stresses.

fault - A software model of a defect, or class of defects.

fault coverage - The ability of a test or set of tests to actually detect faults or failures that are theoretically detectable based on a particular fault model.

fault dominance - The phenomenon wherein a fault causes a device to exhibit a more serious deviation from device specifications, in comparison to another fault (or other faults) on the same device.

fault equivalence - The phenomenon wherein two different faults affect the same device in the same way and to the same extent.

fault isolation diagnostics - A feature(normally associated with built-in test) that allows identification of a malfunctioning subcircuit or circuits within a complex device.

FCOL - Acronym for 'Flip Chip on Lead'; A flip chip package wherein the die is mounted directly on the leadframe.

FDDI - 'Fiber Distributed Data Interface'.

FDDI - 'Fiber Optic Distributor Interface'. (fiber optic data link)

feature size - The dimensions of the smallest images produced on the wafer surface.

FEC - 'Forward Error Correction'.

FED - 'Field Emission Display'.

federal Information Processing Standard(FIPS) - A standard for adoption and use by Federal departments and agencies that has been developed within the Information Technology Laboratory and published by NIST, a part of the U.S. Department of Commerce. A FIPS publication covers some topic in information technology to achieve a minimum level of quality or interoperability.

federated identity - In information technology(IT), federated identity has two general meanings: The virtual reunion, or assembled identity, of a person's user information(or principal), stored across multiple distinct identity management systems. Data is joined together by use of the common token, usually the user name.The process of a user's authentication across multiple IT systems or even organizations.

FEP - 'Fluorinated ethylenepropylene' type of material commonly known as Teflon® – used in clear form as an overlay for chemical suit visors, to provide extra chemical protection. (Also known as Fluoroethylene Polymer).

FET - 'Field Effect Transistor'.

FID - See 'Fault isolation diagnostics'.

field - Since a photolithographic stepper cannot accurately deal with imaging the microscopic circuit features over all of a wafer at one time, it exposes an area it can easily manage. This is called a field. The stepper will keep moving the wafer and exposing a new area the size of a field till the whole wafer is done(about 80 fields on an 8-inch wafer).

field of view - The area of the object under view as represented at the focal plane of a camera.

field strength - The measurement of either the electric field or the magnetic field that is made in the far field.

FIFO - 'First-In First-Out'. (memory ICs)

filament short - The growth of a filament between two conductive areas as the result of high thermal or voltage stress, shorting the two areas together.

file transfer protocol(FTP) - A protocol that transfers files over the Internet.

fillers - Inert materials usually included in molding compounds; Fillers do not change chemically during mold curing but affects the molding compound's properties such as flexibility and thermal expansion.

film - (products/fabrics) Usually refers to materials composed of multiple layers. Such products generally are less durable, but present a wider range of chemical holdout than elastomeric fabrics.

filter - A mathematical operation or an actual circuit or device that selectively removes noise from a signal; see also low-pass, band-pass, and high-pass filters.

fine leak(FL) test - A hermeticity test done to check for the presence of very minute leakage paths in a hermetic package.

fine pitch - Used when referring to surface-mount components with a lead pitch of 25 mils or less.

finger - A card-edge connector.

FIPS 201 - 'Federal Information Processing Standard Publication 201', Personal Identity Verification(PIV) of Federal Employees and Contractors.

FIR - 'Finite Impulse Response'.

firewall - Hardware or software that protects a network from unauthorized access.

firmware - A program permanently recorded in ROM.

first bond - The bond formed on the die or the first bond formed during a wirebonding cycle.

flame resistant - Material that inherently resists ignition(burning), melting or other degradation when exposed to heat or flame.

flame retardant - Material that is typically treated to extinguish itself upon ignition from a flame source.

flashes - Excess molding compound at the parting of the package due to improper mold set-up or worn-out molds.

flash converter - A converter that performs its conversion directly, making it the fastest converter.

flash memory - A faster form of 'EPROM' that permits more erase/write cycles. Flash memory is increasingly used instead of 'EPROM' when there is a requirement for large amounts of non-volatile program memory.

flat package - A thin package with ribbon leads coming out opposite sides of the package. (See also Bottom-brazed flat.)

flaw detection - An image analysis technique that checks an object for unwanted features of unknown shapes at unknown positions.

flex circuit assembly - A way of attaching electrical components to a flexible circuit.

flexural fatigue test - Physical test used to measure the durability of a suit material. NFPA test consists of twisting a fabric many times.

flip-chip - An integrated circuit which is designed to electrically and mechanically interconnect by means of an appropriate number of bumps and is intended for facedown mounting.

flow rate - The rate at which a quantity of fluid or gas passes a given point, expressed as volume over time(ft^3/min, cm^2/min).

flux - 1. A material used to promote fusions or joining of metals during soldering, welding, or smelting; 2. In soldering, a material used to break down the oxides on a metal surface.

flying lead - On a flat pack device, a lead which exits from the end rather than the side of the package, then makes a right-angle turn to parallel the other leads.

FMEA - acronym for 'Failure Mode and Effects Analysis'; a methodology for identifying the potential failure modes that a product or process may encounter and addressing them based on a priority ranking determined by the risks they pose.

focus center - Created from the focus center research program, a focus center is a university center that leads a consortium of other universities in researching a particular challenge to the long-term advancement of semiconductor technologies.

footprint - The area a machine takes up in the cleanroom. This is important because cleanroom space is expensive, and so minimizing the footprint of a machine is a good thing to do. There are two numbers that semiconductor manufacturers are interested in the footprint and the linear frontage number (length of the front of the machine). The linear frontage number w many machines will fit into a bay since the machines are all lined up side by side.

force - To apply a specific stimulus to a DUT pin; See also 'sense' and 'force/sense'.

force/sense - A measurement technique wherein a voltage(or current) is forced at a point in the circuit and the resulting current(or voltage) is measured at the same point.

forcing function - The applied voltage(s) or current(s) at which a parametric or functional test is performed.

foreign material - Any material that is foreign to the microcircuit or package, or any non-foreign material that is displaced from its original or intended position within the microcircuit package.

format - To produce a waveform from pattern data and timing information in accordance with a given format mode.

form factor - The physical device that contains the smart card chip. Smart chip-based devices can come in a variety of form factors, including plastic cards, key fobs, wristbands, wristwatches, PDAs, and mobile phones.

forming - The process of bending the leads into their final shape; see 'DTFS'.

foundry - A wafer production and processing plant. usually used to denote a facility that is available on a contract basis to companies that do not have wafer fab capability of their own, or that wish to supplement their own capabilities.

FP - 'Flat Pack'. A low profile IC package, which typically has gull wing type of leads on two or four sides.

FPAA - 'Field Programmable Analog Array'.

FPD - 'Flat Panel Display'.

FPGA - 'Field Programmable Gate Array'.

FPT - 'Fine Pitch Technology'. The portion of surface mount technology that included components that typically have lead pitch, or center-to-center spacing, between 0.4mm and 0.8mm.

fr4 - The most common base material a PCB is made from. Made from woven glass fibre impregnated with epoxy resin.

fracture - To break or to crack.

fractography - A scientific and systematic analysis of the fracture surface to determine where the fracture originated and how it propagated.

FRAM - 'Ferroelectric RAM'.

frame grabber - A device that digitizes an image and stores it in a computer's memory.

frame relay - A technology for transmitting data packets in high-speed bursts across a digital network.

frit seal - Sealing accomplished through the melting and re-hardening of a glass seal ring(or frit) between the package base and lid. The package leads typically pass through the sealing area.

front-end - refers collectively to early assembly process steps, i.e., assembly steps prior to molding; Also known as 'front-of-line'.

front-end manufacturing - This refers to wafer processing that takes place in the cleanroom, as opposed to processing that happens after the wafer has been essentially finished. Once the wafer is done with its cleanroom processing, it moves into the back end manufacturing which involves test and assembly (packaging). There is potential for confusion with this terminology because semiconductor engineers also divide the front end manufacturing into two parts, called front end processing and back end processing. Front end processing is the device formation part, and the back end processing(in the wafer fab) is the part in which all the interconnect wires of the integrated circuit are laid down and defined.

front-of-line(FOL) - See 'front-end'.

FSK - Acronym for 'Frequency Shift Keying'; A method of transmitting digital data by shifting the frequency of a carrier signal to represent binary 1's and 0's.

FTIR Analysis - Stands for 'Fourier Transform Infrared Analysis'; A technique for identifying contaminants through the analysis of the sample's transmittance and reflectance of infrared rays at different frequencies.

functional circuit elements - Diodes, transistors, crossunders, capacitors, and resistors.

functional test - 1. The process of testing a device for its ability to perform its intended function (examples: output swing tests for op amps, conversion tests for ADC's/DAC's, read/write tests for memories); 2. A process that applies pattern vectors to a device and checks the output to determine if the device is operating according to its truth table; See also 'parametric test'.

furnace - A long glass(quartz) tube that can be heated to high temperatures. Furnaces are used for giving wafers heat treatments, oxidizing them, or reacting gases in the vicinity of the wafers to result in the deposition of thin films on the wafers(CVD). Furnaces used to be horizontal(long direction parallel to the floor) but current generation ones built for eight inch wafers are mostly vertical(tubes standing upright).

G

gallium arsenide(GaAs) - Microelectronics wafer material typically used for high- speed circuit designs.

gas - One of the three physical states(gas/solid/liquid) in which a chemical or substance can appear. This state is characterized by very low density. The gas phase of a substance is dependent on temperature and pressure. Many chemicals appear commercially in liquid and gas state, and require different levels of protection accordingly.

gas immersion laser snnealing(GILA) - A self-aligned silicide(SALICIDE) process for forming low resistance contacts at sub- critical dimension spacing as part of high-performance 'CMOS' logic fabrication.

gate array - A semi-custom chip. the integrated circuit is preprocessed to the first interconnect level. The remainder of the interconnect is customized to meet specific requirements of the customer.

gate equivalent - The basic unit of measure for digital circuit complexity, based upon the number of individual logic gates that would have to be interconnected to perform the same circuit function.

gate oxide - A thin film of dielectric oxide material bridging the source and drain regions of an MOS semiconductor.

generic data - Qualification or quality conformance data on devices from the same generic product family as the device shipped.

generic family - A group of devices manufactured and assembled on the same line(s), using the same processes and materials, and designed to perform the same basic function (e.g., operational amplifiers, TTL gates, etc.).

genlock - Extraction of horizontal-sync and vertical -sync signals from a video signal and the use of those signals in synchronizing video equipment.

gerber file - Data file used to control a photoplotter.

gh-line - Exposure wavelength of 436 nanometers.

gi - Woven glass fiber laminate with polyimide resin.

glass - A supercooled liquid that exhibits tremendous viscosity if cooled below its glass transition temperature; Solder glass is commonly used as a sealing material for certain ceramic packages.

glass frit seal - See 'frit seal'.

glassivation - Top layer of transparent insulating material that covers active area except for bond pads.

glass transition temperature(Tg) - The temperature beyond which a polymer loses its glass properties and acquires elastomeric(rubber-like) properties.

glitch - An undesirable momentary pulse that can accidentally trigger events or errors.

go/no-go test - A test that simply indicates whether the product passes or fails.

GPS - 'Global Positioning System'.

grain boundary - Interface between two crystal regions that differ in the orientation of their atomic arrangements.

gramm-leach-bliley - The Financial Services Modernization Act of 1999(also known as the Gramm

-Leach-Bliley Act), enacted to facilitate affiliation among banks, securities firms, and insurance companies. The Act includes provisions to protect consumers' personal financial information held by financial institutions.

gray level - The brightness value assigned to a pixel; Values range from black, through gray, to white.

gray scale - The set of discrete gray levels defined for an imaging system or imaging software, e.g., in an eight-bit system, the gray scale runs from 0 to 255.

gross leak(GL) test - a hermeticity test done to check for the presence of large leakage paths in a hermetic package.

ground - 1. A common reference point for an electrical system; 2. An electrically neutral, non-current-carrying wire that has the same potential as the surrounding earth used for electrical safety purposes.

ground plane - A conducting surface or plate used as a common electrical reference point for circuits.

grown junction - A PN junction made by controlling the type of impurity in a single crystal while it is being grown from a melt.

GSM - 'Global Systems Mobile'.

GTL - 'Gunning Transceiver Logic'.

GTV - 'Graphic TV'.

guard band - An adjustment made to a DUT's test program limit to take into account tester accuracy, tester repeatability, tester reproducibility, and tester-to-tester correlation in testing the DUT against the corresponding published datasheet limit.

GUI - 'Graphical User Interface'.

H

hacking - The act of gaining illegal or unauthorized access to a computer system or network.

HAD - 'High-Density Array'.

half-duplex - Data transmission over a circuit that's capable of transmitting in either direction, but not simultaneously.

hardware - The physical elements and interfaces that constitute a component or system.

harmonic distortion(HD) - A form of distortion in analog circuits involving harmonics, i.e., signals whose frequencies are integer multiples of the input signal; Calculated as the ratio of a single harmonic to the level of the original signal; See also 'total harmonic distortion'.

hash algorithm - A software algorithm that computes a value(hash) from a particular data unit in a manner that enables detection of intentional/unauthorized or unintentional/accidental data modification by the recipient of the data.

HASL - 'Hot Air Soldered Leveled'. Hot air is used to blow off the excess after the TWS is dipped in solder. Typically used to the SMOBC process.

hazardous chemical - Any substance that can cause physical harm.

HBT - 'Hetero-junction Bipolar Technology'.

HC/HCT - 'High speed CMOS logic'.

HDD - 'High Density Disk'.

HDI - 'High Density Interconnect'.

HDL - 'Hardware design language', a software tool used for hardware design (see 'CAD').

HDMOS - 'High Performance DMOS'.

HDRAM - 'High-Density DRAM'.

HDSL - 'High Speed DSL'.

HDTV - 'High Definition Television'.

head-end system - The physical access control server, software and database(s) used in a physical access control system.

header - Sometimes called metal can package-A cylindrical semiconductor package with a metal lid and with leads emanating from the package base. A header may or may not have a ceramic standoff to prevent contact with the mounting surface.

helmke drum test - A test for measuring particle shedding of a suit used for cleanroom applications. The suit is tumbled for 10 minutes at 10 revolutions per minute in a stainless steel drum having an enclosed volume of 1 cubic foot to determine the average rate of release of particles 0.3 microns and larger. An automatic particle counter is used to sample the air at the rate of one cubic foot per minute during the ten minute test period. The particle counts are then summarized.

HEMT - 'High Electron Mobility Transistor'.

hermetic - Airtight sealing of an object.

hermetic device - See 'cavity device'.

hermeticity - Leak or seal testing performed on all hermetic packages to confirm seal integrity. This is done in two steps, fine leak, which looks at leak rates in the 5 x 10-8 cc/sec range, and gross leak, which looks for devices with gross seal defects. (See MIL-STD-883, Method 1014.)

hermetic seal - A gas tight seal.

hermeticity test - A test done to determine how air-tight a hermetically-sealed package is; See also 'fine leak test' and 'gross leak test'.

hexadecimal - The base-16 numbering system: 0,1,2,3,4,5,6,7,8,9,10,A,B,C,D,E,F.

high k e dielectric - An insulator which will not conduct electricity but which when sandwiched between metal plates will easily allow these plates to talk to each other via electric fields (this is called a capacitor structure). While high k dielectrics are good for capacitors, the opposite is true of the insulators used to separate metal lines, for which low k dielectrics are desirable.

high-density plasma(HDP) - Plasma that contains a high concentration of reactive elements. High-density plasmas are used in advanced plasma etchers and CVD machines.

high-density olasma CVD(HDPCVD) - A chemical vapor deposition technique in which a concentrated plasma is created. This suppresses the bulging at outside corners that standard CVD films tend to show. HDPCVD is thus a good solution to the problem of getting insulating films to fill in between narrowly spaced metal lines(the gap fill problem). Gap fill is becoming more and more of an issue as semiconductor manufacturers scale down circuit dimensions.

high-density plasma etcher - An advanced etcher that uses high-density plasma. This results in a better capability for etching small geometries with straight vertical walls(especially difficult for small deep holes) and good selectivity(etching only the layer to be patterned and not attacking the layer beneath.)

high frequency(HF) - Radio frequencies(RF) in the range of 3 MHz to 30 MHz. When used in an RF-based identification system, the high frequency used is typically 13.56 MHz

high-pass filter - 1. A circuit that attenuates low-frequency components in an analog signal; 2. A mathematical operation that emphasizes details in an image

high side component - A component connected between the positive power supply and the load; See also 'low side component'.

high temperature storage - A high temperature (150°C typically) bake performed for an extended period(usually 1000 hours) without electrical power applied. Notice 2 to Revision A of MIL-STD-883 deleted this test from Group C. (See MIL-STD-883, Method 1008.)

HIPAA - 'Health Insurance Portability and Accountability Act' of 1996. HIPAA was passed to protect health insurance coverage for workers and their families and to encourage the development of a health information system by establishing standards and requirements for the secure electronic transmission of certain health information. HIPAA mandates that the design and implementation of the electronic systems guarantee the privacy and security of patient information gathered as part of providing health care.

hipot - High-potential.

histogram - A frequency plot of data from a normal distribution often used in analyzing the performance of a given process.

HMOS - 'High-performance MOS'.

hole - The absence of a valence electron in a semiconductor crystal. The movement of a hole is equivalent to the movement of a positive charge.

hole density - The number of holes per unit area on a 'PCB'.

hook and loop - Fastening technique for storm flap closures. Common trade name is Velcro.

horizontal blanking - The blanking signal that occurs at the end of each video scanning line.

horizontal sync - The portion of a video signal that indicates the end of a line of video information.

HSPD-12 - 'Homeland Security Presidential Directive 12'. The primary objective of HSPD-12 is the development and deployment of a Federal government -wide common and reliable identification verification system that will be interoperable among all government agencies and serve as the basis for reciprocity among those agencies.

HSTL - 'High Speed CMOS Logic'.

HTOT - 'High Temperature Operating Test'. A burn-in performed at very high temperature (typically 250°C) for the purpose of determining long-term reliability of a lot of devices on a sample basis under extremely accelerated conditions. (See MIL-STD-883, Method 1005, Condition F.)

HTS - Acronym for 'High Temperature Storage'; A reliability test that subjects samples to a high temperature(usually 150 deg C) environment over a specified period of time(usually 168 H).

hue - The distinction between colors, such as red, blue, green, and yellow; white, black, and gray are not considered to be intensities, not hues.

HVAC - 'High Voltage Alternating Current'.

HVIC - 'High Voltage IC'.

hybrid card - A smart card that contains two smart card chips-both contact and contactless chips-that are not interconnected.

hybrid circuit - A component containing one or more bare die and at least two circuit elements.

hybrid microcircuit - A microcircuit composed of thin or thick film components and semiconductor chips (either integrated circuits or discretes) on a substrate.

I

IAB - Government Smart Card 'Interagency Advisory Board'.

IC - 'Integrated Circuit'. A chip etched or imprinted with network or electronic components such as transistors, diodes and resistors along with their interconnections.

ICC - 'Image Compression Coprocessor'.

ICC - 'Integrated Circuit Card'. ICC typically refers to a plastic(or other material) card containing an integrated circuit which is compatible to ISO/IEC 7816.

IDE - 'Integrated Device Eectronics'.

identification - The process of using claimed or observed attributes of an entity to deduce who the entity is. The evidence of identity or fact of proof showing the attributes of the individual presenting the identification.

identification card - Card identifying its holder and issuer which may carry data required as input for the intended use of the card and for transactions based thereon.

identifier - Unique data used to represent a person's identity and associated attributes. Names and card numbers are examples of identifiers.

identity - The subset of physical and/or behavioral characteristics by which an individual is uniquely recognizable. Identity is information concerning the person, not the actual person. Identity and access management (IAM). The combination of processes, technologies, and policies to manage digital identities and specify how digital identities are used to access resources.

identity data - The data associated with an individual's identity within a specific system and used by that system to verify the individual's identity.

identity document - A piece of documentation designed to verify aspects of a person's identity. (See also 'breeder document'.)

identity management - In information systems, the management of the identity life cycle of entities. Identity management is sometimes used in conjunction with authorization in the IT industry. Within the life cycle: The identity is established: a name(or number) is connected to the subject. The identity is re-established: a new or additional name(or number) is connected to the subject. The identity is described: one or more attributes which are applicable to this particular subject may be assigned to the identity. The identity is newly described: one or more attributes which are applicable to this particular subject may be changed. The identity is destroyed.

identity management system(IDMS) - System composed of one or more computer systems or applications that manage the identity registration, verification, validation, and issuance process, as well as the provisioning and deprovisioning of identity credentials.

identity proofing - The process of providing sufficient information (e.g., breeder documents, identity history, credentials, documents) to establish an identity to an organization that can issue identity credentials.

identity registration - The process of making a person's identity known to a system, associating a unique identifier with that identity, and collecting and recording the person's relevant attributes into the system.

identity theft - The appropriation of another's personal information to commit fraud, steal the person's assets, or pretend to be the person.

identity verification - The process of confirming or denying that a claimed identity is correct by comparing the credentials (something you know, something you have, something you are) of a person requesting access with those previously proven and stored in an ID card or system and associated with the identity being claimed.

IEC - 'International Electrotechnical Commission'. International civil aviation organization(ICAO) 'MRTD'. International civil aviation organization machine readable travel documents. 'ICAO' establishes international standards for travel documents. An 'MRTD' is an international travel document (e.g., a passport or visa) containing eye- and machine-readable data. 'ICAO' Document 9303 is the international standard for MRTDs.

IEEE - 'Institute of Electrical and Electronics Engineers'. A world-wide engineering publishing and standards -making body for the electronics industry.

IGBT - 'Insulated Gate Bipolar Transistors'.

i-line - Exposure wavelength of 365 nanometers.

IMC - Acronym for 'Intermetallic Coverage' or 'Intermetallic Compound'.

image analysis - A technique that extracts features and descriptions from images.

image processing - Improvement of a source image, or transformation of a source image into one that provides more information about specific properties of the source image.

IMAPS - 'International Microelectronics and Packaging Society'.

IMB - 'Intermetallic Bond', thin layer of chemical bonding in metals - see 'IMC'.

IMC - 'Intermetallic Compound'. Metallic compounds that form at the interfaces between different metals, such as copper-tin compounds that form at the interface of a solder joint and a copper lead. IMCs typically have significantly different properties, such as tensile strength.

IMFET - 'Internally Matched Field Effect Transistor'.

immunity - The ability of a piece of equipment to reject or not be affected by an electrical disturbance.

impulse - An electromagnetic pulse of very short duration, i.e, shorter than one cycle at the highest frequency being considered.

inches of water (or cm of water) - A measure of pressure.

in-circuit test - The testing of specific components or parts of a circuit rather than testing the whole circuit. Used for early-stage defect detection.

incomplete fill - A failure attribute wherein a certain part of the package was not covered by a sufficient amount of molding compound.

inductive thin film head - An electromechanical device that records(writes) data on and retrieves(reads) data from the magnetic recording layer of the disk inside.

ingot - A cylindrical piece of semiconductor material from which individual wafers will subsequently be sliced.

ingot growth - The process through which an ingot of semiconductor material is created.

inhibit - To turn off a driver, placing it in a state that approximates an open circuit.

inking - The process of marking bad dice on a wafer with dots of ink so that these dice will be discarded without the expense of putting them in packages.

input bias current - The amount of current flowing in or out of each of a non-ideal operational amplifier's inputs.

input isolation - Any mechanism for isolating a circuit or device's inputs from other circuits.

input offset current - The mismatch or difference between the input bias currents flowing through the inputs of an operational amplifier.

input offset voltage - The slight voltage present across a non-ideal operational amplifier's inputs brought about by its non-zero input offset current.

instrumentation amplifier - A closed-loop amplifier with high-impedance differential inputs and an output that is single-ended with respect to the reference terminal.

inspect - Evaluate accuracy of pattern feature size and pattern placement and inspect for defects.

inspection - Actual performance of a screening step, as opposed to surveillance.

inspection lot - A lot of devices which is considered a single lot for qualification or quality conformance inspection purposes. An inspection lot may consist of more than one device type if they are from the same generic family. The most generally accepted definition of an inspection lot is a group of devices in a single package type, outline, and lead finish manufactured on the same production line(s) through final seal by the same production techniques, using the same materials, and sealed within the same 6-week period.

insulator - A material that is a poor conductor of electricity or heat, and used to separate conductors from one another.

insulating layer - A dielectric layer used to isolate multilevel conductive and resistive material or to protect top level conductive resistive material (see Glassivation, Passivation).

integrated circuit - A semiconductor or semi-conductor die containing multiple elements (which may be located on the die or on a hybrid substrate) which act together to form the completed device circuit.

integral non-linearity - The maximum deviation exhibited by a DAC or ADC from the ideal straight line connecting its zero and full-scale analog value.

integrated circuit(IC) - An electronic circuit in which many active or passive elements are fabricated and connected together on a single substrate, as opposed to discrete devices such as transistors, resistors, capacitors, and diodes.

integrated process - Combining several sequential processing steps. Normally performed in separate systems, within one multi-process system, typically without removing the wafer from the vacuum.

inter bay automation - Automated transport of wafers throughout the entire fab, between the machine bays. One way of doing this is with an overhead monorail system.

interconnection - The conductive path required to achieve electrical connection from a circuit element to the rest of the circuit. The metallization connecting two or more active elements on the surface of a die; also, the wires connecting the die to the package leads.

intermetallic compound - A compound formed between two metals in intimate contact with each other; This phrase is often applied to compounds formed between the bond pad and the wirebond during wirebonding.

intermetallic coverage - The area on the bond pad covered with intermetallic compounds.

intermodulation distortion(IMD) - A phenomenon in which non-linear circuits or devices create unwanted frequency components that are not in the original RF signal.

internal visual - Visual inspection of the device prior to seal to insure that die, wires and package conform to all applicable specifications.

internal wafer vapor content - The amount of residual moisture trapped within a semiconductor package cavity after device sealing, usually stated in ppm at 100°C.

internet - A collection of networks interconnected by a set of routers which allow them to function as a single, large virtual network.

interoperability - The ability of two or more systems or components to exchange information and to use the information that has been exchanged. For the purposes of FIPS 201, the ability for any government facility or information system, regardless of the PIV issuer, to verify a cardholder's identity using the credentials on the PIV card.

interposer - An intermediate layer or structure that provides electrical connection between the die and the package.

interpreter - A program that translates a high-level -language program one instruction at a time into computer code, effecting the execution of the instruction as soon as it is translated.

interrupt - A input signal that requires and gets immediate attention from a computer's CPU.

interrupt handler - The software routine that handles an interrupt's request for service.

interrupt vector - A type of interrupt that immediately points a computer to a new series of instructions.

interstitial via hole - An embedded through-hole that connects two or more conductor layers in a 'PCB'.

intra bay automation - Automated transport of wafers within a bay of machines. There are a number of products that are used for this, as machine interfaces are not yet standardized. Mobile robots that run on rails, or are free standing, can be used. Another option is to extend a brand off a central inter bay overhead

invalid reject - An acceptable product that has been erroneously identified as unacceptable.

I/O address - A specific hardware circuit or software value that the CPU uses to distinguish between the different boards in a system.

I/O channel - An input/output tester port that is capable of both stimulating a device pin and monitoring a response from the same pin.

ion - An atom that has either gained or lost electrons making it a charged negative or positive particle.

ion implantation - One way that the surface of a chip is transformed. It is a method that fires beams of charged atoms at the surface of the wafer. The high level of energy of these ions allows them to penetrate the silicon to produce the desired doping effect.

IP - 'Intellectual Property'.

IPC - Acronym for 'Institute for Interconnecting and Packaging Electronic Circuits'; An electronic packaging organization that has already been renamed to: 'Association Connecting Electronic Industries'.

IPM - 'Intelligent Power Modules'.

IPS - 'Image Processing Systems'.

IR - 'InfraRed'. Soldering process that uses infrared energy as the primary method of heating.

ISA - 'Industry Standard Architecture'.

ISD - 'Information Storage Devices'.

ISDN - 'Integrated Services Digital Network'.

ISP - 'In-System Programmability'.

ISP - 'Internet Service Provider'. Any of a number of companies that sell Internet access to individuals or organizations.

iso - international standards organization.

ISO/IEC 7810 - The series of international standards describing the characteristics of identification cards, including physical characteristics, sizes, thickness, dimensions, construction, materials and other requirements.

ISO/IEC 7812 - The governing international standard for magnetic stripe identification cards, such as door entry cards, automated teller machine(ATM) cards, and credit cards.

ISO/IEC 7816 - The international standard for integrated circuit cards with contacts, as well as the command set for all smart cards.

ISO/IEC 14443 - The international standard, 'Identification Cards, Contactless Integrated Circuit(s) Cards, Proximity Cards' for contactless smart chips and cards that operate (i.e., can be read from or written to) at a distance of less than 10 centimeters (4 inches). This standard operates at 13.56 MHz.

ISO/IEC 15693 - The international standard, 'Identification Cards, Contactless Integrated Circuit(s) Cards, Vicinity Cards' for cards operating at the 13.56 MHz frequency which can be read from a greater distance as compared to proximity cards. (See ISO/IEC 14443.)

ISO/IEC 24727 - A set of programming interfaces for interactions between integrated circuit cards and external applications to include generic services for multi-sector use.

isolation amplifier - An amplifier that provides electrically isolated inputs and outputs that let it amplify a differential signal that is superimposed on a high common-mode voltage.

ion implantation - Introduction into a semiconductor of selected impurities in controlled regions(via high voltage ion bombardment) to achieve desired electronic properties.

isolation tub - An area of the die surrounded by an isolation diffusion(normally P+) to prevent electrical leakage between adjacent circuit elements.

isolation voltage - The voltage that an isolated circuit can normally withstand; Usually specified from input to input or from any input to the amplifier output.

isotropic - Having properties that have equal value in all directions.

issuer (or issuing authority) - The organization that issues an identity card to an individual after identity proofing, background checks and related approvals have been completed. Typically this is an organization for which the individual is working.

J

JAN - 'Joint Army Navy'. The trademarked designator used to indicate that a given device was manufactured and screened in accordance with a controlled government specification. The JAN mark is frequently abbreviated to J when used on smaller devices.

JEDEC - 'Joint Electronic Devices Engineering Council', a part of the Electronic Industries Association(EIA) that publishes specifications and standards for electronic components.

JFET - 'Junction Field Effect Transistor'.

JI-Bipolar - 'Junction Induced Bipolar Transistor'.

jitter - A slight deviation of a transmission signal in time or phase that can introduce errors and loss of synchronization.

JLCC - Acronym for 'J-Leaded Chip Carrier'; A ceramic surface-mount package with J-shaped leads along its four sides.

JTAG - Acronym for 'Joint Test Action Group'; Now essentially synonymous with the IEEE 1149.1 standard for test access port and boundary scan.

jump bond - See 'skip bond'.

junction - The boundary between a P-region and an N-region in a silicon substrate.

junction burnout – See' thermal secondary breakdown'.

K

kerf - That portion of the component area from which material has been removed or modified by trimming or dicing.

key - In encryption and digital signatures, a value used in combination with a cryptographic algorithm to encrypt or decrypt data.

KGB - 'Known Good Board'. A correctly operating PCB. It is used in learning or debugging a test program in development and for comparison testers where it serves as the standard unit by which other PCBs are compared.

KGD - Acronym for 'Known Good Die'; An unpackaged semiconductor chip known to meet all of its electrical specifications.

kirkendall voids - See 'Bimetallic contamination'.

known good die - A qualification or a process that indicates that a semiconductor die has been tested to a specified or determined level of quality or 'goodness'.

kovar - An alloy composed of about 53.48% Fe, 29% Ni, 17% Co, 0.2% Si, 0.3% Mn, and 0.02%C.

L

lambda - Similar to an 'LTPD', except that it is expressed in percent per thousand hours.

laminate - 1. A layer; 2. A sheet of plastic or other material with metal traces on one or both sides used as raw material for printed circuits.

lamination - The process creating laminate using pressure and heat.

LAN - 'Local Area Network'. A communications network that serves users within a confined geographical area, and made up of servers, workstations, a network operating system and a communications link.

land area - That portion of the package lead which is inside the package cavity and to which the bonding wire will be connected to make electrical contact with the die.

LASER - Acronym for 'Light Amplification by Stimulated Emission of Radiation'; A highly collimated and coherent beam of light.

laser direct imaging - A method that increases board density with laser technology.

latchup - A condition where the output of a circuit has become fixed near one of the two voltage extremes and will no longer react to changes in the input signal. Latchup may be radiation induced, but can also result from voltage overstresses and other causes.

layering - Provides layers of various materials to complete the fabrication of components on the silicon surface.

LBIST - Acronym for 'Logic Built In Self Test'; A form of BIST targeted at testing random logic.

LCC - Acronym for 'Leadless Chip Carrier'; A surface-mount package with no protruding leads; It instead has exposed metal pads for external interconnection.

LCD - 'Liquid Crystal Display'.

LCMOS - 'Liquid Crystal Metal Oxide Semiconductor Device'.

leakage current - A small amount of current that flows across a dielectric area between two adjacent conductors.

lead - A name for the metal prongs which stick out of a chip package, allowing electrical connection between the chip inside the package and the outside world

lead bend - 1. A torsion test for lead strength. (See 'lead fatigue'). 2. The process whereby flatpack leads are reformed to facilitate mounting on a PC board.

lead fatigue - Application of a repetitive bending force to the leads of sample devices to insure structural integrity of leads and packages. (See MIL-STD-883, Method 2004.)

lead finish - The assembly process step wherein the external leads of the package are covered with another metal for protection and better conductivity, solderability, and appearance.

lead forming - The assembly process step wherein the external leads of the package are mechanically formed into their final shape.

leadframe – 1. A metal frame structure used as skeleton support for many package types: 2. A metallic frame containing leads and a base to which an unpackaged integrated circuit is attached. After encapsulation, the outer part of the frame is cut away and the leads are bent into the required shapes.

lead-free - A process, such as lead finish, that doesn't use the element lead(Pb).

lead integrity - See 'lead fatigue'.

leadless package - See 'chip carrier'.

lead trimming - The assembly process step wherein all the leads of the package are cut and isolated from the lead frame.

leakage inductance - An inductive component present in a transformer that results from imperfect magnetic linking of one winding to another.

leak test - See 'hermeticity'.

least significant bit(LSB) - The smallest step that a converter can recognize.

LED - 'Light-Emitting Diode'.

legend - Printed letters or symbols on the 'PCB' indicating important information like part numbers or company identification.

length scale - The size range within which an object falls; e.g. nanscale, millimeter scale.

leveller - An electroplating additive used to ensure smooth deposits that are free of dendrites.

level translator - A device that translates a logic signal level from one type to another, e.g., ECL to TTL.

LFCSP - Acronym for 'Leadframe Chip Scale Package'; A CSP that employs a leadframe for its support.

LGA - 'Leadless Gate Array'.

library - A collection of routines, data, or other materials in a file from which a user can draw for use in a project such as a test program.

lid torque - A test which tests the integrity of the seal of a semiconductor device (usually one that employs a glass frit seal) by twisting the package and the lid in opposite but parallel directions.

lifted ball - A ball bond that failed to attach properly to the die or lead finger.

line - In imaging, the coordinate that defines the vertical location of a pixel in an image.

linear - Having an output that is directly proportional to the input, e.g., Vout=constant*Vin.

linearity - A measure of how close a device's linear response is to a straight line.

line of separation - Visible distance or space between two features that are observed not to touch at the magnification in use.

line regulation - The ability of a voltage regulator to maintain its output voltage despite variations in its input voltage.

line width - A measure of the horizontal dimensions of surface features of a semiconductor die, such as the separation between gate and drain diffusions on an MOS die.

liquid - A substance that, unlike a solid, flows readily, but unlike a gas, does not tend to expand indefinitely. Important to know state of chemicals – gas, liquid, or solid – when determining type of protective clothing necessary.

lithography - The transfer of a pattern or image from one medium to another, as from a mask to a wafer.

if light is used to effect the transfer, the term 'photolithography' applies. 'Microlithography' refers to the process as applied to images with features in the micrometer range.

LNA - 'Low Noise Amplifier'. (CMOS technology)

logical access - Access to online resources (e.g., networks, files, computers, databases).

logic chip - A chip that does computations, makes decisions, or makes things happen. Chips can be loosely defined as either logic chips or memory chips

loop profile - The path formed by a bond wire from one bond to the other.

loop height - The height of the loop formed by a bond wire.

lot - A group of similarly-processed semiconductor devices, usually from the same production run, treated as a homogeneous population.

lot acceptance test(LAT) - A test or series of tests to determine whether a lot is shippable to the customer or not.

low drop out(LDO) - A characteristic of a linear voltage regulator that allows it to operate even when the input voltage barely exceeds the desired output voltage.

low frequency(LF) - Radio frequencies(RF) in the range of 30 to 300 kHz. When used in an RF-based identification system, the low frequency is typically 125 kHz.

low k dielectric - A type of insulator that isolates metal connections, preventing these from interfering with each other. Metals that are close together can affect each other's signals through the electric fields that run between them.

low-pass filter - 1. A circuit that attenuates the high-frequency components of an analog signal; 2. An operation that blurs details in an image.

low side component - A component connected between the load and ground; See also "high side component".

LPGA - 'Laser Programmable Gate Array'.

LPI - 'Liquid Photo-Imageable' solder mask.

LQFP - Acronym for 'Low Profile Quad Flat Pack'; A thin plastic surface-mount package with leads along its four sides.

LSI - 'Large Scale Integration'. LSI devices are generally accepted to be those that contain between 100 and 1000 gate equivalents, or other circuitry of similar complexity. (See 'VLSI'.)

LTPD - 'Lot Tolerance Percent Defective'. A single lot sampling concept that statistically ensures rejection of 90% of all lots having a greater percent defective than the specified LTPD.

luminance - The brightness or intensity of a color.

M

MAC - 'Media-Access Controllers'.

machine readable travel documents - ICAO establishes international standards for travel documents. An MRTD is an international travel document (e.g., a passport or visa) containing eye- and machine-readable data. ICAO Document 9303 is the international standard for MRTDs.

machine visions system(MVS) - A pattern recognition alignment system that eliminates the need for large scribe lines to support dedicated alignment targets. Metal-Oxide-Semiconductor(MOS) transistor A transistor containing a metal gate or thermal oxide over silicon. The components of this device are the source, drain and gate.

macro - A set of program steps combined by a user or a programmer that act as a single and more powerful program step.

macro cell - Similar to a standard cell but larger. Macro cells contain predefined circuit elements that may be selected and arranged to create a custom or semi-custom integrated circuit more easily than through design. designers building ASICs use macro and standard cells.

magazine - A portable enclosure used to hold PCBs or product.

magneto-resistive - (MR) head Recording head that uses an inductive thin film element to write data onto the media and a separate MR element to read the data. The use of a separate but much more sensitive read element permits data to be recorded and, subsequently, read at much higher track densities than inductive thin film head technology.

majority carrier - The mobile charge carrier(hole or electron) that predominates in a semiconductor material. When a channel is created within the silicon, the channel will normally result from a change of majority carrier.

man-in-the-middle attack - An attack on an authentication protocol in which the attacker is positioned between the individual seeking authentication and the system verifying the authentication. In this attack, the attacker attempts to intercept and alter data traveling between the parties.

mandatory access control(MAC) - An access control technique that assigns a security level to all resources (e.g., information, parts of a building), assigns a clearance level to all potential users requiring access, and ensures that only users with the appropriate clearance level can access a requested resource.

manufacturing validation - A series of assembly runs to verify that a newly-released assembly process is meeting expected process outputs.

material review board(MRB) - A team that oversees the handling or dispositioning of abnormally processed or low-yielding lots.

mask - A transparent plate covered with an array of patterns used in making ICs. Each pattern consists of opaque areas that prevent light from passing through. The mask is used to expose photoresist that defines areas to be later etched on a wafer.

masking layer - A patterned layer associated with a semiconductor integrated circuit. A typical circuit will require between 12 and 25 masking layers for full definition.

match/matching - The process of comparing biometric information against previously stored biometric data and scoring the level of similarity.

MBIST - Acronym for 'Memory Built In Self Test'; A BIST approach that is specific to memory testing.

MCM - See 'Multi-Chip Module'. Multichip Module. A circuit comprised of two or more silicon devices bonded directly to a substrate by wire bond, TAB or flip chip.

MCM-C - Acronym for 'Multi-Chip Module-Ceramic'.

MCM-L - Acronym for 'Multi-Chip Module-Laminate'.

MCU – 'Micro Controller Unit'.

MD5 - One of the most popular hashing algorithms, developed by Professor Ronald L. Rivest of MIT, which produces a 128-bit hash from any input.

MDL - 'Minimum Detection Limit'. See 'system detection limit'.

MDRAM - 'Multibank DRAM'.

MEC - 'Motion Estimation Coprocessor'.

mechanical shock - An impact-type shock test to stress die attach, wire bonds, and seal integrity, normally performed on a sample basis. (See MIL-STD-883, Method 2002.)

megarad - Capable of withstanding total dose radiation of 106 rads(Si) or greater without significant performance degradation.

MELF - 'Metal Electrode Face Bonding'. A cylindrical leadless component with a round body and metals terminals on the ends.

memory card - Typically a smart card or any pocket-sized card with an embedded integrated circuit or circuits containing non-volatile memory storage components and perhaps some specific security logic.

memory chip - A chip that retains information for logic chips to use.

MEMS(Microelectromechanical systems) - Micromachining. Micromachining The application of integrated circuit fabrication processes to the manufacture of miniature machines, sensors and switches.

meniscus - The localized convex area of the package through which the lead protrudes.

MESFET - 'Metal Enhanced Semiconductor Field Effect Transistor'.

message authentication code(MAC) - A short piece of information used to support authentication of a message. A MAC algorithm accepts as input a secret key and an arbitrary-length message to be authenticated, and outputs a MAC(sometimes known as a tag or checksum). The MAC value protects both a message's integrity as well as its authenticity, by allowing verifiers(who also possess the secret key) to detect any changes to the message content. MACs are computed and verified with the same key, unlike digital signatures.

metal can package - See 'header'.

metal gate - An MOS process fabricated with a metal (usually aluminum) as the gate electrode.

metallization - One or more layers of microcircuit

metal conduction paths.

metallization melt - The melting of semiconductor metallization as a result of extreme power exposure, normally occurring as a result of short duration, high current pulses.

metallization run - A lot of wafers metallized at the same time. Since the number of wafers accommodated by an evaporation (i.e., metallization) chamber is frequently less than the number of wafers accommodated by a diffusion chamber, it is possible to have several metallization runs which came from the same wafer run.

meter - A unit of measure equaling about 3.3 feet.

MFLOPS - 'Million Floating-Point Operations per Second'.

micro ball grid array(MBGA) - The process for placing an integrated circuit or other component on a multi-layer 'PCB' using an array of extremely small solder balls(or columns) at each contact.

microbond - A bond of a small wire to a conductor or chip device.

microcircuit - A section of semiconductor wafer with circuitry and components etched into the top. Also called a die or chip.

microcontroller - A microcontroller is a stand-alone device that performs computer functions within an electronic system without the need of other support circuits. A microcontroller contains memory functions, unlike a microprocessor; which is typically paired with a chip that provides memory. Microcontrollers are used in TVs, VCRs, microwave ovens and automobile engines.

microprocessor card - Typically a smart card or any pocket-sized card with an embedded integrated circuit or circuits containing memory and microprocessor components.

microcrack - A very small crack within the metal or other material of a semiconductor device, typically not detectable using optical magnification. In the metallization area, microcracks most typically occur at contact steps. Microcracks can lead to discontinuities in the circuitry.

micron(um) - 1. A unit of length equal to one millionth of a meter: 2. Also referred to as a micrometer.

microperipheral - A device that works with a micro-controller or microprocessor. microperipherals are used in modems, ISDN and ethernet lines, in imaging equipment such as printers, computer mice and keyboards.

microprocessors - Integrated circuits that contain the CPU for a computing device.

microvias - Laser-created small holes, or vias.

MIDI - 'Musical Instrument Digital Interface'.

migration - The relocation or movement of physical materials into or across other adjacent materials. (See 'electromigration'.)

mil – A unit of measurement equal to 1/1000 or 0.001(x 10^{-3} inches) of an inch; 1 mil =25.4 microns.

millimeter - One thousandth of a meter. about 4/100 inch.

minimum conductor width - The smallest distance between any two adjacent conductors, such as traces, in a 'PCB'.

minority carrier - The nonpredominant mobile charge carrier in a semiconductor (such as electrons in a P-region, where the majority carrier would be holes).

MIPS - 'Millions of Instructions per Second'.

mismatch - A non-ideal coupling of two circuits, usually resulting in partial signal reflection of a signal that passes from one circuit to the other, subsequently leading to measurement error.

mix-and-match - The cost-effective strategy by which manufacturers use expensive reduction steppers for the critical layers of an integrated circuit and cost-effective 1X steppers for layers larger than 0.65 microns.

mixed signals - A class of ICs that have traditionally been considered analog semiconductors. they can also be defined as anything that combines analog and digital circuitry-and that includes many ASICs and DSPs.

MLF - 'Micro Lead Frame'.

MMIC - 'Monolithic Microwave Integrated Circuit'.

MML - 'Merged Memory Logic'.

MMU - 'Memory Management Unit'.

MMUI - 'Multimedia User Interface Profiles'.

MMX - 'Multimedia extension'.

model - A detailed description or scaled representation of one component of a larger system that can be created, operated, and analyzed to predict actual operational characteristics of the final produced component.

modem - A type of computer equipment that links computers via telephone lines and enables the transmission of data.

moisture resistance - Subjection of sample devices to a cycle of high humidity and temperature stresses to determine the ability of these devices to survive under severe environmental conditions. This is normally performed on a sample basis with 10 cycles of 24-hour duration. (See MIL-STD-883, Method 1004.)

molding - The assembly process step wherein the devices are encapsulated in plastic; also referred to as 'encapsulation'.

molding compound - Plastic material used for encapsulating IC's.

molded device - A device which is completely encapsulated in epoxy or an alternate molding compound, that is, with no internal cavity.

molecular electronics - Any system with atomically precise electronic devices of nanometer dimensions, especially if made of discrete molecular parts rather than the continuous materials found in today's semiconductor devices.

monochrome - An image represented by a single color.

monolithic device - A device whose circuitry is completed contained on a single die or chip.

monopole - An antenna that consists of a straight conductor usually measuring not more than one quarter of a wavelength long, mounted immediately above and at a right angle to a ground plane.

monotonicity - A characteristic of a DAC in which the analog output increases as the digital code input to it increases.

moore' s law - In 1965 Intel co-founder Gordon Moore predicted that the number of transistors (and capacity) that can be squeezed onto a chip would double every 18 months. if this trend continued, he reasoned, computing power would rise exponentially with each new generation of chips. His published observation holds to this day.

MOPS - 'Millions of Operations Per Second'.

MOS - 'Metal Oxide Semiconductor'.

MOSFET - 'Metal Oxide Semiconductor Field Effect Transistor'. A device that does not require as much power as bipolar devices because of its insulation. the term can be applied either to transistors in an IC or to discrete power devices. MOSFETs are easier to manufacture than bipolar devices and are a building block in the fabrication of CMOS chips.

most significant bit(MSB) - The biggest step (corresponding to just a single bit) that a converter can recognize.

MPEG - 'Moving Pictures Expert Group' (image compression standard)

MPGA - 'Mask-Programmed Gate Array'.

MPLD - 'Mask-Programmed Logic Device'.

MPU – 'Micro Processor Unit'.

MQFP - Acronym for 'Metal Quad Flat Pack'.

MSD - 'Moisture Sensitive Device'.

MSI - 'Medium Scale Integratio'. MSI devices are generally accepted to be those that contain 12 or more gate equivalents, but less than 100. (See LSI.)

MSL - Acronym for 'Moisture Sensitivity Level'; A number denoting the degree of vulnerability of a package to cracking caused by internal moisture vaporization during reflow or board mounting.

MSOP - Acronym for 'Micro Small Outline Package'.

MTBF - 'Mean Time Between Failure'. The average number of operating hours after a device has failed that would pass before the next device failure would be expected to occur.

MTP - 'Multi-Time Programmable'.

mullen burst test - A physical property test for material strength. Represents the force that would be applied when a bending elbow bursts through a shirt sleeve.

multi-application card - A smart card that runs multiple applications–for example, physical access, logical access, data storage and electronic purse–using a single card.

multichip device - A device containing two or more die, but no thin or thick film components on the substrate(such as the LH2111, which consists of two LM111 chips in a single package).

multi-chip module(MCM) - 1. A package containing more than a single chip inside: 2. A hybrid which contain at least two bare die.

multi-chip module laminates(MCML) - A pcb design for placing multiple integrated circuits or other components on a limited surface area.

multidie probing - The parallel testing of more than one die(on a wafer) at a time using several probes.

multi-factor authentication - The use of multiple techniques to authenticate an individual's identity. This usually involves combining two or more of the following: something the individual has (e.g., a card or token); something the individual knows (e.g., a password or personal identification number); something the individual is (e.g., a fingerprint or other biometric measurement).

multi-factor reader - A smart card reader that includes a PIN pad, biometric reader, or both to allow multi-factor authentication.

multilayer metallization - Metallization formed through the deposition of several layers of different metals to form a single metallization stripe on the surface of the device.

multilayer PCB - Circuit boards with three or more layers of printed circuits separated by laminate layers and bonded together with internal and external interconnections.

multilevel metallization - Two or more levels of metal or any other material used for interconnections that are isolated from each other by insulating material.

multiplexing - 1. The process of combining of two or more signals into one in such a way that they can later be separated again; 2. The process of using a single common output for several inputs, with only one of the inputs connected to the output at a time.

multiplexer(MUX) - A semiconductor device, circuit, or set of electromechanical switches arranged to select one of many inputs for connection to a single common output.

multi-technology card - An ID card that has two or more ID technologies that are independent and that don't interact or interfere with one another. An example is a card that contains a smart card chip and a magnetic stripe.

multi-technology reader - A card reader/writer that can accommodate more than one card technology in the same reader (e.g., both ISO/IEC 14443 and ISO/IEC 15693 contactless smart card technologies or both 13.56 MHz and 125 kHz contactless technologies).

multisite - Refers to a single test head with more than one test site.

multisite testing - The use of a single test program and a single 'multi-site' test head to test two or more devices in two or more test sites, either in parallel or in sequence.

mutual authentication - For applications requiring secure access, the process that is used for the smart card-based device to verify that the reader is authentic and to prove its own authenticity to the reader before starting a secure transaction.

MUX - 'Multiplexer'.

N

nailhead bonding - An alternate term for Ball bonding.

NAND - 'Not-AND Gate'.

nanocrystal - A nanoscale crystal whose size, shape and atomic composition are carefully controlled to yield specific properties, like absorption of specific wavelengths of light.

nanometer - A metric unit of linear measure which equals one billionth of a meter.

nanoscale - The size range of objects studied by nanotechnologists.

nanotechnology - The ability to see, measure and make objects that are within the same tiny size scale as atoms and molecules. The nanotechnology realm can be defined as being between 0.1 nanometer(about the size of a hydrogen atom) and 100 nanometers (about the size of a virus).

nanotube - A tube of nanoscale dimensions, but most frequently referring to carbon nanotubes. These tubes, which are stronger and lighter than steel, can have varying electrical properties with applications in computing, materials manufacturing and bio-technology.

NC drill - A 'Numeric Control drill' used to drill holes at exact locations.

n-channel - An MOS process in which MOS transistors are formed by bridging two adjacent N-type diffusions(source and drain) with a dielectric(gate). When the source and the substrate are grounded and a positive voltage is applied to the gate, a conductive sheet of negative charge(N-channel) is created in the surface of the substrate under the dielectric.

NDBP - Acronym for 'Non-Destructive Bond Pull'.

neckdown - The narrowing of leads or wire.

neoprene - Natural rubber, non-synthetic. A durable elastomeric material with moderate chemical resistance.

netlist - List of parts and their connection points.

network - An arrangement of objects that are interconnected. In communications, the transmission channels interconnecting all clients and server stations as well as all supporting hardware and software.

neutron radiation - Exposure of a device to neutron radiation during fabrication in order to reduce minority carrier lifetime in the substrate. This minimizes the probability of circuit latchup during exposure to burst radiation.

NFC—Near Field Communication - A short-range wireless standard(ISO/IEC 18092) that uses magnetic field induction to enable communication between devices when they are brought close together(within 10-20 centimeters or 4-8 inches). NFC technology is compatible with ISO/IEC 14443-based technology.

NFPA - 'National Fire Protection Association'.

NFPA 1991 - Performance standard for vapor protective clothing.

NFPA 1992 - Performance standard for splash protective garments.

NFPA 1993 - Performance standard for disposable protective garments used in decontamination procedures.

NIOSH - 'National Institute for Occupational Safety and Health'. A regulatory or respiratory protection; technical advisement for 'OSHA'.

NIST - 'National Institute of Standards and Technology'.

NMOS - 'Negative-channel Metal Oxide Semi-conductor'. 'NMOS' was the preferred technology for making leading-edge chips in the 1970's and early 1980's.

node - A pin or lead to which at least two components are connected through conductors.

Nodules - Metal debris in plated through holes that is plated over.

noise - Undesirable electrical interference to a signal.

noise distortion - The nonlinear behavior that circuits or devices exhibit when driven with a broadband noise signal.

noise floor - 1. The noise level below which no information can be obtained from a signal; 2. The minimum discernible signal that can be detected by a receiver.

non-conductive - A property of an object, substance or material which restricts or prevents the flow of electricity.

non-destructive bond pull - Pull stressing of all wires on all devices or a sample of devices from a given lot to a pull force which is lower than the minimum pull force limit imposed for destructive bond pull. (See MIL-STD-883, Method 2023.)

non-observable fault - A fault whose effects cannot be measured at any network output.

non-repudiation - The ability to ensure and have evidence that a specific action occurred in an electronic transaction (e.g., that a message originator cannot deny sending a message or that a party in a transaction cannot deny the authenticity of their signature).

non-standard part - A device procured to a contractor prepared specification rather than to a government prepared specification.

non-volatile memory - A storage device whose contents are preserved when its power is off. Storage using magnetic disks or tape is normally non-volatile. some semiconductor memories(ROM, EPROM, Flash memory) are non-volatile while other semiconductor memories(static RAM and especially dynamic RAM) are normally volatile but can be made into non-volatile storage by permanently connecting a (rechargeable) battery.

NOR - 'Not-OR Gate'; building structure of an IC

NPN transistor - A junction transistor constructed by placing a P-type base between an N-type emitter and an N-type collector. The emitter is normally negative with respect to the base and the collector is normally positive with respect to the base.

NPTH - 'Non-Plated Trough-Hole'.

NRE - 'Non-Recurring Engineering'.

NTSC - Acronym for 'National Television System Committee'; A 60-Hz standard for encoding color video signals used in North America, Canada, Japan, and most of South America.

n-type - Semiconductor material in which the majority carriers are electrons and are therefore negative.

NVRAM - 'Non-volatile Random Access Memory'.

NVRAM or NOVRAM - 'Non-Volatile RAM'.

NVSRAM - 'Non-Volatile SRAM'.

nyquist frequency - A sampling frequency that is twice the highest frequency component of the signal to be sampled.

nyquist sampling theorem - A theorem that states that a signal must be sampled at a rate that's twice the signal's highest frequency to prevent any loss of information about the signal.

O

OA - 'Organic aqueous', water soluble flux

OCAP - Acronym for 'Out-of-Control Plan'; A flow chart or a documented set of procedures defining the actions required if a process gets out of control.

OCSP - 'Online Certificate Status Protocol'. An online protocol used to determine the status of a public key certificate.

OEM - 'Original Equipment Manufacturer'.

off-card - Refers to data that is not stored on the ID card or to a computation that is not performed by the integrated circuit on the ID card.

offset voltage - See 'input offset voltage'.

on-card - Refers to data that is stored on the ID card or to a computation that is performed by the integrated circuit chip on the ID card.

one-time password/OTP - Passwords that are used once and then discarded. Each time the user authenticates to a system, a different password is used, after which that password is no longer valid. The password is computed either by software on the logon computer or by OTP hardware tokens in the user's possession that are coordinated through a trusted system.

open area - An open and flat test site used for measuring electromagnetic interference, requiring sufficiently low ambient radiation to permit testing.

open ID - A decentralized digital identity system, in which any user's online identity is given by, for example, a URL(such as for a blog or a home page) and can be verified by any server running the protocol. Users are able to clearly control what pieces of information can be shared such as their name, address, or phone number.

open loop gain - The ratio of an operational amplifier's output voltage to its differential input voltage without any external feedback.

operating life - Burn-in(that is, exposure to high temperature with electrical bias applied) performed for extended duration(usually one thousand hours at 125°C). Normally a sample test. (See MIL-STD-883, Method 1005.)

operational amplifier - An open-loop high gain amplifier with high-impedance differential inputs and a single output; An op amp can be configured to function in many different applications.

operational range - The maximum distance between a contactless smart card reader and a contactless smart card.

operational test site - aA test site on a multi-site test head declared in the test program to be functional and available for use.

optical isolator - A device that links two circuits through an optoelectronic transmitter and receiver, such that there is no direct electrical connection between the two circuits.

optoelectronics - A device that is responsive to or that emits or modifies light waves. examples are LEDs, optical couplers, laser diodes, and photo detectors.

original width - The width dimensions or distances that is intended by design.

OSP - 'Organic Solder Preservative'. Layers of organic coatings applied to entire board surfaces to prevent oxidation and to retain solderability.

OTP - 'One-Time Programmable'.

output isolation - Any mechanism for isolating a circuit or device's output from other circuits.

oxidation - The process of joining oxygen and heat in a furnace to form a layer of silicon dioxide.

oxide isolation - The separation of circuit elements on a semiconductor device through the construction of a barrier oxide between the elements(not to be confused with dielectric isolation, in which the isolation passes completely under the circuit element.

oxide layer - A layer of an integrated circuit created

to provide isolation between conductive layers.

P

package – 1. A structure that serves as a container or form of cover for the die to provide it with protection, a means of external electrical connection, and if necessary, a means of identification: 2. An enclosure for a single element, an integrated circuit, or a hybrid circuit. It provides hermetic or non-hermetic protection, determines the form factor, and serves as the first level interconnection externally for the device by means of package terminals. a package generally consists of a bottom part, called the case or header, and a top part, called the cover or lid. These are sealed into one unit.

packaging density - For integrated circuits, the number of semiconductor elements per unit area of chip size, frequently expressed in terms of number of gate equivalents.

package post - A generic term used to describe the bonding location on the inside of the package.

PACS - See 'Physical Access Control System'.

PACT - 'Personal Air Communications Technology'.

pad - The pattern indicating the appropriate connection and attachment of electronic components on the 'PCB'.

PAL - Acronym for 'Phase Alternation Line'; A 50-Hz composite color video standard used in Western Europe, India, China, and some Middle Eastern countries; See also 'NTSC, SECAM, RS-170'.

palette - The range of colors that a display can produce.

pallet / carrier - A frame used to hold a PCB during assembly.

parallel testing - The process of performing identical tests simultaneously on more than one device of the same type; See also 'concurrent testing'.

parametric test - The process of testing a device against a specification for a measured electrical characteristic or quantity, such as voltage or current.

parallel testing - The testing of a number of devices at the same time(normally accomplished by mounting the devices on printed circuit boards which interface with the tester) as opposed to serial testing which tests one device at a time.

parasitic device or element - An interaction between diffused circuit elements. A good example of a parasitic would be the collector series resistance(RSAT) of a transistor and the associated capacitance of the collector-to-substrate junction. In fact, the buried layer N+ diffusion is used to reduce collector resistance. The nature of current semiconductor technology makes it impossible to eliminate these parasitics. Where their effect on the circuit is significant, or when the circuit is designed to utilize these parasitics, they are shown on the schematic.

particle Count - A measurement scale for gas or liquid cleanliness, normally stated in parts per cubic foot. For example, a Class 10 working area would be one which contained no more than 10 particles greater than one micron in size per cubic foot of air.

passivation - Insulating layer directly over a circuit or circuit element to protect the surface from contaminants, moisture, or particles.

passive device - Devices such as resistors or capacitors which have no amplification or control characteristics.

passive filter - A filter that utilizes only passive components such as resistors, capacitors, and inductors.

pass through - A bulkhead coupling system or chamber that allows materials to be passed between the cleanroom and a corridor without causing contamination.

pattern - The binary data applied to and expected from a DUT during a functional test.

PBGA - 'Plastic Ball Grid Array'. A ball grid array component whose package substrate is made of plastic, most likely an FR-4 equivalent of epoxy-fiberglass, polyimidearramid, or similar resin-fiber combinations.

PCA - 'Printed Circuit Assembly'. The generic term for a PCB after all electrical components have been attached. Also referred to as a printed wiring assembly (PWA).

PCB – See 'Printed Circuit Board'.

p-channel - An MOS process in which MOS transistors are formed by bridging two adjacent P-type diffusions (source and drain) with a dielectric(gate). When the source and the substrate are grounded and a negative voltage is applied to the gate, a conductive sheet of positive charge(P-channel) is created in the surface of the substrate under the dielectric.

PCI - 'Peripheral Component Interconnect'.

PCMCIA - 'Personal Computer Memory Card International Association'. The organization that has developed the early standards for the various sizes of modules which were initially for memory expansion but are now used for many different electronic functions.

PCS - 'Personal Communication Services'.

PC/SC - 'Personal Computer/Smart Card'. The PC/SC specification defines how to integrate smart card readers and smart cards with the computing environment and how to allow multiple applications to share smart card devices.

PCSC Lite - 'Personal Computer/Smart Card Lite'. PCSC Lite is open source software that implements the PC/SC specification for Linux.

PDA - 'Personal Digital Assistant'. The maximum percentage of a lot which may fail a 100% screening step without rejecting the lot. The PDA is predicted on the possibility that a failure mechanism which appears in an abnormally high percentage of a lot might appear at a later time in the balance of the lot. It should, therefore, not be used for screens where all defective devices can be observed and removed(such as internal visual or X-ray).

PDH - 'Plesiochronous Digital Hierarchy'. (multiplexing and de-multiplexing hierarchy)

PDIP - Acronym for 'Plastic Dual-in-Line Package'; See 'DIP'.

PEC - 'Printed Electronic Component'.

pedestal - The mounting portion of a hybrid substrate when it is smaller than the main portion of the substrate.

peg bonding - A thermocompression bonding technique. The wire end is compressed into the pad or conductor area.

pellicilize - Optically transparent membrane mounted on a machined metal frame is attached to photomask or reticle to prevent airborne or handling contamination. Contaminants on the membrane surface are out-of-focus driving exposure.

penetration - Visible physical entry of a chemical in liquid form through an opening such as a seam, zipper, or similar area. Not on a molecular level as with permeation.

peripheral device - A device within a microprocessor device family whose function is required to support the operation of a CPU.

permeation rate - The rate at which permeation occurs. Commonly expressed a micrograms per square centimeter per minute(μg/m2/min). Permeation Refers to the passage of a chemical through a protective clothing material on a molecular level. Gases may be passing through the material leaving no detectable physical signs of damage to the clothing. Unlike degradation, testing for permeation involves elaborate gas detection instruments. It is the highest level of testing available for protective clothing fabrics.

personal identification number(PIN) - A secret that an individual memorizes and uses to authenticate his or her identity or to unlock certain information stored on an ID card (e.g., the biometric information). PINs are generally only decimal digits.

personal identity verification(PIV) card - The physical artifact (e.g., identity card, smart card) issued to an individual that contains printed and stored identity credentials (e.g., photograph, cryptographic keys, digitized fingerprint representation) so that the claimed identity of the cardholder can be verified against the stored credentials by another person (human-readable and verifiable) or an automated process(computer-readable and verifiable).

personally identifiable information(PII) - In information security and privacy, any piece of information which can potentially be used to uniquely identify, locate, or contact a person or steal the identity of a person.

PGA - 'Pin Grid Array'. Similar to a pin grid array. An IC package that has solderable connections in a grid layout on the bottom of the package, and is soldered to the surface of the substrate(PWB) with butt solder joints.

p-gild - Projection-Gas Immersion Laser Doping. This process merges photolithography, doping and annealing.

pharming - A cyber attack that directs people to a fraudulent website by poisoning the domain name system server.

PHEMT - 'Pseudomorphic High-Electron Mobility Transistor'.

phishing - A cyber attack that directs people to a fraudulent website to collect personal information for identity theft.

photolithographic process - A technique utilized in the manufacture of microcircuits which uses light and selective masking to develop a fine-scaled pattern of areas of photoresist on the surface of the die.

photolithography - The photographic process used to transfer circuit patterns onto a semiconductor wafer. This is done by projecting light through a patterned reticle, onto a silicon wafer covered with a photosensitive material(photoresist). A reticle is a glass plate with a layer of chrome on one side.

photomask - Also know as 'reticle' or 'mask', this glass plate contains the patterns used for photolithographic manufacture of integrated circuits.

photoresist - A photoactive film also known as resist. Liquid photoresist is applied to a wafer to create a thin, uniform film. This film reacts with light energy from the stepper to define a circuit or component pattern to the substrate.

photosensitive polymide - A stress buffer overcoat used in the manufacture of devices designated for advanced packaging applications. The photosensitive properties of the material enable manufacturers to achieve in only four steps what would otherwise require nine steps for non photo-sensitive polymide.

physical access - Access to facilities (e.g., buildings, rooms, airports, warehouses).

physical access control system(PACS) - A system composed of hardware and software components that controls access to physical facilities (e.g., buildings, rooms, airports, warehouses).

physical vapor deposition(PVD) - Deposition of thin films by physical means as opposed to chemical means. This is most often used for deposition of metals. The most common firm of PVD is sputtering, in which a metal target is exposed to a plasma gas like argon which is not chemically reactive. The excited gas atoms hit the target and knock off metal atoms that deposit onto a wafer place below, building up the desired metal film.

pick & place machine - Automatically 'picks' components from a supply and 'places' them on the 'PCB' in the correct location.

pick-and-place - An assembly process in which components are selected and placed onto specific locations according to the assembly file.

PIN - 'Personal Identification Number'. A numeric code that is associated with an ID card and that adds a second factor of authentication to the identity verification process.

PIND - Acronym for 'Particle Impact Noise Detection'; A technique for detecting any loose particles inside a hermetic package.

pin grid array(PGA) - A surface-mount package that utilizes an array of metal pins as the means of providing external electrical interconnection, as opposed to the ball grid array(BGA) which uses an array of balls for that purpose.

pinholes - Small localized areas in the oxide layer with low dielectric strength, usually as a result of contamination.

pin list - An array of pin-name/channel-number pairs.

pin-out - The listing or diagrammatic description of the functions assigned to the various package pins of a semiconductor device.

pin-through-hole(PTH) - A method of fusing low-density components to a printed circuit board using pin-through-hole connections.

pitch - The center-to-center distance between adjacent leads on a semiconductor package.

PIV - See 'personal identity verification'.

pixel - Abbreviation for 'picture element'; 1. The fundamental picture element in a digital image; 2. The coordinate unit used to define the horizontal location of a pixel in an image.

PKCS #11 - 'Public Key Cryptography Standard #11'. This standard defines the interface for cryptography operations with hardware tokens.

PKI - 'Public key infrastructure'. See public key infrastructure.

planarization - Flattening the surface of the wafer. Both the devices and the metal wires used in the circuits have height. Several layers have to be built up, one on top of another, to make a complete circuit. It is difficult to create the lithography and etching layers if the surface of the wafer is not flat. Thus, every so often process steps must be added in to flatten the surface of the wafer. This is called planarization, and in modern advanced processes it is often down with chemical mechanical polishing(CMP).

planar structure - A flat-surfaced device structure with the junctions terminating on a single plane.

plasma - An ionized gas composed of equal number of positive and negative charges.

plasma ashing - A variant of plasma etching, used specifically for removal of photoresist. A plasma of oxygen ions is created and these ions react with the oxygen and carbon which make up photoresist to create water vapor and carbon dioxide. The photoresist is thus burned away or ashed, not so much because of high temperature, like in a fire, but because the oxygen is made particularly reactive when it becomes a charged ion in the plasma.

plasma enhanced chemical vapor deposition (PECVD) - Chemical vapor deposition in which a plasma is created from the reactant gases. The ions in the plasma are in an excited state and so will easily react with the silicon wafer, without the need for elevated temperatures as in conventional(thermal) CVD.

plasma etching - Also called dry etching. This involves using plasma gas to etch a semiconductor layer. Plasma contains highly excited molecules (reactive ions) that easily react chemically. There is also a physical bombardment mechanism in that the ions are accelerated towards the wafer with an electric field. Plasma etching is usually anisotropic, which means that the etching takes place in only in one direction(line of sight). This is a key advantage over wet etching with chemicals.

platform - The frame of the machine, including robotic handling apparatus, needed to feed wafers from their loading station into the individual process modules in which the processing will occur. Cluster tools are machines in which more than one process chamber is mounted on the platform, so that several wafers can be processed at a time(with identical or different processes).

plating - Resist Material used on an area to prevent plating.

plating resist - Other wise known as solder resist which is the normally green material used to stop the PCB being covered with solder. This also provides electrical insulation to the tracks.

PLC - 'Programmable Logic Controller' (Simple Computer)

PLCC - Acronym for 'Plastic Leaded Chip Carrier'; A plastic surface-mount package with leads all around its periphery.

PLD - 'Programmable Logic Device'.

PLL - 'Phase Locked-Loop' technology

PMOS - See 'p-channel'.

PNP transistor - A junction transistor constructed by placing an N-type base between a P-type emitter and a P-type collector. The emitter is normally positive with respect to the base and the collector is normally negative with respect to the base.

polymer - A general term used to define chemical compounds such as polyethylene or polypropylene. Technically they are long chains of molecular bonded repeating structural units of the original molecules. Polysilicon Silicon that is deposited on wafers in a form that is crystalline, but is not one continuous crystal like the silicon wafers are.

polysilicon - Shortened version of the phrase poly-crystaline silicon. It is normally used in semiconductor applications as a high resistance conductor.

pogo pin - A kind of spring-loaded pin used to contact pads on a circuit board; it consists of two small tubular sections(the smaller one of which has the contactor at its end) joined together by an internal spring.

polarization - The orientation of the field vector in a radiated field.

polling - A round-robin canvassing of the computer inputs to determine which ones are active or have fresh data, often synchronized in software to a clock or external trigger.

polyimide - A high-temperature polymer that requires multi-step curing.

polymer - A material that consists of long chains of similar molecular combinations of carbon, oxygen, hydrogen, nitrogen, etc..

popcorn cracking - Oackage cracking caused by the sudden vaporization of the internal moisture of the package during reflow or board mounting.

population - The set of users for an application.

post - See 'land area'.

power supply rejection ratio(PSRR) - The ability of a device to prevent its output from being affected by power supply noise, ripples, spikes, and excursions.

PPM - 'Parts-Per-Million'. A measurement scale for defect rates in components or impurity levels in materials.

PQFP - Acronym for 'Plastic Quad Flat Pack'. An FP with leads on four sides generally refers to a plastic quad flat package that is built to SEDEC standards.

precap - See 'internal visual'.

preform - A small and thin piece of metal used as raw material for eutectic die attach.

pressure testing - Standard test used is ASTM Method F1052. Tests for leaks that would compromise the vapor protection of a chemical suit.

primary lithography - A lithography market including the manufacture of low cost IC's, consumer products, micromachining devices and various semiconductor processes with minimum line-width requirements of 0.65 micron. This market also includes scanner replacement for capacity expansion, wafer size upgrades and new process integration.

primary suit material - The material that is used for the main body parts of a garment.

printed circuit - A circuit in which the wires or components have been replaced by a conductive pattern printed upon or bonded to the surface of an insulating board.

printed circuit board(PCB) - Made from insulating, non-conductive material, this board has metal tracks which connect soldered on devices and components.

privacy - The ability of an individual or group to keep their lives and personal affairs out of public view, or to control the flow of information about themselves.

private key - The secret part of an asymmetric key pair that is used to create digital signatures and, depending upon the algorithm, to decrypt messages, files or other information encrypted(for confidentiality) with the corresponding public key.

privilege - An authorization or right granted by an application authority for an individual or group to perform an action.

probe - Electrical test of semiconductor devices at the wafer level, so named because a metal probe is used to make electrical contact with each of the device's bonding pads.

prober - A machine for aligning contacting pins(probe cards) to the dice(chips) on a wafer, so that these chips can be electrically tested even before they are packaged and connected to standardized metal leads. This is termed wafer level probing.

process monitoring equipment - Devices that monitor the wafer for defects and contamination picked up during the course of processing.

procuring activity - The government agency or original equipment manufacturer(OEM) that is responsible for placement and tracking of a given order for materials.

product assembly and test - The process of placing components on printed circuit boards using surface mount and through-hole technologies.

PROM - 'Programmable Read-Only Memory'. A memory device whose stored data content is established on an individual device basis through a programming process(usually involving the blowing of fuse links on the surface of the die). Unlike EPROMs and EEPROMs, PROMs cannot be erased and reprogrammed.

protective device - A circuit element fabricated on a semiconductor device(usually adjacent to the device input) for the purpose of protecting portions of the device circuitry from transient overstress. A good example of a protective device would be an input diode on a CMOS device, which absorbs electrostatic discharge to prevent that discharge from rupturing the gate oxide.

prototyping - The processes of building a small quantity to test and verify design before production.

proximity cards - A generic name for contactless integrated circuit devices typically used for security access or payment systems. It can refer to 125 kHz FID devices or 13.56 MHz contactless smart cards. (See ISO/IEC 14443.).

PSID - 'Programmable Switching and Interface Devices'.

PSOP - Acronym for 'Power Small Outline Package'; Basically an SOIC package with a heat slug to enhance its power dissipation capability.

PSRAM - 'Pseudo SRAM'.

PSRR - See 'Power Supply Rejection Ratio'.

PTH(plated-throughole) - A plated hole providing connectivity between different layers or sides of a PCB.

p-type - Semiconductor material in which the majority carriers are holes and are therefore positive.

public key - The public part of an asymmetric key pair that is used to verify signatures created with its corresponding private key. Depending on the algorithm, public keys are also used to encrypt messages, files, or other information that can then be decrypted with the corresponding private key. The user releases this key to the public who can use it to encrypt messages to be sent to the user and to verify the user's digital signature. Compare with private key.

public key certificate - A digital document that is issued and digitally signed by the private key of a certificate authority(CA) and that binds an attribute of a subject to a public key.

public (asymmetric) key cryptography - A type of cryptography that uses a pair of mathematically related cryptographic keys. The public key can be made available to anyone and can encrypt information or verify a digital signature. The private key is kept secret by its holder and can decrypt information or generate a digital signature.

public key infrastructure(PKI) - The architecture, organization, techniques, practices, and procedures that collectively support the implementation and operation of a certificate-based public key cryptographic system. There are four basic components to the PKI: the certificate authority(CA) responsible for issuing and verifying digital certificates, the registration authority(RA) which provides verification to the CA prior to issuance of digital certificates, one or multiple directories to hold certificates(with public keys), and a system for managing the certificates. Also included in a PKI are the certificate policies and agreements among parties that document the operating rules, procedural policies, and liabilities of the parties operating within the PKI.

punch-through - An unintended high current flow between two adjacent diffused areas created when sufficient voltage is applied to totally deplete both areas of majority carriers.

purple plague - See Bimetallic contamination.

PVC - 'Poly Vinyl Chloride'. A durable thermoplastic material with a variety of uses from floor tiles to protective clothing fabric and face shields(visors). Good durability but has limited range of chemical protection. Typically used for protection against acids.

PWA - 'Printed Wiring Assembly'. The substrate, generally epoxy glass, used to provide component attachment lands and interconnections to form a functioning electronic circuit(also called a PCB or printed circuit board).

PWB - 'Printed Wiring Board'. The generic term for a PWB after all electrical components have been attached.

PWM - 'Pulse Width Modulator'.

Q

QFP - 'Quad Flat Pack'. A FP with leads on four sides. Generally refers to a plastic quad flat package that is built to SEDEC standards.

QPL - 'Qualified Products List'. A list of those suppliers and/or devices which have been qualified for a given program, specification or set of specifications. For further explanation of MIL-M-38510 QPL procedures.

QSOP - 'Quarter-Size Small Outline Package'. An SO style IC package that has leads on a 25 mil pitch. The name derives from the fact that the package is approximately the length and the width of a standard SOIC, and thus a package of the same pin count occupies approximately the area on a PWB.

Quad Flat Pack(QFP) - A rectangular package that has leads on all its sides.

quadrature - The relation between two waves of the same frequency, but one-quarter of a cycle(90°) out of phase.

qualification testing - Testing performed one time only on a sample basis to determine the suitability of a product or product family for usage against certain specifications or for certain programs.

qualifying activity - The government agency or original equipment manufacturer (OEM) responsible for determining vendor qualification status with respect to a given specification or series of specifications. In many cases the qualifying activity will be different from the procuring activity.

quality - Conformance to a set of predetermined design and workmanship standards. Quality and reliability are not synonymous.

quality conformance inspection - Ongoing sample testing on a periodic basis to determine conformance with the quality and reliability standards established in Qualification. (See MIL-STD-883, Method 5005.)

quantum dots - A class of nanocrystals that emit varying colors of light depending on their size. They can be used to label different biological structures.

quantization - The process whereby a continuous signal is divided into non-overlapping subranges, each of which is assigned its own discrete(digital) value.

quantization error - The inherent uncertainty in digitizing an analog value that is caused by the finite resolution of the conversion process; Increasing the resolution of an ADC reduces the uncertainty.

R

r2r ladder - A resistor network that provides basic binary-current division used in successive approximation converters.

rad (Si) - The quantity of any type of ionizing radiation that will impart 100 ergs of energy per gram of silicon.

radiation hardening - Modification of the wafer fabrication process in order to improve a device's radiation tolerance characteristics.

radiation hardness - The ability of a device to withstand radiation exposure without degradation or logic upset. Bipolar devices tend to be inherently harder than MOS devices.

radiant heat - The energy given off(for example from a flash fire) in the form of infrared radiation, like that from a heat lamp.

radiation screening - Testing of a device to determine its radiation tolerance (see MIL-STD-883, Method 2019).

radiation susceptibility - The tendency inherent in a device to degrade as a result of exposure to radiation. MOS devices typically are more susceptible to radiation damage than bipolar devices.

radio frequency(RF) - Any frequency within the electromagnetic spectrum associated with radio wave propagation. Many wireless communications technologies are based on RF, including radio, television, mobile phones, wireless networks and contactless payment cards and devices.

radio-frequency interference(RFI) - High-frequency interference with radio reception.

radio frequency identification(RFID) - Technology that is used to transmit information about objects wirelessly, using radio waves. RFID technology is composed of 2 main pieces: the device that contains the data and the reader that captures such data. The device has a silicon chip and an antenna and the reader also has an antenna. The device is activated when put within range of the reader. The term RFID has been most commonly associated with tags used in supply chain applications in the manufacturing and retail industries.

radiography - See 'x-ray'.

RADSL - 'Rate Adaptive Digital Subscriber Line'.

rail-to-rail - The span from the negative power supply to the positive power supply.

RAM - 'Random Access Memory'. may be written to, or read from, any address location in any sequence. Also called a read/write memory, 'RAM' stores digital bits temporarily and can be changed rapidly as required. 'RAM' constitutes the basic read/write storage element in computers.

RAM-DAC - 'Random Access Memory Digital to Analog Converter'.

range - 1. The difference between the minimum and maximum values of a parameter, such as voltage; 2. A statement of the minimum and maximum values of a parameter.

rapid thermal processing(RTP) - A method of rapidly heating up a wafer by exposing it to bright lamps. Wafers can be raised from room temperature to up to 1100 degrees centigrade in seconds, and cooled in a similar length of time.

RDRAMS - 'Rambus DRAM'.

read-and-record - The recording, by individual device serial number, of the actual parametric values measured for that device at a specific electrical test point. Read-and-record can be done for device characterization, drift(delta) measurement, or temperature coefficient computation.

reader - Any device that communicates information or assists in communications from a card, token or other identity document and transmits the information to a host system, such as a control panel/processor or database for further action.

reagent grade - The highest concentration of a chemical commercially available. Typically greater than 95% concentration.

real ID act - The real ID act of 2005. Legislation intended to deter terrorism by establishing national standards for state-issued driver's licenses and non-driver's identification cards in addition to other key executables.

rebonding - The placement of a new bond on the same pad or post as a previously attempted bond. If the original bond has been removed, the new bond is still considered a rebond. A bond-off, that is, an extra bond placed at the edge of the post(never the pad) for the purpose of clearing the bonding machine, is not considered a rebond.

reduction stepper - Steppers that reduce the image contained on the reticle nX times, usually 5X, but sometimes 4X, 2.5X or 2X, before exposing the wafer.

reflow – 1. The process of remelting the solder on the leads of devices by subjecting them to a high enough temperature; 2. The process of soldering surface-mount devices on a board by passing the board through a reflow oven.

reflow soldering - Applying heat to a pcb with the purpose of melting existing solder past and rejoining metal layers.

refractive lens - A lens(composed of glass lens components) that bends or deflects the path of light as it passes between different media, for example, air or gas.

registration - See 'identity registration'.

registration authority - A body given the responsibility of maintaining lists of codes under international standards and issuing new codes to those wishing to register them.

reject number - For a sample test, the number of failed devices which will cause lot rejection. This will normally be one higher than the accept number.

reliability - The anticipated lifetime of a device, how long it can be expected to 'survive' in the user's system. This is normally defined as a failure rate(percent per 1000 hours) or as an MTBF(Mean Time Between Failures, expressed in hours).

repeatability - The ability of an instrument to give the same output or reading when repeatedly operated under identical conditions by the same user.

reproducibility - The ability of an instrument to give the same output or reading when operated under identical conditions by different users.

residual gas analysis(RGA) - A technique for determining the moisture or gas content of the cavity of a hermetic package.

resist - Material used to mask or to protect certain areas of a pattern from etching, solder, or plating.

resistance to solvents - A test which requires immersion of sample devices in such solvents as trichlorotrifluoroethane and methylene chloride, followed by brushing to determine the durability of unit marking. (See MIL-STD-883, Method 2015.)

resist coat - Used as a template for etching pattern features into underlaying layer surface.

resist thickness - The typical thickness of photoresist spun onto a wafer surface ranges from one to two microns. Resist thickness used in thin-film head processing can be much greater, ranging up to 10 microns.

resist track - Sometimes called a track. A common name for a photoresist spin coater. The term 'track' comes from the early designs in which wafers were transported to and from the spin stations on parallel rails called tracks. These days the more advanced spin coaters use robotic arms for movement of the wafers.

resolution - 1. The smallest division to which a measurement can be determined; 2. The number of bits that an ADC or DAC has.

response - A message returned by the integrated circuit chip to the terminal after the processing of a command message received by the chip.

reticle - A uniform pattern of die on the same wafer. Sometimes called a mask or a photomask. This is a glass plate with chrome on one side in which a pattern is etched. The pattern is transferred to the wafer by shining light through the reticle. A typical semiconductor circuit will need between 12 and 25 masking layers.

RETS - 'Rel Electrical Test Specification'. A one page document used by National Semiconductor to detail the actual electrical testing for a given military device type.

RF - 'Radio Frequency'. the rage of electromagnetic frequencies above the audio range and below the visible light. All broadcast transmission, from AM radio to satellites, falls into this range, between 30KHz to 300GHz.

RFIC - 'Radio Frequency Integrated Circuit'.

RFID - 'Radio Frequency Identification Devices'.

RFID tag (labels) - Simple, low-cost and disposable electronic devices that are used to identify animals, track goods logistically and replace printed bar codes at retailers. RFID tags include an integrated circuit that typically stores a static number(an ID) and an antenna that enables the chip to transmit the stored number to a reader. When the tag comes within range of the appropriate RF reader, the tag is powered by the reader's RF field and transmits its ID to the reader. There is little to no security on the RFID tag or during communication with the reader. Typical RFID tags can be easily read from distances of several inches centimeters) to several yards (meters) to allow easy tracking of goods.

RGB - Acronym for 'Red-Green-Blue'; A video display standard in which three separate signals(red, green, and blue) are used to transmit image information.

RIC - 'Remote Intelligent Communications'.

RISC – 'Reduced Instruction Set Computer'.

roadmap - An international reference document of requirements, potential solutions, and their timing for the semiconductor industry. It identifies needs and encourages innovative solutions to meet future technical challenges, and provides an ongoing emphasis on obtaining consensus industry drivers, requirements, and technology timelines.

role - The actions and activities assigned to or required or expected of a person or group.

role-based access control(RBAC) - Access to resources based on a user's assigned role. Access permissions, which determine which resources can be accessed and the privileges in the context of that resource, are administratively associated with roles, and users are administratively assigned appropriate roles. Roles can be granted new permissions as new resources are incorporated, permissions can be revoked from roles as needed, and role assignments for users can be modified or removed as needed. Since users are not assigned permissions directly, but only acquire them through their role(or roles), management of individual user rights becomes a matter of simply assigning the appropriate roles to the user, which simplifies common operations such as adding a user, or changing a user's department.

ROM - 'Read Only Memory'. Permanently stores information used repeatedly, such as tables of data, characters for electronic displays, etc. A popular type known as 'PROM' is programmable in the field with the aid of programmer equipment. programmed data stored in ROM is often called firmware.

route (or Track) - The layout or wiring of an electrical connection.

rsa - Refers to public/private key encryption technology that uses an algorithm developed by ron rivest, Adi shamir and leonard adleman and that is owned and licensed by rsa security.

RS-170 - The encoding standard for 60-Hz black-and white television signals used in most monochrome video equipment.

RS-343 - Similar to RS-170, except that it provides high-resolution color information for computer video applications.

RSSI - Acronym for 'Received Signal Strength Indicator'; A signal or circuit that indicates the strength of the incoming(received) signal in a receiver.

RTC - 'Real-Time Clock'.

runners - Canals in the mold where liquid molding compound travels to reach the parts for molding.

S

SAC - 'Self-Aligned Contact'.

SACMOS - 'Self-Aligned Contact MOS' device.

salt atmosphere - Exposure of sample devices to a salt rich environment to determine long-term durability of the package materials (see MIL-STD-883, Method 1009).

sample - A device or devices randomly chosen from a lot of material. Sampling assumes that randomly selected devices will exhibit characteristics during testing that are typical of the lot as a whole.

sample and hold(S/H) circuit - A circuit that acquires an analog voltage and stores it temporarily in a capacitor; Also referred to as a sample-and-hold amplifier(SHA).

sampling plan - A statistically derived set of sample sizes, accept numbers, and/or reject numbers which will confirm that a given lot of materials meets established AQLs or LTPDs.

SAR - 'Segmentation and Re-assembly'.

sarbanes-oxley - The sarbanes-oxley Act of 2002, which introduced changes to regulations that apply to financial practice and corporate governance for public companies. The Act introduced new rules that were intended 'to protect investors by improving the accuracy and reliability of corporate disclosures made pursuant to the securities laws'.

SBC - 'Single Board Computer'.

scaling - A technique of reducing the size of an existing integrated circuit die by selective shrinking of the X and/or Y dimensions.

scanner - Scanners are lithography tools that were first introduced in the early 1970's to replace contact printers. Today, scanners are being replaced by higher-technology steppers.

scanning acoustic microscopy(SAM) - A technique that employs ultrasonic waves to analyze disjoints or delaminations within a package.

scanning electron microscopy(SEM) - A micro- opy technique that achieves high resolution and excellent depth of field by employing electrons instead of light for its imaging processes.

SCBA - 'Self-Contained Breathing Apparatus' Typically 1-2-air tanks worn on the back and connected to a full-face mask respirator.

SCC - 'Serial Communication Controllers'.

schottky barrier - A potential barrier formed between a metal and a semiconductor, frequently used in the creation of Schottky diodes.

screening - 100% testing of a device, as opposed to sampling.

screen printing - The method of transferring an image from a patterned to a board by forcing paste through a screen printer.

scribe grid - The area separating two adjacent dice on a wafer through which the scribing tool will pass during the separation of the wafer into individual dice.

scribe street - The lines that separate the die from each other on a wafer where dicing occurs.

SCSI - 'Small Computer System Interface'.

SDIP - Acronym for 'Shrink Dual-in-Line Package'.

SDL - 'System Detection Limit'. Describes the sensitivity of the instruments used for detecting gases during permeation testing. This limit is determined prior to each permeation test by exposing the detection device to a minimum known quantity of the challenge chemical which will produce a measurable signal. SDL is expressed in parts per million.

SDRAM - 'Synchronous DRAM'.

sealing - Joining the package case header or substrate to its cover or lid.

seal glass - Glass material that's used to seal certain ceramic packages such as cerdips.

sealing - The process whereby the lid is fastened onto a cavity(or hermetic) type semiconductor device. Sealing methods include solder(whereby a metal lid is soldered to a metal seal ring), weld(where a metal lid is welded to a metal package base), and glass(or ceramic) seal(where a ceramic lid is fastened to a ceramic base with reflowed glass).

SECAM - A video standard used in China, Russia, and France that employs sequential color and memory.

second bond - The bond formed on the package or the second bond formed during a wirebonding cycle.

secret key - A key used with symmetric cryptographic techniques by a set of specified entities. Secure hash algorithm(SHA). One of the most popular hashing algorithms, designed for use with the Digital Signature Standard by the National Institute of Standards and Technology(NIST) and the National Security Agency (NSA). SHA-1 produces a 160-bit hash.

secure identity - The verifiable and exclusive right to use the identity information being presented by an individual to access a set of privileges.

security attributes - Condition of use of objects in the ID card including stored data and data processing functions, expressed as a data element containing one or more access rules.

seed - A random sequence of bits that is used in a cryptographic algorithm as the input to generate other, longer pseudo-random bit sequences.

seed crystals - Crystal starting material introduced into a crucible of molten semiconducting material onto which atoms are attached resulting in the formation of a cylinder-shaped solid having the same crystal structure as the seed.

selected item drawing - Per MIL-STD-100, a drawing prepared for the purpose of procuring material which has been selected for parameters or characteristics differing from those to which the part is normally manufactured or tested.

self-assembly - The ability of objects to assemble themselves into an orderly structure. routinely seen in living cells, this is a property that nanotechnology may extend to inanimate matter.

self-replication - The ability of an entity such as a living cell to make a copy of itself. theoretically, nanotechnologists could invent self- replicating devices.

SEM - 'Scanning Electron Microscope Inspection', which allows magnification several magnitudes higher than could be achieved with an optical microscope. (See MIL-STD-883, Method 2018.) A scanning electron microscope is typically capable of resolution to 250 A or better and magnification of greater than 20000X.

semiconductor - A semiconductor is a substance or material that conducts electricity better than an insulator but not as well as a conductor. Examples of semiconductors include silicon and germanium.

semiconductor assembly - Semiconductor assembly is the process in which a fully processed semiconductor device/circuit chip is mechanically and electrically connected to the package. Packaging; Housing of the chip or discrete device; Electrically interconnects chip with outside circuitry; Also provides physical and chemical protection of the chip; designed to dissipate heat generated by the chip; Packages are available in the very wide variety of designs.

semiconductor assembly & packing - The process of putting the integrated circuit inside a package to make it reliable and convenient to use is known as semiconductor package assembly, or simply 'assembly'. over the years, the direction of assembly technology is to develop smaller, cheaper, more reliable, and more environment-friendly packages. Just like wafer fabrication technology, assembly technology has advanced tremendously that there are now a multitude of packages to choose from.

semiconductor test - Testing is an inspection of electrical characteristics about the semiconducting device(IC) that is checking the processor of the correct realizations the performance in systematic program.

sense - To measure the resulting current or voltage; see also 'force' and 'force/sens'.

sensitivity - A measure of the minimum change in an input signal that an instrument can detect.

serialization - Application of a unique alphanumeric identifier to each unit of a lot of devices to afford traceability to variables data, individual radiographs, etc.

settling time - The time required for a device or circuit's output voltage to settle and remain within a specified tolerance around the final value every time the output changes.

SGRAM - 'Synchronous Graphics RAM'.

shallow Trench Isolation - A method for electrically isolating semiconductor devices that uses a dielectric filled trough.

SIM - 'Subscriber Identity Module'. A SIM is the smart card that is included in GSM(Global System for Mobile Communications) mobile phones. SIMs are configured with information essential to authenticating a GSM mobile phone, thus allowing a phone to receive service whenever the phone is within coverage of a suitable network.

ship-to-stock - A system whereby a component user develops a statistical evaluation of the quality of his vendors' products, enabling him to use the products of those vendors whose quality is acceptable without performing additional product testing upon receipt at his plant.

shmoo plot - 1. A plot of pass/fail test results that involves pairs of test parameters such as frequency vs. voltage, or voltage vs. temperature; 2. A one-axis or two-axis pass/fail plot of a series of measurements.

shrink - The reduction of die size through conversion to a process within the same basic process family, but with smaller feature sizes.

shutdown - The termination of the running of an operating system.

SIMM - 'Single In-line Memory Module'.

side brazed dip - A dual-in-line package with leads brazed to feedthroughs on the side of the package. Leads will normally come straight down rather than at angles as on other dual-in-line packages. No molded versions of this package are available.

side-brazed package - A type of ceramic dual-in-line package wherein the leads are brazed to the sides of the package.

sigma-delta converter - An ADC that uses a single-bit quantizer with a very high sampling rate combined with a single-bit DAC in a feedback loop.

signal processing - Electronic functions that enhance the representations of physical or electrical phenomena. temperature, pressure, vibration, acceleration and flow are examples of physical properties that rely on signal processing enhancements. The detection and conversion of RF, X-ray or ultrasonic energy into images and sound is another form of signal processing.

signal-to-noise ratio(SNR) - The ratio of total signal to total noise expressed in decibels (dB); SNR = 20 log (Signal RMS / Noise RMS).

signal conditioner - Device placed between a signal source and a readout instrument to change the signal.

silicon - The basic element used in most semi-conductor devices; i.e., diodes, transistors and integrated circuits.

silicon dioxide - A non-conducting layer that can be thermally grown or deposited on silicon wafers.

silicon gate - An MOS process fabricated with a polysilicon material as the gate electrode.

silicon ship - Although a variety of semiconductor materials are available, the most commonly used is silicon and integrated circuits are popularly known as silicon chips, or simply chips.

silicon-on-insulator(SOI) - A sandwich-like substrate in which the silicon surface is electrically isolated from the substrate by an insulator.

silicon wafer - A thin slice of silicon with parallel faces cut from a semiconductor crystal.

silk screen (silk legend) - The epoxy-ink legend printed on PCB.

simple hybrid - A hybrid device having an inner seal perimeter (i.e., a cavity perimeter) of less than 2 inches.

SINAD - Acronym for 'Signal to Noise and Distortion'; The ratio of total signal to the sum of noise and harmonics; SINAD = 20 log(Signal RMS / [Noise + Harmonics]RMS).

single-in-line package - A package(either hermetic or molded) with all its leads emanating from one side of the package.

singulation - The assembly process step wherein the packages are finally separated from the lead frame strip; See 'DTFS'.

SIP - Abbreviation for 'Single-In-Line Package'.

sink current - The amount of conventional current flow into a DUT pin with a pull-up load.

sink voltage - The voltage at a DUT pin acting as a current sink.

SIP - 1. Acronym for 'Single-in-Line Package' - a through-hole package whose leads are aligned in just a single row; 2. Acronym for 'System-in-a-Package' - a package that contains several chips and components that comprise a completely functional stand-alone electronic system.

SIR - 'Surface Insulation Resistance'.

SJR - Acronym for 'Solder Joint Reliability'.

skew - 1. An observed difference in time between two events that occur simultaneously; 2. The effect of different propagation delays along an electrical path or channel.

skimming - The practice of obtaining information from a data storage device without the owner's knowledge. Skimming is typically associated with magnetic stripe-based credit cards.

skip bond - A bond placed between two metallization traces on a hybrid substrate.

slash sheet - A MIL-M-38510 detail device specification giving the specific screening and electrical test requirements for a device or family of related devices (see Chapter 5). In a MIL-M-38510 part number, the first three digits after the slash indicate the slash sheet number. For example, M38510/02004 BDB would be device type 04 specified on slash sheet 20. (Note that a zero is prefixed to two digit slash sheet numbers and two zeros to one digit slash sheet numbers to create uniform 15-digit part numbers.)

SLAC - 'Subscriber Line Audio Processing Circuits'.

slew rate - the rate of change of the op amp's voltage output over time when its gain is set to unity(Gain = 1).

SLIC - 'Subscriber Line Interface Circuits'.

slurry - A thick mixture of water and fine wafer particles produced during the wafer sawing process. If wafer is not cleaned properly, slurry can be seen as a very fine particle deposit over the surface of individual die, sometimes forming patterns from the spray of the mixture.

SMA - 'Surface Mount Assembly'. An electronic assembly or module that is manufactured with surface mounted components and suing surface mount technology.

small outline integrated circuit(SOIC) - An integrated circuit with two parallel rows of pins in surface mount package.

smart card - A device that includes an embedded integrated circuit that can be either a secure microcontroller or equivalent intelligence with internal memory or a memory chip alone. The card connects to a reader with direct physical contact or with a remote contactless radio frequency interface. With an embedded microcontroller, smart cards have the unique ability to store large amounts of data, carry out their own on-card functions (e.g., encryption and mutual authentication) and interact intelligently with a smart card reader. Smart card technology conforms to international standards (ISO/IEC 7816 and ISO/IEC

14443) and is available in a variety of form factors, including plastic cards, subscriber identification modules used in GSM mobile phones, and USB-based tokens.

SMD - Acronym for 'Surface-Mount Device'. Surface mount device. Any electrical or mechanical device that can be attached to the surface of a substrate with solder.

SMDS - 'Switched Multi-megabit Data Server'.

SME - 'Society of Manufacturing Engineers'.

SMIME - 'Secure Multipurpose Internet Mail Extensions'. A protocol for exchanging digitally signed and/or encrypted mail.

SMOBC - 'Solder mask over bare copper'. Solder Mask Over Bare Copper. A printed wiring board manufacturing technique whereby solder mask is applied over bare copper, exposed and developed, and then the board is dipped in molten solder to coat the exposed copper.

SMP - See 'surface mounted packaging'.

SMT - Acronym for 'Surface-Mount Technology'. Surface Mount Technology. The technology used to manufacture electronic assemblies using components that are soldered directly to the surface of the substrate or PWB.

SMTA - 'Surface Mount Technology Association'.

sniffing - The act of auditing or watching computer network traffic. Hackers may use sniffing programs to capture data that is being communicated on a network (e.g., usernames and passwords).

snubber - A device that suppresses voltage transients.

SNOS - 'Silicon-Nitride-Oxide Semiconductor'.

SO - 'Small Outline'. A package resembling a flat pack with leads on only two sides.

SOC - Acronym for 'System on a Chip'; A monolithic integrated circuit that contains all the necessary circuits that make up a complete system.

soft error - An error of a nonpermanent nature introduced into a cell or cells of a memory device as a result of either voltage or current transients or radiation exposures. Although soft errors may be corrected, the data previously stored in the cell may not be retrievable.

software - The instructions which program or sequence the functioning of the hardware of a device or system. These instructions may be contained internally(in ROM, for example) or externally(on tape, disc, or any other suitable memory medium).

SOG - 'Sea-of-Gates'.

SOI - 'Silicon-on-Insulator'.

SOIC - Acronym for 'Small Outline Integrated Circuit'; A plastic surface-mount package with leads on its two long sides only.

SOJ - Acronym for 'J-Leaded Small Outline Package'. A plastic IC package with "J" leads on two sides. It resembles a plastic DIP or a SOIC except for lead spacing and forming.

SOL/SOW - 'Small Outline-Large/Small Outline Wide'. SO generally refers to a package that is approximately 150 mils wide, while SOL/SOW refers to packages that are approximately 300 mils wide.

solderability testing - Immersion of the leads of sample devices in solder, followed by visual inspection to determine that the quality of the finish is such that it will accept an even coating of solder. (See MIL-STD-883, Method 2003.)

solder bridging - Using solder to connect two or more adjacent pads to form a conductive path.

solder bumps - Round solder balls used in face-down bonding.

solder dip - Dipping of the leads of devices into molten solder in order to later facilitate soldering of the devices to circuit boards. Sometimes inaccurately referred to as 'tin dip'.

solder mask - Coating to prevent solder to deposit on.

solder seal - Semiconductor device sealing accomplished by soldering a metal lid to a metal seal ring.

solder wick - A band of wire is used to remove solder.

solder - A metal alloy(usually composed of lead and tin) used in bonding metals together.

solderability testing(ST) - A testing process that determines whether the leads of a package exhibits acceptable wetting, i.e., adequate ability to be soldered onto boards.

solder heat resistance test(SHRT) - A reliability test that determines the ability of a package to withstand extreme board-mounting or board-soldering conditions.

solder mask - An insulative pattern applied on a surface that exposes only the areas that need to be soldered.

solid state - Refers to the electronic properties of crystalline material, as opposed to vacuum and gas-filled tubes that transmit electricity. Compared with earlier vacuum-tube devices, solid-state components are smaller, less expensive, more reliable, use less power and generate less heat.

SOP - 'Small Outline Package'. Another designation for the small outline ICP packages, i.e. VSOP/SSOP (Very Small Outline Package, Shrink Small Outline Package).

SOS - 'Silicon-On-Sapphire'.

SOT - Acronym for 'Small Outline Transistor'. A plastic leaded package for diodes and transistors used in surface mounting applications.

source control drawing - Similar to a specification control drawing except that purchase of the specified devices from manufacturing sources other than those listed on the drawing is prohibited.

source current - The amount of conventional current flow out of a DUT pin with the pull-down load

source inspection - Surveillance or inspection by a customer's quality representative or by a government inspector at the vendor's facility of material being assembled or screened by that vendor.

source voltage - The voltage at a DUT pin that is acting as current source.

span - The full-scale analog input range of a device.

SPARC - 'Scalable Processor Architecture', Sun Microsystems Inc. trade name for their microprocessor.

SPC - 'Statistical Process Control'; A program for keeping a process stable by using statistical concepts in the monitoring and adjustment of the process.

specification - A set of documentation that reflects agreements on products, practices, or operations produced by one or more organizations(or groups of cooperating entities), some for internal usage only, others for use by groups of people, groups of companies, or an entire industry.

specification control drawing - Per MIL-STD-100, a drawing prepared for the purpose of defining and controlling screening, electrical performance characteristics, and physical configuration of purchased material. By definition, the intent of a Source Control Drawing is to purchase controlled standard parts.

SPGA - 'System Programmable Gate Array'.

spike - A transient disturbance of an electrical circuit caused by, for example, load variations on the AC power line.

SPLD - 'Simple PLD'.

spooling - The process of queuing tasks or jobs such as background printing.

sputtering - A physical vapor deposition method (PVD) for the deposition of a thin film of material on the wafer's surface. Atoms of the deposition material are dislodged from a solid target of material due to the bombardment with ionized gas. The freed atoms deposit on the water surface.

SQC - See 'statistical quality control'.

SRAM - 'Static Random Access Memory'. Is an integrated circuit similar to a 'DRAM' that requires no constant refreshing or recharging. It retains stored information as long as power is applied to the computer, hastening information-retrieval process time. In contrast to ROM, SRAM is still volatile and will lose its contents when the power is switched off. SRAM is usually faster than DRAM but usually costs more per bit because each bit requires several transistors. It is used for the most speed-critical parts of a computer or other circuit.

SSF - 'Solid-State File'.

SSI - Small Scale Integration. SSI devices are those that contain less than 12 gate equivalents.

SSL - 'Secure Sockets Layer'. SSL is a protocol used to transmit information on the Internet in encrypted form. SSL also ensures that the transmitted information is only accessible by the server that was intended to receive the information.

SSOIC - 'Shrink Small Outline IC'. An SO style IC package that has leads on a 25 mil pitch.

SSOP - Acronym for 'Shrink Small Outline Package'.

SSR - 'Solid-State Relays'.

stability - The ability of an instrument or sensor to maintain a consistent output when a constant input is applied.

stabilization bake - Placement of devices in a chamber at elevated temperature (normally 150°C) without electrical bias in order to test the construction of the devices. Sometimes this is performed prior to seal in order to bake out impurities on the die surface.

(See MIL-STD-883, Method 1008.) Stabilization bake differs from high temperature storage only in that it is typically of shorter duration.

stacked bond - A rebond placed directly over a previous bond.

staggered leads - Leads emanating from the same side of a package but bent in alternating directions such that they will insert into two or more parallel lines of mounting holes.

standard - Specifications produced by accredited associations, such as ANSI, ISO, SIA, ETSI or NIST. In the United States the use of standards is typically optional and multiple standards can be developed on the same subject. In some countries, the use of existing standards may be required by law and the development of multiple standards on the same subject may be restricted.

standard cell - Predefined circuit elements that may be selected and arranged to create a custom or semi-custom integrated circuit more easily than through design. Designers build ASICs using standard cells.

static electricity - Electrical charges generated by friction.

static RAM - See 'RAM'.

statistical quality control - A quality control system utilizing statistical analysis of process defect data to detect quality trends on a real time basis.

STDF - Acronym for 'Standard Test Data Format'; A standard output format for electrical test results which can be subjected to post-processing and statistical analyses using various tools.

steady state - Refers to flow rate in permeation testing. The point at which the challenge chemical has begun to permeate the fabric, and the rate of permeation flow is neither increasing, nor decreasing.

stepper - A photolithography tool used in the production of semiconductor devices, thin film recording heads, micromachined devices and so forth. Also referred to as a step-and-repeat projection aligner, stepper works by transferring the image of a circuit or component from a master photomask image onto a small portion of the wafer surface. The substrate is then moved or stepped, and the image is exposed once again onto another area of the wafer. This process is repeated until the entire wafer surface is exposed.

stimulus - An input signal that initiates action or reaction in a circuit; An input signal used for circuit excitation.

stitch bonding - A bonding technique whereby the tip of the bonding wire is fed under the bonding head, which then applies heat and pressure to 'stitch' the wire to the pad or post. Frequently several stitches will be employed on the same bond. Stitch bonding can be visually differentiated from ultrasonic bonding because the impressions normally run across the bond rather than along its length.

stockers - Automated storage units for wafers when they are not being processed.

storm flap - Splash guards constructed from the primary suit material which help keep liquids off the zipper, valves, boots or other components.

STRAM - 'Self-Timed RAM'.

stripping - Removal of photoresist through dry or wet processing.

strobe - A pulse or signal that clocks one or more digital data into a latch or memory circuit.

strong authentication - The use of two or more factors of authentication to prove an individual's identity. Factors would include some combination of something you know(a password or personal identification number that only you know), something you have(a physical item or token in your possession) and something you are(a unique physical quality or behavior that differentiates you from all other individuals).

subject - A person, system or object with associated attributes.

sub-pixel resolution - an imaging technique that can yield a measurement that has a spatial resolution of less than one pixel.

substrate - 1. The base material of the support structure of an IC; 2. The surface where the die or other components are mounted during packaging; 3. The semiconductor block upon which the integrated circuit is built: 4. The base material upon which the passivation, metallization and circuit elements are added to built a device.

substrate bond - See 'skip bond'.

successive approximation - A technique used in analog-to-digital conversion wherein a reference 'DAC' is fed with a series of progressively finer digital data until its output matches the analog input, at which point the input data to the reference 'DAC' becomes the output of the 'ADC'.

surface-mount - A phrase used to denote that a package is mounted directly on the top surface of the board, as opposed to 'through-hole', which refers to a package whose leads need to go through holes in the board in order to get them soldered on the other side of the board.

surface mounted packaging - Semiconductor packages mounted on the surface of a printed circuit board or other substrate material. (See also Through-hole mounting.)

surface mount technology(SMT) - A flexible technology used to solder electrical components directly to a board.

surface states - Extra donors, acceptors, or traps, usually undesired, which may occur on a semiconductor surface because of crystal imperfections or contamination. These may vary with time.

surge - A sudden change(usually an increase) in the voltage of a power line; A surge is similar to a spike, but it lasts longer.

surveillance - Random witnessing of testing or screening of devices to determine that the material meets all applicable requirements.

susceptibility - A measure of a device or system's ability to prevent undesirable responses when subjected to electromagnetic radiation.

SVGA - 'Super Video Graphics Accelerator'.

swing - The maximum output voltage that an operational amplifier can deliver without saturation or clipping for a given load and operating supply voltage.

symmetric cryptographic technique - A cryptographic technique using the same secret key for both the originator's and the recipient's operation. (Without the secret key, it is computationally infeasible to compute either operation.)

symmetric keys - Keys that are used for symmetric (secret) key cryptography. In a symmetric cryptographic system, the same secret key is used to perform both the cryptographic operation and its inverse (for example to encrypt and decrypt, or to create a message authentication code and to verify the code).

sync - The portion of a video signal that indicates either the end of a line or the end of a field of video information.

synchrotron - A device used to produce high-energy X-rays that can inscribe features on a chip potentially as small as 100 nanometers.

system on a chip - A chip that is a self-contained system, including processing, memory and input -output functions.

T

TAB - 'Tape Automated Bonding'. An IC inter-connection process that uses organic tape to support pre-formed leads during bonding to the chip(inner lead bonding-ILB) and connection to the substrate(outer lead bonding-OLB). The IC chip is usually bare during the interconnecting processes.

tail wire - The free end of wire extending beyond the bond impression.

tape and reel - A process wherein surface-mount devices are packed inside a tape with packets after which the tape is wound around a reel to facilitate transport of the devices.

tape automated bonding - An assembly process involving the application of components onto a circuit board using temperature and pressure.

taped seam - A very strong seam produced when a sewn seam is covered with a strip of compatible material. The strip is attached by heat sealing as with film laminated materials.

TBGA - 'Tape Ball Grid Array'. A ball grid array component package that uses TAB techniques to make the connections between the IC chip and the solder balls. This results in a solder ball grid array that is only around the periphery, and leaves compliant connections between the IC and the solder balls for better TCE reliability.

TCE(CTE) - 'Thermal Coefficient of Expansion' (Coefficient of Thermal Expansion). The rate of expansion (ppm/C) of a material when its temperature is increased.

TCP - 'Tape Carrier Packaging'.

technical review board(TRB) - A team that oversees process or product changes to ensure that such changes will not result in any technical problems.

telcordia formerly - Bellcore, telecommunication (telephone) industry standards.

template - Biometric data after it has been processed from its original representation(using a biometric feature extraction algorithm) into a form that can be used for automated matching purposes(using a biometric matching algorithm). Biometric data stored in a template format cannot be reconstructed into the original output image.

temperature coefficient(TC) - The ratio of a quantity change of an electrical parameter of an electronic component from its original value when temperature changes.

temperature cycle - A test whereby devices are stored for short periods(15 minutes) alternately at high and low temperatures in gas filled chambers, with a maximum transfer time between chambers of one minute. Normally 10 cycles are performed from -65° to + 1 WC. This stresses device assembly because of the different thermal coefficients of expansion of the various materials used. (See MIL-STD883, Method 1010.)

TES - 'Totally Encapsulating Suit'. A full coverage suit where the head, arms, torso, and legs are fully protected. Not necessarily gas tight.

tester - A piece of electronic equipment designed to test chips to check if they work, and if so, how well(usually how fast) they work. Testers are usually specialized as either memory chip testers, digital logic chip testers, or analog chip testers, though some of the more sophisticated testers can deal with more than one of these groups.

test point - A specific point on a circuit board used for functionality or quality testing.

test protocol - A sequence of control operations required to perform a test.

test specifications - A document defining the operational parameters of a device.

test equipment - Finished wafers are tested for their electrical functionality using automated test equipment that makes electrical contact with the wafers by using wafer probes.

tester - The equipment used for electrically testing semiconductor devices to screen out all units that are not shippable to customers.

test site - A position on a test head where a device-under-test(DUT) is tested.

test site number - A number that identifies a test site location on the test head.

TFP - Acronym for 'Triple Flat Pack'.

THB - Acronym for 'Temperature Humidity Bias'; A reliability test used in accelerating corrosion.

thermal heat - Direct heat transfer from a source, non-radiant, as in a burning liquid splashed onto a chemical suit.

thermal oxidation - A process step used in the manufacturing of integrated circuits in which a layer of silicon dioxide is grown on the surface of a silicon wafer in a heated reaction chamber containing oxygen gas or water vapor.

thermal resistance - Normally stated in terms of °C/W, it is the indicator of the package's ability to dissipate the heat generated by the chip during operation. θJC is the indicator of the chip's ability to pass the heat generated by the semiconductor junctions to the package, that is the thermal resistance between the semiconductor junction and the case; θJA is the thermal resistance between the semiconductor junction and the ambient environment, or the indicator of the case's ability to pass chip heat into the ambient air.

thermal secondary breakdown - Burnout of a semiconductor junction area as the result of a reverse-bias voltage or current induced thermal runaway condition.

thermal shock - Similar to Temperature Cycle except that the environments are liquid, and the transfer is immediate. Normally Performed for 15 cycles from 0°C to + 100°C, this is a much more severe stress of the package seal and is normally employed only on a sample basis (see MIL-STD883, Method 1011).

thermocompression bonding - See 'ball bonding'.

thermocouple - A temperature sensor formed by the junction of two dissimilar metals which has a voltage output proportional to the difference in temperature between the hot junction and the lead wire(cold) junction.

thermoplastics - A type of polymer that can be reheated and cooled repeatedly without degradation(as long as the temperatures used are below the decomposition temperature) allowing it to be recycled.

thermosets - A type of polymer that can not be recycled since it can only be heated once into a hard resin, which has a cross-linked molecular structure.

thermostat - A device or circuit that indicates whether a measured temperature is above or below a particular temperature threshold or trip point.

thick film - Any coating thickness greater than 5 (5 X 104 A), typically formed by applying a liquid, solid, or paste coating through a screen or mask in a selective pattern

thin-film - Head Currently, the most advanced type of magnetic recording head used to read and write information on disk drives. The two types of TFHs are inductive and the more advanced magneto-resistive.

third party testing - Testing not performed by any parties who might financially profit by test outcome. Ensures objective, fair test results.

three-dimensional laser paste - An inspection method using microscopes with lasers.

threshold voltage - The voltage level at which a device will recognize a falling or rising voltage as a change in logic state.

through-hole - A phrase used to refer to a package whose leads need to go through holes in the board in order to get them soldered on the other side of the board, as opposed to 'surface mount', which refers to a package that is mounted directly on the top surface of the board.

through-hole-mounting - A mounting technique for semiconductor packages in which the device leads are passed through holes in the mounting surface. Attachment of leads may be accomplished with solder or with other mechanical means.

through hole process - A method of soldering where components are first placed in holes in the PCBs at points where they are to be soldered. The hole is then filled with solder to complete the process.

throughput rate - The maximum repetitive rate at which a data converter can operate within a specified accuracy.

throwing power - The ability of an electroplating bath to produce a uniform deposit.

time-out error - An error that occurs after the maximum time interval for an expected event to take place has lapsed.

tin dip - A term commonly misapplied to the solder dipping of device leads (see Solder dip).

TO - Acronym for 'Transistor Outline'.

token - A physical device that carries an individual's credentials. The device is typically small(for easy transport) and usually employs a variety of physical and/or logical mechanisms to protect against modifying legitimate credentials or producing fraudulent credentials. Examples of tokens include picture ID cards (e.g., state driver's licenses), smart cards, and USB devices.

tongue tear - A physical test that determines the force(non-shear) required tearing a fabric.

total dose radiation - Accumulated radiation due to prolonged exposure to a radiation field(as encountered, for example, by satellites in the earth's Van Allen belt).

tolerance - The amount of deviation that a device's output parameter is allowed to exhibit from its nominal or target value.

total harmonic distortion(THD) - 1. A measure of a signal's distortion content, represented by the harmonics of that signal expressed as a percentage of the signal amplitude; 2. The ratio of the rms sum of the first few(2nd to 6th) harmonic components of a device's output to its fundamental value, usually expressed in dB.

toxicity - Level of poisonous effects from a chemical.

TQFP - Acronym for 'Thin Quad Flat Pack'.

trace - To monitor the execution of a program and report the sequence of actions carried out.

track - Sometimes called resist track. A common name for a spin coater.

transceiver - A device that contains both a transmitter and receiver.

transconductance amplifier - An amplifier that converts a voltage to a current.

transfer - Movement of product into, across, and then out from the machine conveyor.

transfer conveyor - Incorporates intelligent control like a PLC(Programmable Logic Controller) or computer to control the movement of boards or product.

transfer workstation - An edge carry or flat belt conveyor that incorporates a work surface, light and shelf for easy human interface with product as it passes on the line.

transimpedance amplifier - An amplifier that converts a current to a voltage.

transistor - An electronic device capable of amplifying electronic signals similar to the vacuum tube but made from a semiconductor material such as silicon or germanium.

transitional products - As defined in NIST SP 800-73, products that meet the 'Transitional' interface specification. Transitional products can be used as part of a migration strategy by Federal agencies that have already initiated a large-scale deployment of smart cards as identity badges.

transponder - A wireless communications device that detects and responds to an RF signal.

transportability - Those characteristics of hardware or software which allow its transferal from one system to another system and to interface compatibly with the hardware and software of the new system.

triboelectric effects - The creation of electrostatic charge that occurs when two surfaces contact and then separate, leaving one positively charged and the other negatively charged.

trim - The process of isolating the leads of a leadframe from each other; See 'DTFS'.

trim and form - The step in the assembly process for devices assembled on a lead frame (such as flatpacks and dual-in-line packages) where the lead frame is trimmed off and the leads bent or formed into their specified positions.

triple DES - A block cipher formed from the Data Encryption Standard(DES) cipher by using it three times.

tristate - A high-impedance state for a device output that is not in use.

truth table - For a logic device, a table showing the output logic states that would result from each of the possible input logic combinations the device is designed to accept.

TSOP - Acronym for 'Thin Small Outline Package'.

TSSOP - Acronym for 'Thin Shrink Small Outline Package'.

TTL - 'Transistor-Transistor Logic'.

turn-key - An outsourcing model which turns all aspects of electronics manufacturing over to an 'EMS' provider, who buys the raw materials and components and bills the 'OEM' for a complete assembly.

U

UART - 'Universal Asynchronous Receiver Transmitter'.

UBGA - 'micro BGA' .8mm ball spacing of less

UBM - Acronym for 'Under Bump Metallurgy'; The layer of metal or alloy deposited over each bond pad(so as to be under each bump or ball) of a bumped die.

ultra-high frequency(UHF) - Radio frequencies(RF) between 300 MHz and 3 GHz. When used in an RF-based identification system, the UHF frequency range is typically from 860 to 960 MHz.

UL - 'Underwriters Laboratories' an American approval carried by many bare PCB manufacturers.

ULC - 'Universal Logic Circuits'.

ULSI - 'Ultra Large Scale Integration'. A term applied to devices with complexity levels in excess of 10,000 gates.

ultrasonic bonding - A bonding technique which utilizes a bonding head to apply ultrasonic vibration to the bonding wire and to convert the vibration to heat through pressure and through the friction between the wire and the pad created by the scrubbing action of the head. Since this technique requires no external heating, it results in minimal oxidation of aluminum bond wire and bonding pads. Used normally with aluminum wire, this is the most commonly employed bonding technique.

UMA - 'Unified Memory Architecture'.

undercutting - Inward sloping of die metallization or silicon such that its upper surface is wider than its base.

underfill - An encapsulating material deposited in the gap between a die or package and its substrate to minimize the 'CTE' between them and improve their solder joint reliability.

underwriter laboratories(UL) - A popular safety standard for electrical devices supported by many underwriters.

uniform resource locator(URL) - A string of characters that uniquely identifies each web site.

unipolar - Devices or processes in which current carrying areas and substrates are of similar polarities, usually 'MOS' devices.

unipolar mode - The mode of operation of a converter wherein the zero to full-scale analog value is of single polarity only.

unipolar offset - The deviation of the ADC's actual first transition from its ideal level, i.e., 1/2 LSB above the analog common.

unique identifier - Any element or value which is guaranteed to be unique among a given group.

up-bonding - A wire bonding operation carried out from the die up to the package post.

USB - 'Universal Serial Bus'. A serial bus standard to interface devices.

V

validation - A 'post-silicon' process that uses special purpose test hardware to prove that a product meets the design intent.

vapor pressure - The pressure created by a gas at any given temperature in equilibrium with its liquid state. The pressure build up(particularly in warm weather) in a car fuel tank is an example of vapor pressure.

variables data - Recorded parametric or delta values, traceable to individual devices, as opposed to lot data(or attributes data).

VCR - 'Video Cassette Recorder'.

verification - A 'pre-silicon' test process done during development to gain confidence that a new design will produce the expected results.

vertical sync - The portion of a video signal that indicates the end of a field of video information.

vetting - The process of inspection, evaluation and adjudication of claims ensuring that people are who they claim to be before giving them authorization or rights to do something.

VFP - 'Very Fine Pitch'. The center-to-center lead distance of surface mount packages that are between 0.012 inch and 0.020 inch.

VGA - 'Video Graphics Accelerator'.

VHSIC - 'Very High Speed Integrated Circuits'. The acronym applied to the Department of Defense sponsored research and development program to advance the state of the art in semiconductor device speeds, densities, power consumption, and system effectiveness.

via - A small hole formed through the wafer or printed circuit board and metallized, causing electrical connection to be made from the front(the side on which the circuitry is formed) to the backside of the wafer, substrate, or printed circuit board.

vibration (variable frequency) - A test which applies vibration to devices on a sample basis(since it is considered destructive) in order to subject them to the maximum possible construction stress. The device is vibrated with simple harmonic motion through a range of frequencies (see MILSTD-883, Method 2007).

vicinity card - See 'ISO/IEC 15693'.

video encoder - A device that converts RGB video into composite video.

visible line of separation - Is understood to be separation between two elements that is clearly visible at 100x magnification.

vitreous glass - Glass that is non-crystallizing, making it reworkable without degradation.

viton - Trademark name for a series of flouroelastomers based on the copolymer of vinylidene fluoride and hexaflouropropylene. A common elastomeric with fair to good chemical holdout.

VLSI - 'Very Large-Scale Integration'. The art of putting hundreds of thousands of transistors onto a single quarter-inch integrated circuit.

void – 1. An absence of material, often used to refer to such imperfections located inside the die attach material or the molding compound: 2. Any region where bare semiconductor material or passivation is visible within the design areas of the metallization.

voltage-controlled oscillator(VCO) - An oscillator whose output frequency is proportional to its input voltage.

voltage doubler - A capacitor charge pump circuit which produces an output voltage that is twice the input voltage.

voltage-to-frequency converter(VFC) - A device that converts an analog input voltage into a sequence of digital pulses with a frequency that is proportional to the input voltage.

VRAM - 'Video RAM'.

VSOIC - 'Very Small Outline IC'. A SO style IC package

that has leads with a pitch of 30 mils or less.

VSOP - Acronym for 'Very Small Outline Package'.

VSP - 'Vector Signal Processors'.

W

wafer − 1. A thin, polished slice of monolithic semiconductor on which an array of die circuits are fabricated: 2. A disk of semiconductor material that forms the base on which a number of integrated circuits are built. Typical 4, 6, 8, or 12 inches in diameter and between .010" and .030" thick.

wafer fab - A slang term for wafer fabrication facilities, ultra clean factories wherein silicon wafers are produced.

wafer fabrication - The process whereby semi-conductor elements are manufactured on the surface of silicon wafers.

wafer grinding - See 'backgrinding'.

wafer level burn-In(WLBI) - A temperature/bias reliability stress test conducted on devices that are still on a wafer, in contrast with conventional burn-in which is performed on finished IC's.

wafer lot - A single lot of wafers processed through all processing steps including metallization together. A wafer run may consist of more than one device type, where the various device types differ only in the metallization pattern employed.

wafer lot acceptance testing - Testing of an integrated circuit wafer lot to determine its acceptability for the assembly of Class S devices (see MIL-STD-883, Method 5007).

wafer map - A plot of the viable dice on a wafer showing pass/fail information, parameter variations, or some other characteristics.

wafer probe - See 'sort'.

wedge bonding - See 'ultrasonic bonding' (although Stitch bonding is occasionally called wedge bonding as well).

wafer saw - The assembly process or step wherein the wafer is sawn into individual die.

WAN - 'Wide Area Network'.

waveform - The succession of signal levels applied to the 'DUT' pin after combining pattern and timing information.

wave soldering - A manufacturing operation in which solder joints are soldered simultaneously using a wave of molten solder.

W-CSP - Acronym for 'Wafer-level Chip-Scale Package'; A true-chip-size packaging technology wherein the packaging steps are performed at wafer level.

web access management(WAM) - Systems that replace the sign-on process on various web applications, typically using a plug-in on a front-end web server. The systems authenticate users once, and maintain that user's authentication state even as the user navigates between applications. These systems normally also define user groups and attach users to privileges on the managed systems. These systems provide effective access management and single sign-on to web applications. They do not, in general, support effective(or any) management of 'legacy' systems such as network operating systems, mainframes, client/server applications, and e-mail systems.

wedge - A tool employed by the wirebonding machine to form wedge bonds.

wedge bond - A flat-looking bond formed by a wedge bonding tool.

weld seal - Semiconductor device sealing accomplished by welding a metal lid to a metal package(typically employed for metal can devices).

Wet Cleaning - Cleaning of wafers by immersing them in chemicals such as acids. This can be done in sinks, spray tools(machines that work like dishwashers) or spin tools(machines that work like laundry machines).

Wet etching - Etching away of layers on a wafer by immersion in a chemical bath.

wiegand strip - Technology widely used for physical access applications. The technology includes an interface, a signal, a 26bit format, an electromagnetic effect, and a card technology. A Wiegand strip is the implementation of Wiegand technology on an ID credential.

window comparator - A device, usually consisting of a pair of voltage comparators, whose output indicates whether the input signal is within the voltage range bounded by a lower and upper threshold.

WIP - 'Work In Progress'.

wire bonding - An assembly process or step that connects wires between the die and the bonding sites of the package. (e.g., the lead fingers of the leadframe or the bonding posts of the package).

wired logic - A contactless card that has an electronic circuit that is designed for a specific function (e.g., security, authentication).

wire pull test - A process for testing the strength of a bond's adhesion to its bonding site involving a hook that exerts an upward pull on the wire of the bond being tested.

wire sweeping - A phenomenon wherein the flow of the molding compound during molding sways the bond wires in its direction.

wiskers - Tin or silver growths of metal in thin strands.

WLAN - 'Wireless Local Area Networks'.

WPABX - 'Wireless Private Automatic Branch Exchange'.

X

XDSL - 'Digital Subscriber Line' (access to Internet)

x-ray - Radiographic analysis of the construction of a device. This is a less useful technique for devices with aluminum bond wires since only die attach and seal defects can be evaluated. For devices with gold wire it is a more valuable screen as it can detect damage done to wires during centrifuge and other such tests, as well as most assembly defects. (See MIL-STD-883, Method 2012).

x-ray laminography - An inspection method that uses x-rays to view thin layers of a circuit board.

x-ray lithography - The lithographic process for transferring patterns to a silicon wafer. The electromagnetic radiation used is x-ray, rather than visible radiation.

Y

yield - The proportion of good devices in a lot or run. Yield refers to the percentage or absolute number of defect-free die on a silicon wafer or of packaged units that pass all device specifications. Because it costs the same to process a wafer with 10% good die and 90% good die, eliminating defects and improving yield become the critical variable in determining the cost per chip

Z

zero voltage crossing(ZVC) - The point in a plot of a voltage quantity against another parameter at which the voltage value equals zero.

ZIF - Acronym for 'Zero Insertion Force'; A class of IC sockets that does not require device insertion, instead achieving contact with the IC pins through a clamping system that's controlled by a small lever on the side of the socket.

저자와의
협의에 의해
인지 생략

반도체 전공정 실습

1판 1쇄 2025년 9월 5일

저 자 김주현, 양주란
발행인 송광헌
발행처 **북두(더)**
주 소 서울특별시 영등포구 경인로82길 3-4
센터플러스 807호
(우) 07371
전 화 02-2164-2580
FAX 02-2164-2584
등 록 1993. 11. 22. 제 10-902 호

정가 : 25,000원
ISBN : 979-11-6675-650-4 93560

한국과학기술출판협회 회원사